黑龙江省精品图书出版工程
"十三五"国家重点出版物出版规划项目
材料科学研究与工程技术系列

形状记忆合金的稀土微合金化及表面改性

Rare Earth Microalloying and Surface Modification of Shape Memory Alloys

刘爱莲　徐家文　著

U0211866

哈尔滨工业大学出版社
HARBIN INSTITUTE OF TECHNOLOGY PRESS

内 容 简 介

本书总结了作者十余年有关形状记忆合金的稀土微合金化的研究工作,同时对国内外近年来在相关方面的研究现状进行了综述。全书共 6 章,分别介绍了稀土微合金化在 Ti-Ni 合金、Cu-Zn-Al 合金、Ni-Mn-Ga 合金、Ni-Mn-In 合金、Ni-Mn-Sn 合金等显微组织中的结构、相变和性能等的影响规律及机理,以及形状记忆合金的高温氧化和表面改性研究。

本书适合从事形状记忆合金研究及技术开发的科研人员阅读,也可供高等院校相关教师和研究生参考。

图书在版编目(CIP)数据

形状记忆合金的稀土微合金化及表面改性/刘爱莲,
徐家文著. —哈尔滨:哈尔滨工业大学出版社,2022.8(2024.1 重印)
ISBN 978-7-5767-0388-7

Ⅰ.①形… Ⅱ.①刘… ②徐… Ⅲ.①形状记忆合金
-稀土金属合金 ②形状记忆合金-表面改性 Ⅳ.
①TG139

中国版本图书馆 CIP 数据核字(2022)第 159804 号

策划编辑 许雅莹 李长波
责任编辑 张 颖
封面设计 刘长友
出版发行 哈尔滨工业大学出版社
社 址 哈尔滨市南岗区复华四道街 10 号 邮编 150006
传 真 0451-86414749
网 址 http://hitpress.hit.edu.cn
印 刷 哈尔滨圣铂印刷有限公司
开 本 720mm×1020mm 1/16 印张 16 字数 305 千字
版 次 2022 年 8 月第 1 版 2024 年 1 月第 2 次印刷
书 号 ISBN 978-7-5767-0388-7
定 价 88.00 元

前　言

　　形状记忆合金是一类集感知与驱动为一体的智能材料,具有独特的形状记忆效应和超弹性,已被广泛应用于航空航天、机械制造、能源化工、电子信息、土木建筑、生物医学以及日常生活等领域。随着磁性形状记忆合金的研究与发展,形状记忆合金作为智能结构的敏感元件和驱动器也引起了人们的极大关注。对于形状记忆合金而言,添加合金化元素改善合金的性能是形状记忆合金的发展方向之一。

　　稀土元素因其独特的电、光、磁、热及生物学性能而被称为开发新材料的"宝库"或"工业维生素",是各国材料专家最关注的一组元素。稀土元素是典型的金属元素,它们的金属活泼性仅次于碱金属和碱土金属元素,而比其他金属元素活泼。稀土元素不单独做工程材料,多以合金化元素或添加剂在材料中使用。

　　稀土元素在有色金属中尤其是铝合金、镁合金、铜合金中应用较广泛。迄今为止,有关稀土微合金化对形状记忆合金微观组织结构、马氏体相变及性能等影响的著作为数甚少。本书可为材料研究、加工工程及设计应用部门的研究人员和工程技术人员提供形状记忆合金的稀土微合金化方面的系统知识,以期推动形状记忆合金及稀土微合金化的研究及应用,为新材料的开发尽一份微薄之力。

　　考虑到形状记忆合金的种类及稀土元素不同,本书的章节划分以合金种类为主,同时兼顾不同的稀土元素。本书共6章:第1章简要介绍稀土元素种类、发现历史及其在材料领域的应用和形状记忆合金的基本概念、发展历程与分类等;第2章主要介绍Ti-Ni形状记忆合金的稀土微合金化;第3章主要介绍Cu-Zn-Al形状记忆合金的稀土微合金化;第4章主要介绍磁性形状记忆合金的稀土微合金化;第5章主要介绍形状记忆合金的高温氧化;第6章主要介绍形状记忆合金的表面改性。其中,第1章、第2章和第4章由刘爱莲撰写;第3章、第5章和第6章由徐家文撰写。

　　本书作者十余年来工作在科研第一线,注重工程技术应用,在形状记忆合金的应用基础和稀土微合金化等方面做了大量研究工作。本书内容充分融入了作者和课题组成员近年来的科研成果,同时也吸取了众多专家的相关研究成果。

　　本书的主要内容得到了国家自然科学基金项目(批准号:50471018、51201062)、黑龙江省教育厅项目、黑龙江科技大学引进人才项目和黑龙江科技大学青年才俊培养项目的支撑;也得到了同行前辈和专家的支持;同时凝聚着课题组学生和老师的辛勤付出,在此一并表示衷心的感谢。

　　由于作者水平有限,书中难免有不足之处,敬请同行专家批评指正。

刘爱莲,徐家文
2022 年 6 月

目　　录

第1章 绪 论

1.1 稀土元素

1.1.1 稀土元素简介

稀土元素(Rare Earth Element,RE)是位于元素周期表中第三副族(ⅢB)中原子序数为21、39和57~71的17种化学元素的统称,简称稀土(RE 或 R)。根据国际纯粹与应用化学联合会(IUPAC)的规定,镧系元素包括原子序数57~71的15种元素,分别是镧(La)、铈(Ce)、镨(Pr)、钕(Nd)、钷(Pm)、钐(Sm)、铕(Eu)、钆(Gd)、铽(Tb)、镝(Dy)、钬(Ho)、铒(Er)、铥(Tm)、镱(Yb)、镥(Lu),镧系元素还可以用 Ln 表述,它们位于元素周期表中第6周期的57号位置。稀土元素的电子结构及电负性见表1.1。稀土元素的电子层结构最外层和次外层基本相同,只是4f轨道上的电子数不同,但能级相近,因而它们的性质非常相似。稀土元素在形成化合物时最外层的 f 电子、次外层的 d 电子均可参与成键。另外,外数第三层中部分4f电子也可参与成键。

根据17种稀土元素物理化学性质的相似性和差异性,通常把镧、铈、镨、钕、钷、钐、铕统称为轻稀土,把钆、铽、镝、钬、铒、铥、镱、镥、钪、钇统称为重稀土,习惯上还把轻稀土和重稀土分别称为铈组稀土和钇组稀土。

稀土元素是典型的金属元素,除了镨、钕呈淡黄色外,其余均为银灰色有光泽的金属,但由于稀土比较活泼,纯稀土很容易被氧化成暗灰色。常温常压下钪、钇及从钆到镥(镱除外),都是密排六方结构,轴比 c/a 约为 1.6;镨、钕、镧和钷为双密排六方结构,轴比 c/a 约为 3.2,约为普通六方结构的 2 倍;铈和镱为面心立方结构,铕是体心立方结构,而钐是菱方结构,这是一种特殊的晶体结构,其 c 轴长度是一般六方结构轴长的 3.5 倍。表1.2列出了稀土元素的一些物理性质。

表 1.1　稀土元素的电子结构及电负性

原子序数	元素名称	元素符号	内层电子结构	外层电子结构	原子半径/nm
21	钪	Sc	[Ar]	$3d^1 4s^2$	1.641
39	钇	Y	[Kr]	$4d^1 5s^2$	1.801
57	镧	La	[Xe]	$5d^1 6s^2$	1.879
58	铈	Ce	[Xe]	$4f^1 5d^1 6s^2$	1.825
59	镨	Pr	[Xe]	$4f^3 6s^2$	1.828
60	钕	Nd	[Xe]	$4f^4 6s^2$	1.821
61	钷	Pm	[Xe]	$4f^5 6s^2$	1.811
62	钐	Sm	[Xe]	$4f^6 6s^2$	1.804
63	铕	Eu	[Xe]	$4f^7 6s^2$	2.042
64	钆	Gd	[Xe]	$4f^7 5d^1 6s^2$	1.801
65	铽	Tb	[Xe]	$4f^9 6s^2$	1.783
66	镝	Dy	[Xe]	$4f^{10} 6s^2$	1.774
67	钬	Ho	[Xe]	$4f^{11} 6s^2$	1.766
68	铒	Er	[Xe]	$4f^{12} 6s^2$	1.757
69	铥	Tm	[Xe]	$4f^{13} 6s^2$	1.746
70	镱	Yb	[Xe]	$4f^{14} 6s^2$	1.939
71	镥	Lu	[Xe]	$4f^{14} 5d^1 6s^2$	1.735

表 1.2　稀土元素的一些物理性质

稀土元素	相对原子质量	密度/(g·cm⁻³)	熔点/℃	沸点/℃	电负性
Sc	44.96	2.992	1 539	2 730	1.36
Y	88.91	4.472	1 510	2 930	1.22
La	138.91	6.174	920	3 470	1.1
Ce	140.12	6.771	795	3 470	1.12
Pr	140.91	6.782	935	3 130	1.13
Nd	144.24	7.004	1 024	3 030	1.14
Pm	147	7.264	1 042	300	1.13
Sm	150.35	7.537	1 072	1 900	1.17
Eu	151.96	5.253	826	1 440	1.2

续表 1.2

稀土元素	相对原子质量	密度/(g·cm⁻³)	熔点/℃	沸点/℃	电负性
Gd	157.25	7.895	1 312	3 000	1.2
Tb	158.93	8.234	1 356	2 800	1.1
Dy	162.5	8.536	1 047	2 600	1.22
Ho	164.93	8.803	1 461	2 600	1.23
Er	167.26	9.051	1 497	2 900	1.24
Tm	168.93	9.332	1 545	1 730	1.25
Yb	173.04	6.977	824	1 430	1.1
Lu	174.97	9.842	1 652	3 330	1.27

　　稀土元素的历史始于 1794 年,研究稀土的先驱芬兰化学家加多林(J. Gadolin)从伊特必矿样本中发现了未知"新土",并从中分离出了后来命名为稀土的"钇"(Y,意为"氧化物")的新元素。在当时,习惯上将不溶于水的固体氧化物称为"土",此后 150 多年中,各国化学家积极分离并发现了许多新的稀土元素:德国化学家希生格尔于 1803 年发现并命名了铈(Ce);瑞典化学家莫桑德于 1839 年从铈土中分离出镧(La)并随后发现了镨元素(Pr)和铽元素(Tb);1878 年,查尔斯和马利格纳克在铒中发现了新的稀土元素镱(Yb);1879 年,瑞典人克利夫发现了钬元素(Ho)和铥元素(Tm),同年瑞典化学家尼尔森和克莱夫同时在硅铍钇矿和黑稀金矿中找到了钪(Sc),钪就是门捷列夫当初所预言的"类硼"元素;1880 年,瑞士化学家马里格纳克分离出了新元素钆(Gd);1885 年奥地利人韦尔斯巴赫成功地从"镨钕"中分离出了钕、镨两个元素;1886 年法国人波依斯包德莱成功地将钬分离成钬元素(Ho)和镝元素(Dy)。此后,化学家们又相继发现了钐(Sm)、铕(Eu)和镥(Lu)元素,1947 年马林斯基、格伦丹宁和科里尔从原子能反应堆用过的铀燃料中成功分离出最后一个稀土元素钷(Pm)。从自然界中取得全部稀土元素一共经历了 150 多年。这些稀土元素的发现,极大地开阔了人类的认知视野。

1.1.2　稀土元素在有色金属中的应用

　　稀土元素虽然具有典型的金属性质,但一般情况下不像其他金属那样可以单独做结构材料,而多以添加剂的形式使用,用以改善母材的性质。稀土元素正电性强,化学活性高,原子半径大,作为合金组分具有形成金属间化合物和固溶体的能力。因此将稀土元素添加到有色金属及其合金中,可以改善几乎全部合金的结构、物理性能及力学性能,一般都能产生良好的效果,引起国内外研究人员的极大关注。稀土元素在合金中的添加量较小,一般为母合金质量分数的 0.05% ~ 1%,但是产生的效果极为显著。

稀土元素在有色金属中的应用比较广泛,作用主要有以下几个方面:

(1)净化作用,减轻非金属杂质对合金的有害影响。

氢、氧、硫、磷等是有色金属中的有害杂质,加入稀土后,由于稀土元素化学活性强,与氢有较大的亲和力,与氧、硫、磷等生成难熔的化合物,在熔炼过程中以熔渣的形式排出,从而起到除杂净化作用。尹东松等将稀土元素 La 加入到 Al-5Ti 细化剂中进行改性,增强了细化剂的细化效果,减轻了细化衰退现象。

(2)细化晶粒和枝晶组织,提高合金的力学性能。

稀土元素在合金液中形成微细质点,在凝固过程中促进非自发形核,降低形核功,增大形核率,因此添加稀土元素能显著细化铸态组织,减少枝晶偏析和区域偏析。如向 Zl101 合金中加入稀土后合金中的共晶 Si 和 α-Al 树枝晶得到明显细化,合金的力学性能得到大幅度提高。Mg-RE-Zr 系合金因稀土和 Zr 的作用使其组织显著细化,从而使合金铸态的拉伸性能得到提高。李振铎等研究了稀土元素对 Cu-Ag 合金微观组织的影响,发现稀土在一定程度上使合金共晶组织的体积分数增加,细化合金的铸态晶粒,降低高 Ag 合金的枝晶间距,同时还在均匀化退火的过程中明显细化了析出的次生相。还有研究发现,添加适量稀土 Y 到 Ti-Si 合金中,能使粗大的 Ti_5Si_3 相颗粒明显细化和钝化,有效提高了合金的室温压缩塑性和强度。Sc 加入到 Al-5Mg 中使合金晶粒得到显著细化,基本消除了枝晶组织,得到细小均匀的等轴晶。

(3)变质作用,改善夹杂物的形态和分布。

合金中夹杂物对合金断裂过程的影响程度,取决于夹杂物的分布和形态。向纯铝中加入 0.2% 的稀土后,其晶内分布的粗大块状相消失,形成球状稀土相,晶界处条状及碎块状化合物明显减少,化合物呈点状,形成塑性良好的均匀组织。向 ZL114 中加入 Mg-Gd 使柱状的 α-Al 转变为等轴状,共晶硅由粗大片状向显微状和颗粒状转变,尺寸显著降低。稀土在铜合金中也能改变某些杂质的存在形态和分布情况。

(4)提高有色合金的耐蚀性、高温性能。

在铝合金中添加适量稀土能提高合金的击穿电位,提高合金的耐蚀性能。在镁合金中稀土除能提高合金的耐蚀性外,还能显著提高镁合金的高温拉伸性能和蠕变性能。Ti-55 和 Ti-60 合金是我国自行研制的工作温度为 550 ℃、添加稀土 Nd 的高温耐热型钛合金,稀土 Nd 可与 O、Sn 反应,在合金的显微组织中形成弥散分布的高稳定性的稀土相颗粒,显著提高合金的热稳定性和热强性。

在铝和铝合金中,稀土主要应用于铝合金导线、Al-Mg-Si 系变形铝合金、Al-Si 系铸造合金以及 Al-Zn-Mg 系、Al-Cu 系、Al-Mn-Mg 系、Al-Mg 合金等。

镁合金中添加的稀土元素主要有 Nd、Y、Ce 和铈族混合轻稀土。目前,已经开发出多种系列稀土镁合金,主要有 Mg-Al-RE、Mg-RE-Zr、Mg-RE-Ag、Mg-Y-RE 等,作为高强和耐热镁合金使用。

目前在铜及铜合金中添加的稀土元素主要有 La、Ce、Y、Pr 和混合轻稀土。稀土在铜合金中主要应用于导电铜及导电铜合金、电子管芯柱导线、耐磨铜合金和可锻铜合金。

稀土元素除在钢铁和有色合金中得到广泛应用外,还应用于硬质合金、贵金属和功能材料中。

1.2　形状记忆合金

1.2.1　形状记忆合金概述

形状记忆合金(Shape Memory Alloy,SMA)是指具有一定初始形状的合金在低温下经塑性形变并固定成另一种形状后,通过加热到某一临界温度以上又可恢复成初始形状的一类合金。

形状记忆效应最早是 1932 年由 Olander 在研究 Au-Cd 合金时发现的。1963 年,美国海军武器实验室布勒(Buehler)等发现了钛镍合金具有形状记忆效应。1964 年 Cu-Al-Ni 也被发现有这种效应。20 世纪 70 年代以后,科学家又在 304 奥氏体不锈钢和 Fe-18.5Mn 中发现了这种效应。

1969 年美国 Raychem 公司生产 Ti-Ni-Fe 记忆合金管接头用于 F14 战斗机上的液压管路系统连接,这是 SMA 第一次成功应用。1970 年,美国将 Ti-Ni 记忆合金丝制成宇宙飞船用天线。苏联在 1969 年开始对形状记忆合金进行了系统研究。德国于 1971 年开始探索形状记忆效应的机制及应用。日本在 20 世纪 70 年代也积极开展这方面的研究工作。由于形状记忆合金成本低廉、加工简便而引起材料工作者的极大兴趣。20 世纪 70 年代,各国相继开发出了 Ti-Ni 基、Cu-Al-Ni 基和 Cu-Zn-Al 基形状记忆合金。20 世纪 80 年代开发出了 Fe-Mn-Si 基、不锈钢基等铁基形状记忆合金。从 20 世纪 90 年代至今,高温形状记忆合金、宽滞后记忆合金以及记忆合金薄膜等已成为研究热点。美国、日本等国家对形状记忆合金的研究和应用开发较早,同时也较早地实现了形状记忆合金的产业化。

我国从 20 世纪 70 年代末开始对形状记忆合金展开研究,在材料冶金学方面,特别是在实用形状记忆合金的熔炼方面已得到国际学术界的认可,在应用开发上也有一些独到的成果。到目前为止,被开发出来的形状记忆合金主要是 Ti-

Ni 基、Cu 基与 Fe 基三种。在这三种形状记忆合金中,根据不同的要求和工作环境,分别在基体中加入和调整一些合金元素的量,使得每一种都有一系列合金被开发出来,应用在各行各业,以满足各种不同的特殊需求。

1.2.2　形状记忆合金分类

形状记忆合金的分类如下。

(1)Ti-Ni 基合金。

Ti-Ni 基合金除具有奇特的形状记忆效应、优良的超弹性、良好的耐腐蚀性能和生物相容性外,还具有较强的耐磨性、耐疲劳性和高的阻尼特性。已用于制作医疗器械、管接头、传感元件、微驱动元件等,在所有具备形状记忆效应的材料中得到了最为广泛的应用。其中,Ti-Ni 和 Ti-Ni-Nb 形状记忆合金已在石油化工等领域得到了应用。

(2)Cu 基形状记忆合金。

Cu 基形状记忆合金具有形状记忆性能好、应用温度范围宽、原料来源广泛、易加工成形、价格低廉,以及良好的双向性能及加工性能等优点。但也存在晶粒粗大、强度低、易脆断和形状记忆稳定性差、耐磨性、耐蚀性不好等缺点。Cu 基形状记忆合金主要分为 Cu-Zn 和 Cu-Al 两大类,其中最具实用价值的是 Cu-Zn-Al 系和 Cu-Al-Ni 系。Cu-Zn 基和 Cu-Al 基合金已进行了广泛的研究,Cu-Zn 基有应力腐蚀和疲劳强度等问题,而 Cu-Al 基合金又有冷加工性等问题。近年才发展了 Cu-Al-Mn 系,在 Cu-Al 合金中添加 Mn 原子数分数>10% 的三元合金具有很好的加工性和形状记忆特性,通过组织控制可获得与 Ni-Ti 合金相媲美的形状记忆特性。近几年研究最多的是 Cu-Zn-Al 合金和 Cu-Al-Ni 合金,Cu-Zn-Al 合金记忆效应良好、易加工制造,但稳定性差;Cu-Al-Ni 合金具有良好的时效稳定性和高温形状记忆效应,但由于晶粒粗大和易产生脆性,因而合金的冷加工性和材料可靠性差。对 Cu 基形状记忆合金而言,需要解决的问题主要是提高塑性,改善形状记忆效应对热循环和反复变形的稳定性等。

(3)Fe 基形状记忆合金。

典型的 Fe 基形状记忆合金有 Fe-Ni-C、Fe-Ni-Ti-Co 和 Fe-Mn 系合金,其中以 Fe-Mn 系价格最便宜。过去十几年来开发的大量改良型 Fe-Mn 系形状记忆合金,大多含有较高的 Si 和 Cr。如 Fe-Ni-C、Fe-Ni-Ti-Co 和 Fe-Mn 系等具有形状记忆效应,其中尤以 Fe-Mn-Si 系形状记忆合金价格最便宜、研究最多、应用前景最好。某些 Fe 基形状记忆合金的成本比铜基合金低廉许多。从经济角度考虑,利用价值很大。Fe 基形状记忆合金非热弹性相变中的温度滞后很大,恰好对制作管接头等是很适用的。Fe 基形状记忆合金加入铬、镍元素后具有良好的耐腐性。Fe 基形状记忆合金以其价格便宜、加工性好、力学性能高等优越特性,以及良好的机械性能、低成本、耐蚀、高温抗氧化及潜在高恢复应变等优点而深受人们关注。但是,包括基于不锈钢的形状记忆合金在内的铁基记忆合金正处于开发阶段,离实用化还有一段距离,其中的限制因素之一是实际可恢复应变很低,仅为2%~3%。

(4)磁性形状记忆合金。

磁性形状记忆合金是一种新发展起来的形状记忆材料,不但具有传统形状记忆合金受温度场控制的热弹性形状记忆效应,而且具有受磁场控制的磁性形状记忆效应(Magnetic Shape Memory Effect, MSME)。磁性形状记忆效应是指奥氏体相在外磁场作用下产生马氏体相变而发生形状改变;或经过相变形成的马氏体在发生变形后,不仅可以通过加热还可以通过去掉磁场的方式经逆相变恢复到原来的奥氏体相,使得材料恢复到变形以前的形状和体积。

到目前为止,人们所报道的磁性形状记忆合金可以分成几类,最大的一类是哈斯勒(Heusler)合金,如Ni-Mn-Ga、Ni-Fe-Ga、Ni-Mn-Al、Co-Ni-Ga、Co-Ni-Al、Ni-Mn-In等。另外,还有结构与Heusler合金接近的两元合金,如Fe-Pt和Fe-Pd等;使传统马氏体相变材料提高磁性或降低相变滞后的材料,如Co-Ni、Co-Mn、Fe-Co-Ni-Ti等。Heusler合金是一种高度有序的金属间化合物,一般化学分子式为X_2YZ。当X位不是Fe、Co和Ni这类磁性原子时,Y位原子的磁矩都比较局域化。这类合金的磁性主要和两个因素有关:①X位和Z位原子的属性,即在X、Z位选择不同的原子,得到的Heusler合金将处于不同类型的铁磁或反铁磁状态;②原子排列的高有序度,由于Heusler合金具有双向形状记忆效应以及磁场诱导下大的感生应变,从而引起人们对它极大的研究兴趣。

研究表明,用Sn(In,Sb)替代Ni-Mn-Ga中的Ga,可形成新的铁磁性形状记忆合金Ni-Mn-Sn、Ni-Mn-In、Ni-Mn-Sb。这种合金奥氏体的饱和磁化强度比马氏体相高。外加磁场时,可以获得大的相变温度改变,足够大的外加磁场作用下,马氏体逆相变产生,并在相变的过程中获得大的体积变化。从目前报道来看,通过改变Ni_2MnX(X=In,Sn,Sb)合金组分的情况,不仅在合金降温过程中观察到了具有一级结构相变特征的马氏体相变,而且与Ni_2MnGa合金在马氏体相只存在铁磁交换不同,该系列合金在马氏体相表现出一种磁性不均匀的状态。这种性质使此类合金在马氏体相变过程和马氏体相中表现出非常丰富的物理机理,如磁热效应和交换偏置现象等。这些效应将在室温磁致冷、信息存储等方面有着广泛的应用前景,有望成为新一代的多功能材料。

（5）其他记忆合金。

Ni-Al 单晶应力诱发马氏体相变变形过程中,其塑性可达 4.5% ~ 12%,且呈现良好的形状记忆效应。Ni-Al 金属间化合物具有熔点高(1 638 ℃)、热稳定性好、抗高强氧化性优异、热传导率高、密度小等优点。Au-Cd 合金几乎涵盖了与马氏体相变有关的问题,如形状记忆效应、伪弹性、马氏体时效及类橡皮效应和相变软模效应等。最近,Au-Cd 合金中又发现等温马氏体相变及贝氏体相变。因此,Au-Cd 合金长期以来一直受到各国马氏体相变研究工作者的关注。

第2章 Ti-Ni 形状记忆合金的稀土微合金化

Ti-Ni 形状记忆合金是应用最为广泛的形状记忆合金,具有优良的形状记忆效应和超弹性、良好的机械性能、优异的抗腐蚀性和生物相容性。向 Ti-Ni 二元合金中加入第三组元可显著改变合金的组织结构及性能,从而拓宽 Ti-Ni 形状记忆合金的实际应用范围。因此,开发研究 Ti-Ni-X 三元合金系是记忆合金发展的研究方向之一。

为了研究稀土元素对 Ti-Ni 形状记忆合金微观组织结构与性能的影响规律,分别向近等原子比的 Ti-Ni 二元合金中添加稀土元素 Ce、Gd、Dy 和 Y,系统研究稀土元素对 Ti-Ni 合金显微组织、马氏体相变行为及力学行为的影响规律,探讨稀土元素影响马氏体相变的微观机制,为拓宽 Ti-Ni 形状记忆合金的实际应用提供理论指导。

选择 Ti-49Ni、Ti-50Ni 和 Ti-50.7①Ni 三种合金作为母合金,分别加入不同原子数分数的轻稀土元素 Ce,研究稀土 Ce 对富 Ni 的 Ti-Ni 合金、等原子比 Ti-Ni 合金和富 Ti 的 Ti-Ni 合金的显微组织、相变的影响规律。Ti-Ni-Ce 合金的名义成分见表2.1。

表2.1 Ti-Ni-Ce 合金的名义成分

合金编号	母合金成分	加入稀土后的合金	Ce 原子数分数/%
RE0			—
N01			0.1
N02			0.2
N05	$Ti_{49.3}Ni_{50.7}$	$(Ti_{49.3}Ni_{50.7})_{1-x}Ce_x$	0.5
N1			1
N2			2
N5			5

---

① 原子数分数,%。

续表 2.1

合金编号	母合金成分	加入稀土后的合金	Ce 原子数分数/%
A0			—
A05	$Ti_{50}Ni_{50}$	$(Ti_{50}Ni_{50})_{1-x}Ce_x$	0.5
A2			2
A5			5
T0			—
T01			0.1
T05	$Ti_{51}Ni_{49}$	$(Ti_{51}Ni_{49})_{1-x}Ce_x$	0.5
T1			1
T2			2
T5			5

研究了稀土 Y、重稀土 Gd、Dy 和 Er 等元素对富 Ni 的 $Ti_{49.3}Ni_{50.7}$ 合金的影响规律,本书以稀土元素英文简写+原子数分数来代表该试验合金,如 Y0 表示未添加稀土 Y 的 $Ti_{49.3}Ni_{50.7}$ 合金,其名义成分见表 2.2。

表 2.2　$(Ti_{49.3}Ni_{50.7})_{1-x}RE_x$ 合金的名义成分

合金编号	母合金成分	Gd 原子数分数/%	Dy 原子数分数/%	Y 原子数分数/%
RE0		—	—	—
Gd1		1	—	—
Gd2		2	—	—
Gd10	$Ti_{49.3}Ni_{50.7}$	10	—	—
Dy1		—	1	—
Dy10		—	10	—
Y1		—	—	1
Y10		—	—	10

Ti-Ni 二元合金以纯度为 99.92% 的海绵 Ti 和质量分数为 99.95% 的电解 Ni 为原料,在德国产水冷铜坩埚真空感应熔炼炉中制得。然后向 Ti-Ni 二元合金中分别加入质量分数为 99.95% 的纯金属 Ce、Y、Gd、Dy 和 Er,在氩气保护下利用高真空电弧炉熔炼,每个铸锭约 100 g。为保证铸锭成分均匀,每个铸锭均被反复熔化 6 次,且每次重熔前铸锭均被翻转 180°。在合金熔炼过程中,放置纯 Ti 铸锭用做吸氧剂。

所有试样经线切割加工并清洗后封入真空度为 1×10^{-3} Pa 的石英管内,然后在 900 ℃保温 1 h 进行固溶处理,打破石英管淬入水中冷却。最后用 10% 的氢氟酸+20% 硝酸水溶液酸洗后供各种试验用。

对部分固溶处理的 Ti-Ni-Ce 合金进行时效处理,具体工艺见表 2.3,将试验合金封入真空石英管内,加热到一定时效温度,保温一段时间后从炉中取出,打破石英管水冷。

表 2.3　Ti-Ni-Ce 合金时效工艺

合金名义成分	合金编号	时效处理工艺
$(Ti_{49.3}Ni_{50.7})_{1-x}Ce_x$	RE0	550 ℃×1 h
	N01	400 ℃×1 h、450 ℃×1 h、500 ℃×1 h、550 ℃×1 h、600 ℃×1 h 550 ℃×0.5 h、550 ℃×1 h、550 ℃×2 h、550 ℃×5 h、 550 ℃×10 h
	N02	550 ℃×1 h
	N05	550 ℃×1 h
	N1	550 ℃×1 h
	N2	550 ℃×1 h
	N5	550 ℃×1 h
$(Ti_{50}Ni_{50})_{99.95}Ce_{0.05}$	A05	400 ℃×1 h、450 ℃×1 h、500 ℃×1 h、550 ℃×1 h、600 ℃×1 h

2.1　Ti-Ni-Ce 合金的微观组织结构、相变与性能

2.1.1　Ti-Ni-Ce 合金的微观组织结构

1. $(Ti_{49.3}Ni_{50.7})_{1-x}Ce_x$ 合金的显微组织和相组成

图 2.1 为 $(Ti_{49.3}Ni_{50.7})_{1-x}Ce_x$($x=0.5,1,2,5$(原子数分数,%,下同))合金铸态的光学显微组织。由图可见,当稀土 Ce 的原子数分数为 0.5% 时,合金中即形

成了黑色粒状相,随着 Ce 原子数分数的增加,黑色粒状相的数量增多,尺寸明显增大,并且黑色粒状相沿晶界分布的倾向增大。随着 Ce 原子数分数增加合金的显微组织明显不同。

众所周知,近等原子比的 Ti-Ni 二元合金铸态光学显微组织往往呈现单一均匀的 Ti-Ni 固溶体,合金元素在 Ti-Ni 固溶体中的固溶度也不尽相同,如 Cu、Al 等一些合金元素在 Ti-Ni 基体中的固溶度比较高,当 Cu 的原子数分数为 30% 时,合金的显微组织仍然保持为单一均匀固溶体状态,但 W、Si 等元素在 Ti-Ni 固溶体中的固溶度则比较低,如 Si 的原子数分数为 1% 时,在合金基体上形成了弥散分布的 $Ti_5Ni_4Si_1$ 相。然而,在 Ti-50.7Ni 合金中加入原子数分数为 0.5% 的 Ce,合金的显微组织即发生明显变化,这表明 Ce 对 Ti-Ni 合金的显微组织结构有显著影响。

试验发现,固溶处理对合金的显微组织影响较小。图 2.2 为 900 ℃ 固溶处理 1 h 的 $(Ti_{49.3}Ni_{50.7})_{1-x}Ce_x$ 合金的光学显微组织。与图 2.1 的铸态显微组织相比,固溶处理后黑色粒状相的形态、分布和尺寸并无明显变化。

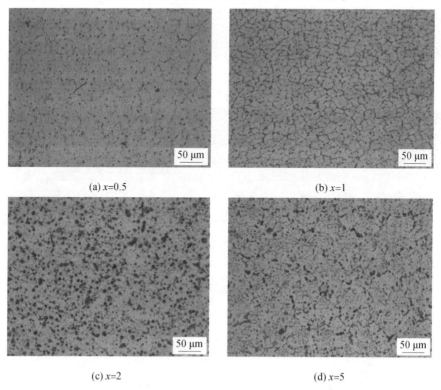

(a) $x=0.5$　　　　　　　　　　　　　　(b) $x=1$

(c) $x=2$　　　　　　　　　　　　　　(d) $x=5$

图 2.1　$(Ti_{49.3}Ni_{50.7})_{1-x}Ce_x$ 合金铸态的光学显微组织

图 2.3 为固溶态 $(Ti_{49.3}Ni_{50.7})_{1-x}Ce_x$ 合金的背散射电子像。由图可见,在合金

的显微组织中主要存在两种衬度不同的区域,即灰色的基体和白色粒状相,当 Ce 的原子数分数为 5% 时,在合金中还形成了少量黑色颗粒相。根据白色相的形态及其分布特征可知,图 2.3 中的白色相即为图 2.2 光学显微组织中的黑色粒状相。表 2.4 为由能谱分析测得的各组成相的化学成分。由表 2.4 和图 2.3 可见,灰色基体相中 Ti、Ni 原子比约为 1∶1,随着 Ce 原子数分数的增加,基体相中的 Ti 原子数分数也逐渐增加,说明稀土元素 Ce 的加入显著改变了富 Ni 的 Ti-Ni 合金的基体成分,使基体中的 Ti/Ni 值增大,基体也由富 Ni 转变为富 Ti。黑色相中 Ti、Ni 的原子比约为 2∶1,为 Ti_2Ni 相。白色相为富 Ce 相,富 Ce 相中 Ce 与 Ni 的原子比约为 1∶1,还有一些 Ti 固溶在富 Ce 相中。富 Ce 相大多呈球状,随 Ce 原子数分数增加,还观察到少量棒状和不规则形状的富 Ce 相。富 Ce 相的平均尺寸在 0.5~15 μm 之间,且随 Ce 原子数分数的增加其平均尺寸增大。当 Ce 的原子数分数低于 0.2% 时,在合金中几乎没有富 Ce 相形成;当 Ce 的原子数分数高于 0.2% 时,在合金中即形成大量弥散分布的富 Ce 相。随着合金中 Ce 原子数分数增加,富 Ce 相的体积分数也随之显著增加,当 Ce 的原子数分数分别为 0.5%、1%、2% 和 5% 时,合金中富 Ce 相的体积分数分别为 0.35%、1.43%、5.14% 和 9.13%。

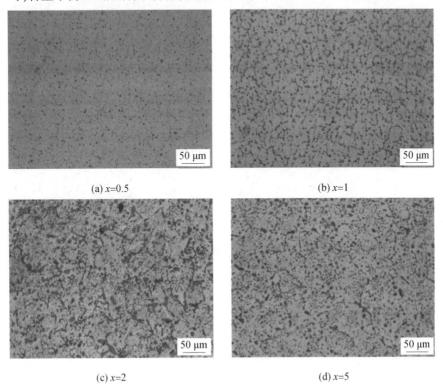

(a) $x=0.5$　　　　　　　　　　　　　　(b) $x=1$

(c) $x=2$　　　　　　　　　　　　　　(d) $x=5$

图 2.2　900 ℃ 固溶处理 1 h 的 $(Ti_{49.3}Ni_{50.7})_{1-x}Ce_x$ 合金的光学显微组织

在富 Ni 的 Ti-Ni 合金内没有 Ti_2Ni 相存在,但是当过量的稀土元素 Ce 加入到富 Ni 的 Ti-Ni 合金中时,除了形成白色富 Ce 相外,在富 Ni 的合金基体中还形成了少量 Ti_2Ni 相。Ti_2Ni 相的形成原因:由于稀土 Ce 比 Ti 元素活泼,当 Ce 元素加入到 Ti-50.7Ni 合金中时,除了少量的稀土 Ce 固溶到 Ti-Ni 合金基体中外,多余的 Ce 元素将夺取基体中的 Ni 并与之发生反应形成富稀土相,从而使基体中的 Ni 含量减少,Ti 元素含量增加。随 Ce 原子数分数增加,使合金基体逐渐由富 Ni 转变为富 Ti。根据 Ti-Ni 合金二元相图,Ti 元素在 Ti-Ni 合金相图中富 Ti 一侧的溶解度极限几乎不随温度的下降而变化。根据 Ti-Ce 相图可知 Ti 与 Ce 不形成任何化合物,则当合金基体中的 Ti 原子数分数过多而超过其溶解度时,Ti 元素就只能与 Ni 发生反应,在合金中以 Ti_2Ni 的形式析出,从而保证合金基体中 Ti、Ni 原子比仍近似为 1。随着稀土元素 Ce 原子数分数增加,在富 Ni 的 Ti-Ni-Ce 合金显微组织中 Ti_2Ni 相的体积分数也逐渐增加。

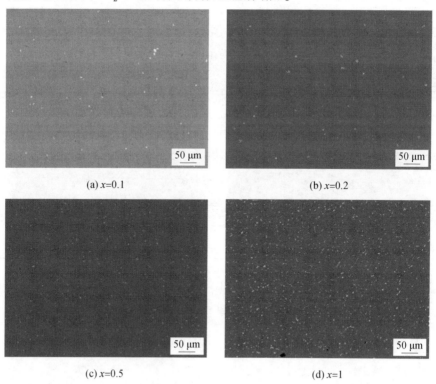

(a) $x=0.1$ (b) $x=0.2$

(c) $x=0.5$ (d) $x=1$

图 2.3   固溶态 $(Ti_{49.3}Ni_{50.7})_{1-x}Ce_x$ 合金的背散射电子像

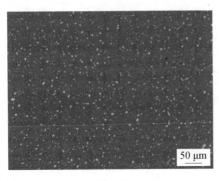
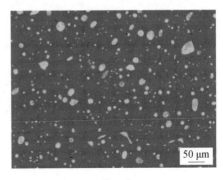

(e) $x=2$　　　　　　　　　　　　　　(f) $x=5$

续图 2.3

表 2.4　$(Ti_{49.3}Ni_{50.7})_{1-x}Ce_x$ 合金背散射电子像中不同微区能谱分析结果(原子数分数)　%

Ce 加入量(原子数分数)	灰色基体			白色相			黑色相		
	Ti	Ni	Ce	Ti	Ni	Ce	Ti	Ni	Ce
0	49.54	50.46	—						
0.1	50.08	49.92	0	10.6	45.3	44.2	—	—	—
0.2	50.31	49.61	0.08	10.28	45.09	44.63	—	—	—
0.5	50.39	49.54	0.07	7.09	49.43	43.48	—	—	—
1	50.71	49.29	0	10.87	45.31	43.82	—	—	—
2	50.75	49.14	0.11	2.98	48.23	48.79	—	—	—
5	51.59	48.26	0.15	2.91	49.14	47.95	66.75	33.25	—

2. $(Ti_{50}Ni_{50})_{1-x}Ce_x$ 合金的显微组织和相组成

图 2.4 为固溶态 $(Ti_{50}Ni_{50})_{1-x}Ce_x$ 合金的光学显微组织。从图中可以看出，$Ti_{50}Ni_{50}$ 合金的显微组织为单一均匀的固溶体。加入稀土 Ce 后，合金的显微组织发生明显变化，形成了弥散分布的黑色粒状相，这与富 Ni 的 Ti-Ni-Ce 合金的光学显微组织相似。当 Ce 原子数分数为 0.5% 时，在合金的晶粒内部、晶界上均弥散分布着黑色的粒状相(图 2.4(b))。当 Ce 原子数分数增加到 2% 时，合金中的粒状相形态不变，但是数量明显增多，尺寸稍微增大，并且大部分黑色相沿晶界分布，如图 2.4(c)所示。图 2.4(d) 为 Ce 原子数分数为 5% 时的合金的显微组织，此时无论是合金的晶粒内部还是在晶界上都有大量的黑色粒状相形成，不过黑色粒状相的形态更加不规则，除球状颗粒外，也有少部分呈现棒状和不规则的形状，而且黑色相的大小明显增加。

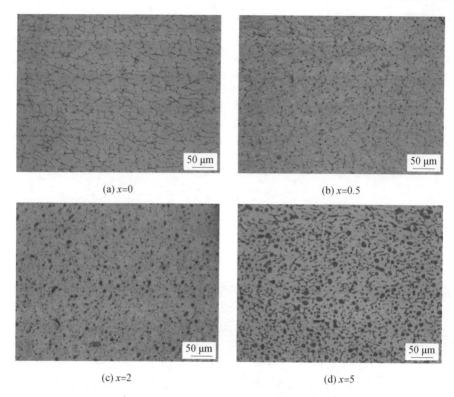

(a) $x=0$　　　　　　　　　　　(b) $x=0.5$

(c) $x=2$　　　　　　　　　　　(d) $x=5$

图 2.4　固溶态($Ti_{50}Ni_{50}$)$_{1-x}Ce_x$合金的光学显微组织

图 2.5 为固溶态($Ti_{50}Ni_{50}$)$_{1-x}Ce_x$合金的背散射电子像。由图可见,添加稀土 Ce 到等原子比 Ti-Ni 合金中,在合金的显微组织中除形成了白色富 Ce 相,还出现了呈不规则形状的黑色相。因此,($Ti_{50}Ni_{50}$)$_{1-x}Ce_x$合金的微观组织由灰色的 Ti-Ni 基体、白色富 Ce 相和黑色相三种相组成。表 2.5 为由能谱分析测得的各组成相的化学成分。由图 2.5 和表 2.5 可知,基体相中的 Ti、Ni 原子比约为 1:1,且随着 Ce 原子数分数的增加,基体中的 Ti 原子数分数也逐渐增加。因此,添加稀土元素 Ce 明显改变了等原子比的 Ti-Ni 合金基体的 Ti/Ni 值,使合金基体呈现富 Ti 的特征,黑色相为 Ti_2Ni 相。在白色富 Ce 相中,Ce 与 Ni 的原子比大约为 1:1,就成分而言初步判断其为 CeNi 相。富 Ce 相的平均尺寸在 1~15 μm 之间,颗粒尺寸随着合金中 Ce 原子数分数的增加而变大。富 Ce 相多为球状,也有少数呈现不规则形状,且不规则形状富 Ce 相的体积分数随 Ce 原子数分数增加而增多。随 Ce 原子数分数增加,合金中白色富 Ce 相的体积分数分别为 0.40%、5.69% 和 9.19%。

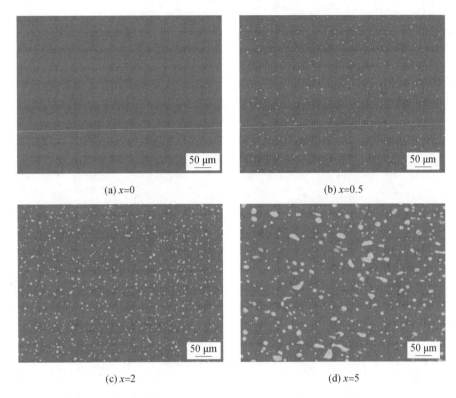

(a) x=0　　　　　　　　　　　　(b) x=0.5

(c) x=2　　　　　　　　　　　　(d) x=5

图 2.5　固溶态($Ti_{50}Ni_{50}$)$_{1-x}Ce_x$合金的背散射电子像

表 2.5　($Ti_{50}Ni_{50}$)$_{1-x}Ce_x$合金背散射电子像中不同微区能谱分析结果(原子数分数)　%

Ce 加入量 (原子数 分数)	灰色基体			白色相			黑色相		
	Ti	Ni	Ce	Ti	Ni	Ce	Ti	Ni	Ce
0	48.68	51.32	—	—	—	—	—	—	—
0.5	49.91	50.03	0.06	8.26	44.94	46.80	—	—	—
2	49.31	49.64	1.05	9.05	45.88	45.07	—	—	—
5	49.90	49.12	0.98	8.05	45.76	46.19	66.55	33.45	—

3. ($Ti_{51}Ni_{49}$)$_{1-x}Ce_x$合金的显微组织和相组成

图 2.6 为固溶态($Ti_{51}Ni_{49}$)$_{1-x}Ce_x$合金的光学显微组织。由图可见,$Ti_{51}Ni_{49}$合金的显微组织为 Ti-Ni 基体上分布着不规则形状的 Ti_2Ni 相粒子。与图 2.1 相似,加入稀土元素 Ce 后,合金的显微组织也发生明显变化。如图 2.6(b)所示,Ce 的原子数分数为 0.5% 时,合金的显微组织在基体上弥散分布着黑色粒状相,

粒状相的形态与图2.6(a)中的Ti_2Ni相粒子明显不同。根据分析可知当Ce的原子数分数不高于0.5%时,合金中弥散分布的黑色粒状相形态几乎不变,但是体积分数明显增多;当Ce的原子数分数为2%时,除黑色粒状相外,在合金基体上形成少量的白色颗粒(图2.6(c));当Ce的原子数分数为5%时,合金中黑色相的尺寸明显变大,形状变得更加不规则(图2.6(d)),且白色颗粒相数量明显增多,形状也更加不规则,大多呈条带状分布,其尺寸要比黑色粒状相小很多。与黑色相相比,白色相的体积分数相对较少。

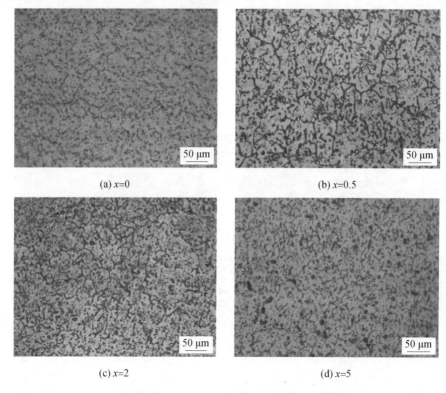

(a) $x=0$　　　　　　　　　　　　　(b) $x=0.5$

(c) $x=2$　　　　　　　　　　　　　(d) $x=5$

图2.6　固溶态$(Ti_{51}Ni_{49})_{1-x}Ce_x$合金的光学显微组织

　　图2.7为固溶态$(Ti_{51}Ni_{49})_{1-x}Ce_x$合金的背散射电子像。由图可见,在合金的显微组织中除形成富Ce相外,还出现了呈现不规则条带状的黑色相。对比图2.2的光学显微组织,根据其形态和分布可以确定图2.2(d)中的白色相即为图2.7中的黑色粒状相。表2.6为由能谱微区成分分析测定的组成相的化学成分。由图2.7和表2.6可知,在固溶态$(Ti_{51}Ni_{49})_{1-x}Ce_x$合金的显微组织中,基体相中Ti与Ni原子比约为1∶1,无论Ce原子数分数增加与否,基体成分基本保持不变。黑色相中Ti与Ni原子比约为2∶1,说明黑色相为Ti_2Ni相。在富Ce相中,Ce与Ni的原子比约为1∶1,从成分上判定为CeNi相,因此$(Ti_{51}Ni_{49})_{1-x}Ce_x$合金

的显微组织由 Ti-Ni 基体相、富 Ce 相和 Ti$_2$Ni 相组成,这与 $(Ti_{50}Ni_{50})_{1-x}Ce_x$ 合金类似。当稀土 Ce 原子数分数超过 1% 时,富 Ce 相粒子的形状变得更加不规则,除大多呈球状外,还观察到少量三角状和块状的 CeNi 相。白色富 Ce 相的平均尺寸在 1~10 μm 之间,颗粒尺寸随 Ce 原子数分数的增加而变大。随着 Ce 原子数分数由 0.1% 增加到 5%,合金中富 Ce 相的体积分数也逐渐增大,分别为 0.32%、1.28%、5.05% 和 7.93%。当 Ce 的原子数分数仅为 0.5% 时,合金中弥散分布的富 Ce 相粒子与黑色的 Ti$_2$Ni 相粒子相互连接形成网状。

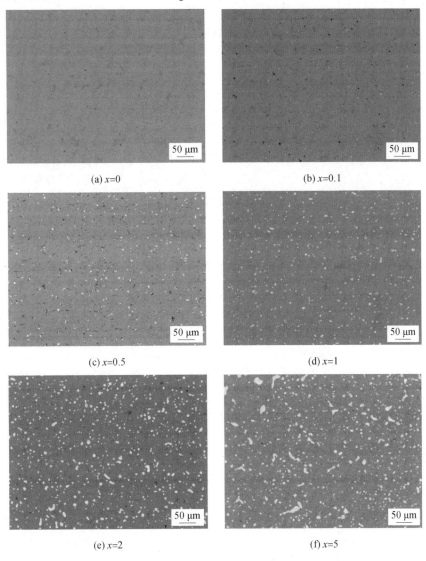

图 2.7   固溶态 $(Ti_{51}Ni_{49})_{1-x}Ce_x$ 合金的背散射电子像

表 2.6 $(Ti_{51}Ni_{49})_{1-x}Ce_x$ 合金背散射电子像中不同微区能谱分析结果(原子数分数) %

Ce 加入量 (原子数 分数)	灰色基体			白色相			黑色相		
	Ti	Ni	Ce	Ti	Ni	Ce	Ti	Ni	Ce
0	51.28	48.72	—	—	—	—	—	—	—
0.1	51.37	48.54	0.09	4.28	48.22	47.50	66.85	33.15	—
0.5	51.37	48.55	0.08	5.68	46.66	47.66	67.02	32.98	—
1	51.35	48.56	0.09	4.16	47.42	48.42	66.98	33.02	—
2	51.38	48.54	0.08	3.15	48.84	48.01	67.08	32.92	—
5	51.41	48.51	0.08	3.42	48.04	48.54	67.05	32.95	—

综上所述,Ce 的加入基本不改变富 Ti 的 Ti-Ni 合金的基体成分,但显著改变等原子比 Ti-Ni 和富 Ni 的 Ti-Ni 合金基体的 Ti/Ni 值,使其基体中的 Ti 原子数分数随 Ce 原子数分数的增加而逐渐增加,在 Ti-Ni 合金的显微组织中形成了弥散分布的富 Ce 相。在等原子比 Ti-Ni-Ce 和富 Ti 的 Ti-Ni-Ce 合金中除 Ti-Ni 基体和白色 CeNi 相外,还有 Ti_2Ni 相存在。另外,对富 Ce 的 Ti-Ni-Ce 合金而言,当 Ce 原子数分数过高时,在 Ti-Ni 合金中也有 Ti_2Ni 相粒子形成。

4. CeNi 相的晶体结构

目前 Ti-Ni-Ce 合金的三元合金相图还未见报道,只有 Ti-Ni、Ce-Ni 和 Ce-Ti 的二元系相图,在 Ce-Ni 二元系相图中,共存在 6 种化合物,它们分别是 Ce_7Ni_3、$CeNi$、$CeNi_2$、$CeNi_3$、Ce_2Ni_7 和 $CeNi_5$。因此据富 Ce 相的成分(表 2.4 ~ 2.6)可初步判定其为 CeNi 相,并且有少量的 Ti 原子固溶在 CeNi 相中。为了进一步确定富 Ce 相的晶体结构,图 2.8 为 150 ℃测得的 N5 合金 X 射线衍射谱。由图可见,合金在 150 ℃处于母相状态,母相为 B2 结构。在图 2.8 中,除对应于 B2 母相的特征衍射峰外,还观察到一些未知的衍射峰存在,这些未知衍射峰主要对应于 Ti-Ni-Ce 合金背散射电子像中的白色富 Ce 相,经标定可知为正交 CeNi 相的特征衍射峰。这说明在 Ti-Ni-Ce 合金中存在的白色富 Ce 相为正交结构的 CeNi 相。

图 2.9(a)和图 2.10(a)为 CeNi 相粒子在透射电子显微镜下的明场像,图 2.9(b)、(c)和(d)为相应的系列电子衍射花样。电子衍射分析表明,CeNi 相为正交结构,与上述 N5 合金 150 ℃时的 X 射线衍射分析结果相符。透射电子显微镜下观察到的 CeNi 相为 0.5 μm 左右,CeNi 相粒子多呈球状弥散分布在 Ti-Ni 基体中,与基体间没有明显的晶体学取向关系。

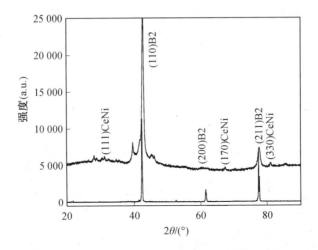

图 2.8　N5 合金在 150 ℃测试的 X 射线衍射谱

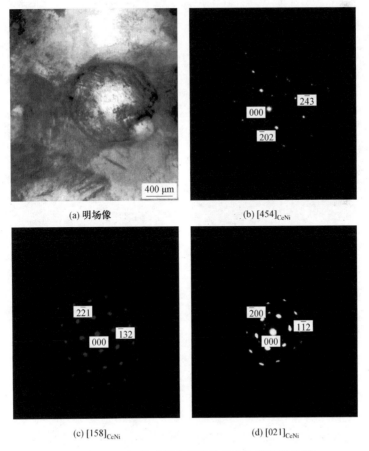

(a) 明场像　　　　　　　　　　　(b) [454]$_{CeNi}$

(c) [158]$_{CeNi}$　　　　　　　　　　(d) [021]$_{CeNi}$

图 2.9　CeNi 相的透射电子像及相应电子衍射花样

此外,在透射电子显微镜下还可以观察到在 CeNi 相颗粒上和基体中分布有少量的块状相,如图 2.10(a)中的 A、B 和 C 所示,图 2.10(b)~(d)为对应于块状相的系列电子衍射花样。对其电子衍射花样的分析结果表明,块状相的所有电子衍射花样均可用面心立方晶体结构完好标定,通过计算得到块状相的点阵常数 $a = 0.542\ 77$ nm,与 CeO_2 的点阵常数非常接近,因此 TEM 下观察到的块状相为 CeO_2 相。在 Ti-Ni-Ce 合金中,CeO_2 相的数量非常少,粒径在 100~350 nm。

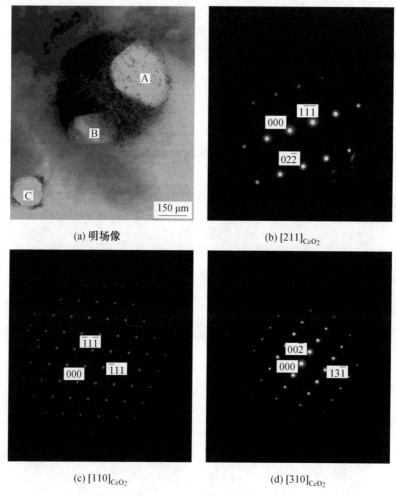

(a) 明场像   (b) $[211]_{CeO_2}$

(c) $[110]_{CeO_2}$ (d) $[310]_{CeO_2}$

图 2.10　N1 合金中块状相的透射电子像及相应电子衍射花样

5. 马氏体形貌及亚结构

图 2.11 为三种 Ti-Ni-Ce 合金的室温 X 射线衍射谱。通过标定可知,衍射角 2θ 分别为 $39.02°$、$41.02°$、$42.70°$、$43.88°$ 和 $45.02°$ 的衍射峰均对应于 B19′马氏体的特征衍射峰,这表明添加稀土元素 Ce 到 Ti-Ni 合金中所形成的马氏体仍

为畸变单斜结构。众所周知,在固溶态 Ti-Ni 二元合金中马氏体为 B19′马氏体。因此,Ce 的添加不改变马氏体的晶体结构。此外,从图中还可以看出随 Ce 原子数分数从 0.5% 增加到 5% 时,B19′马氏体的特征衍射峰的峰位向左偏移,意味着相应的晶面间距增大;同时随稀土 Ce 原子数分数增加,特征峰的峰宽也相应增加,这说明因 Ce 元素固溶到 Ti-Ni 基体中导致马氏体的晶格畸变程度增加。根据图 2.11 的 X 射线衍射谱计算得到的马氏体的点阵参数见表 2.7~2.9。由表可知,Ce 原子数分数在 0.5% ~5% 之间时,随 Ce 原子数分数增加,马氏体的 a 轴、c 轴逐渐伸长,b 轴逐渐缩短,β 角和单胞体积 V 均逐渐增大,且马氏体的单胞体积在 Ce 的原子数分数为 5% 时最大。

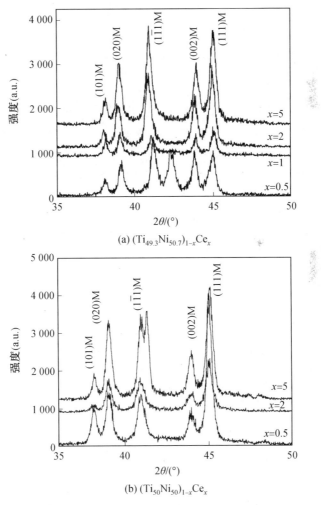

(a) $(Ti_{49.3}Ni_{50.7})_{1-x}Ce_x$

(b) $(Ti_{50}Ni_{50})_{1-x}Ce_x$

图 2.11　Ti-Ni-Ce 合金的室温 X 射线衍射谱

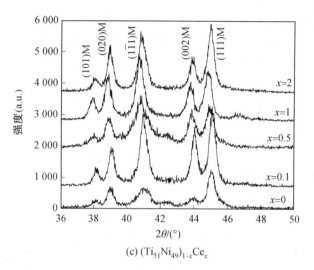

(c) $(Ti_{51}Ni_{49})_{1-x}Ce_x$

续图 2.11

表 2.7 $(Ti_{49.3}Ni_{50.7})_{1-x}Ce_x$ 合金马氏体的点阵参数

Ce 加入量(原子数分数)/%	a/nm	b/nm	c/nm	β/(°)	V/nm³
0.5	0.289 4	0.412 8	0.464 5	97.036	0.055 073
1	0.289 6	0.412 7	0.464 5	97.247	0.055 073
2	0.290 2	0.412 3	0.465 8	97.793	0.055 218
5	0.290 7	0.411 8	0.468 2	98.064	0.055 494

表 2.8 $(Ti_{50}Ni_{50})_{1-x}Ce_x$ 合金马氏体的点阵参数

Ce 加入量(原子数分数)/%	a/nm	b/nm	c/nm	β/(°)	V/nm³
0.5	0.290 0	0.411 8	0.465 4	97.87	0.055 053
2	0.290 3	0.411 6	0.465 5	97.94	0.055 088
5	0.290 6	0.411 4	0.465 5	98.03	0.055 106

表 2.9 $(Ti_{51}Ni_{49})_{1-x}Ce_x$ 合金马氏体的点阵参数

Ce 加入量(原子数分数)/%	a/nm	b/nm	c/nm	β/(°)	V/nm³
0	0.290 4	0.410 9	0.464 8	97.60	0.054 97
0.1	0.290 6	0.413 2	0.464 8	97.90	0.055 28
0.5	0.290 9	0.412 5	0.466 1	97.85	0.055 40
1	0.291 4	0.412 1	0.466 4	97.93	0.055 47
2	0.291 9	0.411 5	0.467 1	98.00	0.055 56

　　Ti-Ni 二元合金中热形成马氏体变体多呈自协作形态,由于各个变体的形状应变相互抵消,其宏观平均形状形变几乎为零。正是这种变体间的自协作,使马氏体变体的变形以变体间和变体内的孪晶界面运动的方式进行,因而具有较高的可逆性,合金呈现良好的记忆效应。

　　透射电子显微镜观察表明,Ti-Ni-Ce 合金热形成马氏体的组织形态与 Ti-Ni二元合金相同,变体间大多呈自协作形态,图 2.12 所示为 $(Ti_{49.3}Ni_{50.7})_{1-x}Ce_x$ 合金热形成马氏体的透射电子像,由图可见,呈自协作形态的马氏体变体内部由相互平行的板条亚结构组成。

　　透射电子显微镜分析结果表明,Ti-Ni-Ce 合金热马氏体的亚结构主要为 $\langle 011 \rangle$ Ⅱ型和 $(\bar{1}11)$ Ⅰ型孪晶,也可观察到少量 (111) Ⅰ型和 (001) 复合孪晶。

(a) x=1　　　　　　　　　　　　　　　　(b) x=5

图 2.12　$(Ti_{49.3}Ni_{50.7})_{1-x}Ce_x$ 合金热形成马氏体的透射电子像

　　图 2.13 为 Ti-Ni-Ce 合金中 $\langle 011 \rangle$ Ⅱ型孪晶和 (111) Ⅰ型孪晶的透射电子像,其中 A 和 B 处的平行板条状变体的衍射斑点分别如图 2.13(b)和(c)所示。经标定可知,图 2.13(b)中的衍射花样由两套马氏体衍射花样组成,经标定确定基体的晶带轴方向为 $[101]_M$,孪晶的晶带轴方向为 $[\bar{1}10]_T$,通过矩阵变换,基体的 $[101]_M$ 方向与孪晶的 $[\bar{1}10]_T$ 方向绕 $[011]_M$ 方向呈 180°旋转对称。因此,确定此孪晶为 $\langle 011 \rangle$ Ⅱ型孪晶。同理可以确定图 2.13(c)的衍射花样所对应的孪晶也为 $\langle 011 \rangle$ Ⅱ型孪晶。图 2.13(d)的花样对应于图 2.13(a)中 C 处矛头状马氏体变体对应的选区电子衍射花样,也是由两套马氏体衍射花样组成,基体与孪晶的晶带轴同为 $[\bar{1}10]$,基体的 (001) 晶面与孪晶的 (001) 晶面关于 $(\bar{1}11)$ Ⅰ型晶面呈镜面对称,因此确定该孪晶花样为 $(\bar{1}11)$ Ⅰ型孪晶。因此,在图 2.13 中,$(\bar{1}11)$ Ⅰ型孪晶片呈矛头状单独混在 A 和 B 两组 $\langle 011 \rangle$ Ⅱ型孪晶板条间,这种典型形貌与 Ti-Ni 二元合金中观察到的相同。

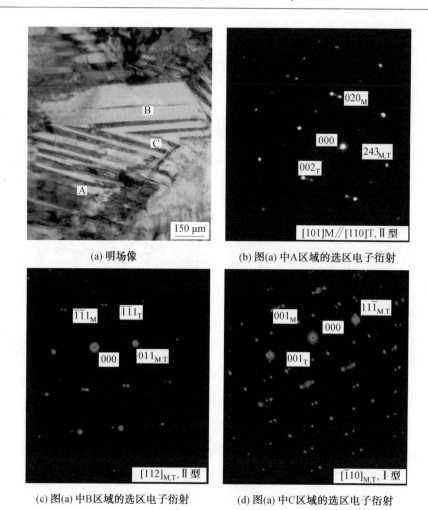

(a) 明场像　　　　　(b) 图(a)中A区域的选区电子衍射

(c) 图(a)中B区域的选区电子衍射　　　　(d) 图(a)中C区域的选区电子衍射

图2.13　N1合金中⟨011⟩Ⅱ型孪晶和$(11\bar{1})$ Ⅰ型孪晶热诱发马氏体及相应的电子衍射花样

　　图2.14(a)是$(\bar{1}11)$Ⅰ型孪晶TEM下的明场像,图(b)是相应的选区电子衍射花样。经分析知图2.14(b)的花样都由两套马氏体衍射花样组成,基体与孪晶关于$(\bar{1}11)$晶面呈镜面对称,因此确定该孪晶花样为$(\bar{1}11)$Ⅰ型孪晶。Gupta等曾在二元TiNi合金中观察到这种孪晶存在,不过Nishida、Yufeng Zheng等均没有在TEM下观察到该孪晶存在。此外,在Ti-Ni-Ce合金中还观察到(001)复合孪晶,其形貌和衍射斑点如图2.15所示。

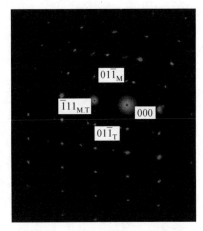

(a) 明场像　　　　　　　　　(b) 图(a)中A区域的选区电子衍射

图 2.14　N1 合金中 $(\bar{1}11)$ I 型孪晶热马氏体及相应的电子衍射花样

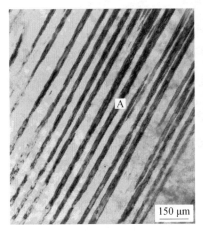
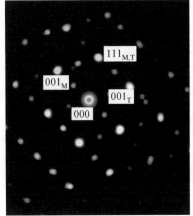

(a) 明场像　　　　　　　　　(b) 图(a)中A区域的选区电子衍射

图 2.15　N1 合金中(001)复合孪晶热马氏体的透射电子像及相应的电子衍射

2.1.2　Ti-Ni-Ce 合金的马氏体相变

1. 固溶态($Ti_{49.3}Ni_{50.7}$)$_{1-x}$Ce$_x$合金的马氏体相变

图 2.16 为固溶态($Ti_{49.3}Ni_{50.7}$)$_{1-x}$Ce$_x$ 合金的 DSC 曲线。由图可见,固溶态 Ti-50.7Ni合金在加热与冷却过程中 DSC 曲线上均只有一个相变峰存在,这说明只发生了 B2↔B19′的一步马氏体相变。添加不同含量的稀土元素 Ce 后,富 Ni 的 Ti-Ni-Ce 三元合金的 DSC 曲线在加热与冷却过程中也只有一个峰存在,说明只发生了一步相变。由图 2.16 的 X 射线衍射分析可知($Ti_{49.3}Ni_{50.7}$)$_{1-x}$Ce$_x$合金中

的马氏体仍为 B19′单斜结构,因此,在富 Ni 的 Ti-Ni-Ce 合金中发生的马氏体相变仍为 B2↔B19′的一步相变,这意味着 Ce 的加入不改变固溶态 Ti-Ni 合金的相变次序。

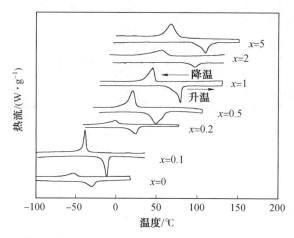

图 2.16　固溶态($Ti_{49.3}Ni_{50.7})_{1-x}Ce_x$合金的 DSC 曲线

图 2.17 为 Ce 原子数分数对 Ti-50.7Ni 合金马氏体相变温度和相变滞后的影响。由图可见,随着 Ce 原子数分数的增加,合金的马氏体相变温度(M_s、M_f)与逆相变温度(A_s、A_f)均显著增加。当 Ce 原子数分数在 0.1% ~ 0.5% 之间时,相变温度迅速升高;当 Ce 原子数分数从 0.5% 增加到 2% 时,相变温度的升高趋势变缓;Ce 原子数分数在 2% ~ 5% 之间时,相变温度的升幅较小,并逐渐趋于稳定。此外,与 Ti-50.7Ni 合金相比,当 Ce 原子数分数从 0.1% 增加到 0.2% 时,($Ti_{49.3}Ni_{50.7})_{1-x}Ce_x$合金的相变滞后大小几乎不变,说明在该原子数分数范围内 Ce 的加入对合金的相变滞后没有影响;当 Ce 的原子数分数为 0.5% 时,相变滞后增大;然后随着 Ce 原子数分数增加相变滞后趋于稳定。

近等原子比 Ti-Ni 合金相变温度对合金的化学成分极其敏感,就 Ti-Ni 二元合金而言,合金基体中 Ni 的原子数分数每增加 0.1%,其 M_s 大约降低 10 ℃。根据前文的分析知稀土 Ce 的加入显著改变了富 Ni 的 Ti-Ni-Ce 合金基体的 Ti/Ni 值,使基体中的 Ti 原子数分数增加,Ni 原子数分数减少。因此,Ti-Ni-Ce 合金马氏体相变温度的升高首先要归因于添加 Ce 而引起合金基体成分的改变所致。

图 2.18 为 Ce 原子数分数对($Ti_{49.3}Ni_{50.7})_{1-x}Ce_x$ 合金基体中 Ti/Ni 值的影响。由图可见,随 Ce 原子数分数的增加,三元合金基体中的 Ti/Ni 值也随之升高。这是由于 Ce 的化学活泼性比 Ti 强,当 Ce 添加到 Ti-Ni 二元合金中,Ce 元素将与合金中的 Ni 元素发生作用,形成 CeNi 相,使合金基体中的 Ni 原子数分数减少,Ti 原子数分数增加,从而改变 Ti-Ni-Ce 合金基体的 Ti/Ni 值,使合金基体变为富

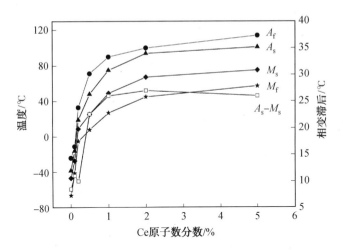

图 2.17 Ce 原子数分数对 Ti-50.7Ni 合金马氏体相变温度和相变滞后的影响

Ti 的基体。其次,Ti-50.7Ni 合金基体中的 Ti/Ni 值为 0.982,M_s 为-42 ℃;N1 合金基体中的 Ti/Ni 值为 1.288,其 M_s 为 48 ℃。与 Ti-50.7Ni 合金相比,M_s 温度的升幅(94 ℃)远高于由合金基体的 Ti/Ni 值变化所引起的温度升幅,这说明 Ce 元素本身具有升高 Ti-Ni 合金马氏体相变温度的作用。

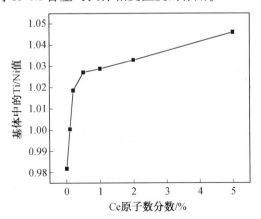

图 2.18 Ce 原子数分数对 $(Ti_{49.3}Ni_{50.7})_{1-x}Ce_x$ 合金基体中 Ti/Ni 值的影响

2. 时效对 $(Ti_{49.3}Ni_{50.7})_{1-x}Ce_x$ 合金马氏体相变的影响

图 2.19 为经 550 ℃、1 h 时效后 $(Ti_{49.3}Ni_{50.7})_{1-x}Ce_x$ 合金的 DSC 曲线。由图 2.19(a)可见,N01 时效合金的相变类型明显变化,由固溶处理态的一步马氏体相变转变为三步马氏体相变。N01 合金在其他温度时效时 DSC 曲线与图 2.19(a)相似。从图 2.19(b)、(c)和(d)可以看出,N05、N1 和 N5 合金时效后均只发生 B2→B19′一步马氏体相变,且 Ce 原子数分数在 0.5% ~1% 之间时,时效使合金各相变

温度升高10 ℃左右,而当Ce原子数分数为5%时,时效前后合金的相变温度几乎不变。

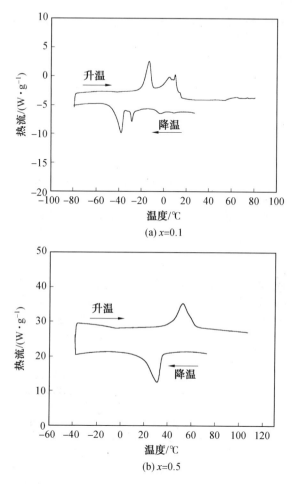

(a) $x=0.1$

(b) $x=0.5$

图2.19　经550 ℃、1 h时效后$(Ti_{49.3}Ni_{50.7})_{1-x}Ce_x$合金的DSC曲线

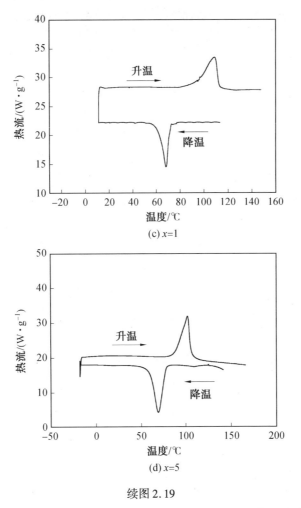

(c) $x=1$

(d) $x=5$

续图 2.19

表 2.10 为经不同温度时效 1 h 后 N01 合金的相变温度。由表可知, N01 合金在 400 ℃、450 ℃和 600 ℃时效后升温过程中均发生了 B19′→R→B2 两步马氏体相变, 而 500 ℃与 550 ℃时效 1 h 后相变类型发生变化, 升降温过程中均发生了三步相变, 且 550 ℃时效对该合金马氏体相变温度影响最大。600 ℃时效 1 h 后合金的 M_s 几乎不变, 逆相变温度稍有增加。表 2.11 为该试验合金在 550 ℃时效不同时间后的相变温度, 可以看出时效时间为 0.5 h 时, 其相变类型虽然发生改变, 但是相变温度升幅较低, 1 h 时效使其马氏体相变温度的升高最多, 之后随时效时间增加, N01 合金马氏体相变温度又有所降低, 并逐渐趋于稳定。因此, 550 ℃、1 h 时效处理对此合金相变行为的影响最为显著。

表 2.10　经不同温度时效 1 h 后 N01 合金的相变温度　　　　℃

时效温度	400	450	500	550	600
M_{s1}	−45	−15	−1	9	−35
M_{f1}	−56	−25	−10	−7	−37
M_{s2}	—	−41	−12	−26	—
M_{f2}	—	−55	−16	−30	—
M_{f3}	—	—	−48	−44	—
A_{s1}	22	−16	−11	−19	−10
A_{f1}	30	−11	−17	−10	−17
A_{s2}	36	31	3	−7	−6
A_{f2}	42	41	16	12	−1
A_{s3}	—	—	23	52	—
A_{f3}	—	—	37	68	—

表 2.11　经 550 ℃不同时间时效后 N01 合金的相变温度　　　　℃

时间	0.5 h	1 h	2 h	5 h	10 h
M_{s1}	−1	9	1	−2	−0.5
M_{f1}	−10	−7	−8	−9	−5
M_{s2}	−34	−26	−22	−18	−9
M_{f2}	−36	−30	−27	−24	−14
M_{s3}	—	−35	−36	−35	—
M_{f3}	—	−44	−41	−41	—
A_{s1}	−17	−19	−16	−17	—
A_{f1}	−7	−10	−10	−8	—
A_{s2}	−5	−7	−2	0	8
A_{f2}	1.5	12	8	—	14
A_{s3}	4	52	15	—	16
A_{f3}	7	68	19	17	23

图 2.20 为经 550 ℃时效 1 h 后 N01 合金的透射电子像。由图可见,时效后在合金基体上出现大量的透镜片状的析出相,对其进行选区电子衍射分析,得到

如图 2.20(b)所示的衍射花样。分析结果表明,该透镜片状析出相为 Ti_3Ni_4 相,属菱方结构,点阵常数为 $a=0.2\sim704$ nm, $\alpha=113.75°$,衍射花样中的 1/7 型超点阵衍射斑点是 Ti_3Ni_4 相粒子的特征衍射,是入射束沿母相 B2 的 $\langle 213\rangle$ B2 倒易方向形成的。而在时效后 N01 合金基体上除大量的自协作马氏体变体和 CeNi 相外,并无 Ti_3Ni_4 相粒子存在。这说明 Ce 原子数分数的增加抑制了富 Ni 的 Ti-Ni 二元合金在时效过程中 Ti_3Ni_4 相的沉淀析出。

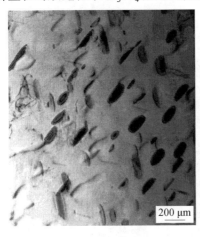 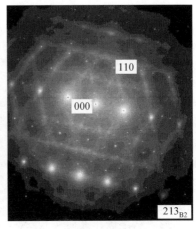

(a) 明场像　　　　　　　　　　　(b) $[\bar{3}31]_{B2}$

图 2.20　经 550 ℃时效 1 h 后 N01 合金的透射电子像

在富 Ni(Ni 原子数分数 >50.2%) 的 Ti-Ni 二元记忆合金中,时效处理(300~600 ℃)对 R 相变和马氏体相变的影响十分显著,时效过程中由于 Ti_3Ni_4 相的析出抑制马氏体相变发生,使时效前不明显的 R 相变在时效后明显发生。谢超英发现 Ti-51.8Ni 合金的马氏体相变温度 M_s 和 R 相变温度均随时效温度的升高先上升后降低,呈现峰值效应,在 500 ℃时效时相变温度最高。在时效温度一定时, M_s 随时效时间的延长而升高,在时效初期,相变温度的上升幅度较大,而后升高幅度减小,逐渐趋于稳定值。而本节发现使 N01 合金的相变温度升高最多时所需的时效温度为 550 ℃。这与 Ti-Ni 合金相比,对相变温度影响最大的时效温度至少升高了 50 ℃,表明 Ce 的加入阻碍了 Ti_3Ni_4 相的沉淀析出,导致 Ti_3Ni_4 相沉淀析出所需温度升高。而对含 Ce 更多的合金而言,时效仅使相变温度略有升高,合金中只发生一步相变,无 R 相变发生,说明 Ce 原子数分数增加并没有使合金基体的 Ti/Ni 值在时效过程中发生改变,从而抑制了 Ti_3Ni_4 相的沉淀析出和 R 相变发生。

综上所述,稀土 Ce 抑制了富 Ni 的 Ti-Ni 合金中 Ti_3Ni_4 相的沉淀析出,从而抑制 R 相变的发生,使合金在时效时只发生一步相变,因此时效对富 Ni 的

Ti–Ni–Ce合金相变行为的影响与 Ce 原子数分数密切相关。时效对富 Ni 的 Ti–Ni–Ce 合金的影响可解释如下:首先,过固溶在合金基体中的 Ce 原子在时效过程中将与基体中的 Ni 反应形成 CeNi 相析出,从而抑制 Ti_3Ni_4 相的形成与沉淀析出;其次,Ce 的加入显著改变了 Ti–Ni 合金基体的 Ti/Ni 值,合金基体中的 Ti 原子数分数随 Ce 原子数分数增加也逐渐增加。因此,当 Ce 原子数分数过多时,合金基体由富 Ni 转变为富 Ti,而时效对富 Ti 的 Ti–Ni 合金的马氏体相变几乎没有影响。

3. 马氏体相变的热稳定性

在许多实际应用中形状记忆合金通常要经历重复加热和冷却循环,因此合金的热稳定性是实际应用中的一个重要问题。图 2.21 为经不同次数热循环后 N1 合金的 DSC 曲线。由图可见,随着热循环次数的增加,DSC 曲线上相变峰的高度略有降低,而峰宽逐渐增加,同时相变峰向低温方向偏移,表明热循环使合金的相变温度下降。图 2.22 为热循环次数对 N1 合金相变温度的影响,由图可知,在最初的 5 次循环内,A_s 与 A_f 的下降幅度略大,为 15~20 ℃,M_s 与 M_f 的下降幅度较小,在 5 ℃左右。N1 合金的相变温度随热循环次数的变化规律与二元 Ti–Ni 合金类似。合金 M_s、M_f 的下降是由于在热循环过程中引入位错,造成了母相的强化,阻碍马氏体相变所致。在最初的几次循环中,位错密度随着热循环的进行而增加,致使 M_s、M_f 迅速下降,经过几次循环后,位错密度不再增加,M_s 和 M_f 保持恒定。A_s 和 A_f 的降低主要归因于热循环过程中引入位错所造成的应力场。

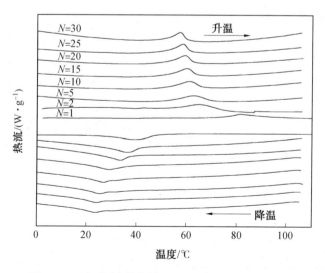

图 2.21　经不同次数热循环后 N1 合金的 DSC 曲线

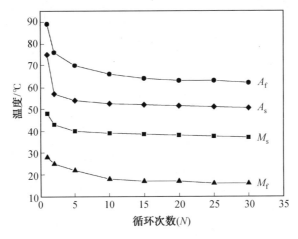

图 2.22　热循环次数对 N1 合金相变温度的影响

　　形状记忆合金的相变温度滞后($A_s - M_s$)反映了合金的响应速度,是记忆合金实际应用的一个重要指标。图 2.23 为热循环次数对 N1 合金相变滞后的影响。由图可见,在固溶处理状态下合金的相变滞后仅经过一次热循环后便达到稳定,下降幅度为 13 ℃。

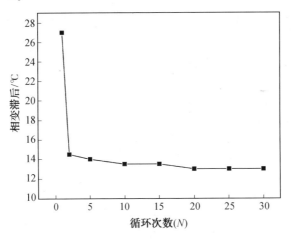

图 2.23　热循环次数对 N1 合金相变滞后的影响

4. 固溶态($Ti_{50}Ni_{50})_{1-x}Ce_x$合金的马氏体相变

　　图 2.24 为固溶态($Ti_{50}Ni_{50})_{1-x}Ce_x$合金的 DSC 曲线。由图可见,合金在加热与冷却过程中只发生一步马氏体相变,这与 Ce 加入富 Ni 的 Ti-Ni 二元合金相似。由 2.1.1 节的分析可知稀土 Ce 添加到等原子比的 Ti-Ni 合金中,合金中马氏体仍为 B19′单斜结构。因此,在固溶态的($Ti_{50}Ni_{50})_{1-x}Ce_x$合金中发生的马氏体相变仍为 B2↔B19′的一步相变。

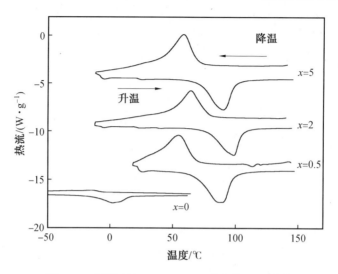

图 2.24　固溶态$(Ti_{50}Ni_{50})_{1-x}Ce_x$合金的 DSC 曲线

图 2.25 为 Ce 原子数分数对 Ti-50Ni 合金相变温度的影响。从图中可以看出,Ce 原子数分数对合金相变温度的影响与 Ce 对 Ti-50.7Ni 合金相变稳定的影响相似。当 Ce 原子数分数从 0 增加到 0.5% 时,合金的 M_s、M_f、A_s 和 A_f 均迅速升高,Ce 原子数分数在 0.5% ~ 2% 之间时,合金的各相变温度升高变缓,升幅降低;Ce 原子数分数高于 2% 时,合金的相变温度逐渐趋于稳定值。

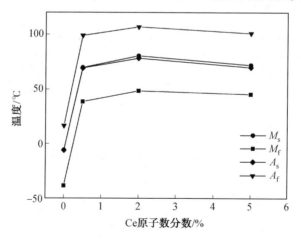

图 2.25　Ce 原子数分数对 Ti-50Ni 合金相变温度的影响

图 2.26 为$(Ti_{50}Ni_{50})_{1-x}Ce_x$合金基体中 Ti/Ni 值与 Ce 原子数分数的关系。由图可见,随 Ce 原子数分数增加,基体中 Ti/Ni 值的变化规律与相变温度随 Ce 原子数分数变化的规律相同,且当 Ce 原子数分数超过 2% 时,合金基体中的 Ti/Ni 值基本趋于稳定。

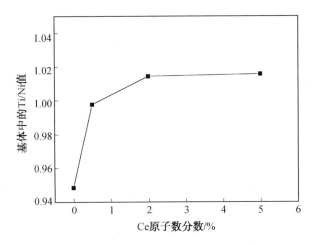

图 2.26　$(Ti_{50}Ni_{50})_{1-x}Ce_x$ 合金基体中 Ti/Ni 值与 Ce 原子数分数的关系

5. 时效对合金马氏体相变的影响

为了考察时效对 $(Ti_{50}Ni_{50})_{1-x}Ce_x$ 合金相变行为的影响,分别测试 A05 合金经 400 ℃、450 ℃、500 ℃、550 ℃和 600 ℃进行 1 h 的时效处理后的相变行为。图 2.27 为经 500 ℃、时效 1 h 后 A05 合金的 DSC 曲线,合金其他温度时效时的 DSC 曲线与图 2.27 相似,不再一一列举。由图可见,A05 合金时效后的 DSC 曲线上只有一个相变峰存在,说明时效对合金的相变次序没有影响。

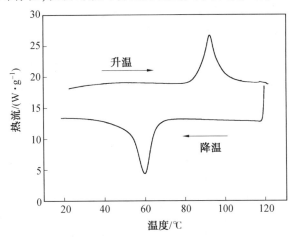

图 2.27　经 500 ℃、时效 1 h 后 A05 合金的 DSC 曲线

图 2.28 为时效温度对 A05 合金相变温度的影响。从图中可以看出,A05 合金在时效时,不论时效温度如何升高,合金的相变温度几乎保持不变,这说明合金在时效过程中基体成分没有发生变化,并无 Ti_3Ni_4 相析出。

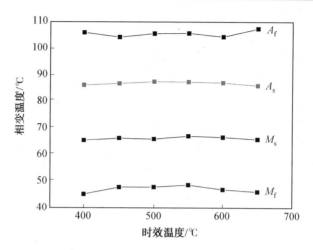

图 2.28　时效温度对 A05 合金相变温度的影响

　　时效对 A05 合金相变行为的影响更进一步证实 Ce 的加入抑制 Ti_3Ni_4 相的析出,从而抑制 R 相变的发生。

6. $(Ti_{51}Ni_{49})_{1-x}Ce_x$ 合金的马氏体相变

　　图 2.29 为固溶态 T05 合金的 DSC 曲线,其他添加不同原子数分数 Ce 的 $(Ti_{51}Ni_{49})_{1-x}Ce_x$ 合金的 DSC 曲线与图 2.29 相似,不再一一列举。由图可见,合金在加热和冷却过程中也只有一个峰出现,说明在加热和冷却过程中只发生了 $B2 \leftrightarrow B19'$ 一步相变,而 $(Ti_{51}Ni_{49})_{1-x}Ce_x$ 合金的 X 射线衍射谱也说明加入 Ce 的合金中马氏体仍为 $B19'$ 单斜结构,与 DSC 的结果相一致。

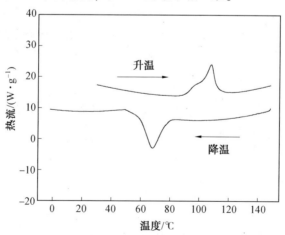

图 2.29　固溶态 T05 合金的 DSC 曲线

　　表 2.12 为固溶态 $(Ti_{51}Ni_{49})_{1-x}Ce_x$ 合金的马氏体相变温度。由表可知,添加

Ce 到 Ti-49Ni 合金后,合金的 M_s 稍有升高,升幅为 9 ℃左右,然后随着 Ce 原子数分数的继续增加,M_s 几乎保持不变。因此与 Ce 添加到 Ti-50.7Ni、Ti-50Ni 合金中不同,Ce 对固溶态 Ti-49Ni 合金马氏体相变次序与相变温度几乎没有影响。

表 2.12　固溶态$(Ti_{51}Ni_{49})_{1-x}Ce_x$合金的马氏体相变温度

Ce 原子数分数/%	M_s/℃	M_f/℃	A_s/℃	A_f/℃
0	76	60	88	112
0.1	85	63	105	117
0.5	85	65	104	118
1	86	66	106	119
2	85	62	102	117
5	85	64	104	117

由表 2.6$(Ti_{51}Ni_{49})_{1-x}Ce_x$合金各组成相的能谱分析可知,向 Ti-49Ni 合金加入 Ce 后,合金的基体成分仅发生微小改变,Ti/Ni 值约增加了 0.09%。此后无论 Ce 原子数分数增加多少,合金基体的 Ti/Ni 值几乎不变。这是因为 Ce 的加入导致在合金中形成弥散分布的 CeNi 相,从而使基体中的 Ti 原子数分数增加。根据 Ti-Ni 二元相图,Ti 在富 Ti 一侧的固溶度几乎不随温度变化而变化。当基体中的 Ti 原子数分数增多至超过其固溶度时,Ti 原子将与 Ni 反应以 Ti_2Ni 的形式从基体中析出,从而保证合金基体为近等原子比。若 Ce 原子数分数继续增加则只能使合金显微组织中 CeNi 相与 Ti_2Ni 相的相对含量增加,而不改变合金基体的 Ti/Ni 值。因此,富 Ti 的 Ti-Ni-Ce 合金相变温度也基本相同。所以,Ce 基本不影响富 Ti 的 Ti-Ni 合金相变温度的原因在于 Ce 的加入几乎不改变合金基体的 Ti/Ni 值。

2.1.3　Ti-Ni-Ce 合金的形状记忆效应

1. Ti-Ni-Ce 合金的单程形状记忆效应

图 2.30 为固溶态 N01 合金在-80 ℃弯曲变形 8%后形状恢复率与加热温度的关系。试样的形状恢复率从-18 ℃即 A_s 左右开始随加热温度升高而升高;在 -18~20 ℃之间形状恢复率随温度增加迅速升高。当温度高于 20 ℃后,形状恢复率缓慢升高,直至试样形状完全恢复。改变变形条件,即改变弯曲变形量和试验温度,其他含不同原子数分数 Ce 的合金的形状恢复率随温度的变化关系也基本一致,此处不再一一列出。

图 2.31 为弯曲预应变量对$(Ti_{49.3}Ni_{50.7})_{1-x}Ce_x$合金形状恢复率的影响。由图可见,对 Ti-50.7Ni 合金而言,当弯曲预应变量超过 10% 时,合金的形状恢复率

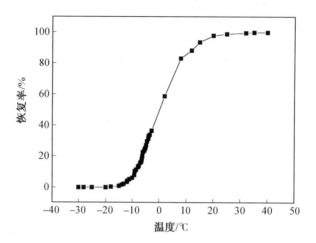

图 2.30   固溶态 N01 合金在 -80 ℃弯曲变形 8% 后形状恢复率与加热温度的关系

随预应变量的增加而迅速降低。当稀土元素 Ce 的原子数分数在 0.1% ~ 0.5% 之间时,加 Ce 的 Ti-Ni 合金的最大可恢复应变随 Ce 原子数分数增加略有下降。弯曲预应变量为 15% 时,Ce 原子数分数不超过 0.5% 的 Ti-Ni-Ce 合金的最大可恢复应变仍高达 96% 以上。

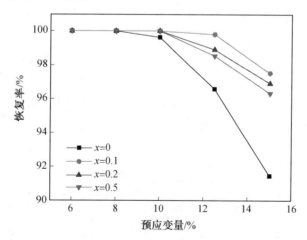

图 2.31   弯曲预应变量对$(Ti_{49.3}Ni_{50.7})_{1-x}Ce_x$合金形状恢复率的影响

图 2.32 为$(Ti_{49.3}Ni_{50.7})_{1-x}Ce_x$合金的残余应变与弯曲预应变量的关系曲线。从图中可以看出,合金试样的残余应变随着弯曲预应变量的增加而增大,开始时增加较慢,超过一定的变形量时,残余应变与弯曲预应变量呈线性关系。另外,合金的残余变形量随 Ce 原子数分数增加而稍微增加。Ce 的原子数分数为 0.1% 时,随弯曲预应变增加,合金的残余应变增幅最少,当 Ce 原子数分数为 0.5% 时,Ti-Ni-Ce 合金的残余应变仍低于 4% ,这表明含适量 Ce 的 Ti-Ni-Ce 合金具

有良好的单程形状记忆效应。

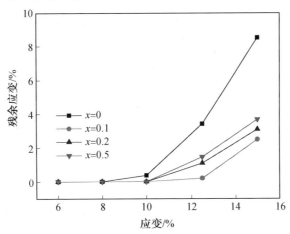

图 2.32　弯曲预应变量对 $(Ti_{49.3}Ni_{50.7})_{1-x}Ce_x$ 合金残余应变的影响

在利用弯曲法测试合金的形状记忆效应时发现,在 M_s 温度下 Ce 原子数分数为 1% 的合金试样不能弯曲到 180°,加热到母相状态时的形状恢复较 Ce 原子数分数为 0.5% 的合金的恢复少,而当 Ce 的原子数分数为 5% 时,合金几乎不能进行弯曲,这表明随 Ce 原子数分数的增加,Ti-Ni-Ce 合金的单程形状记忆效应越来越差,脆性也越来越大。因此,只有含适量稀土 Ce 的 Ti-Ni-Ce 合金才具有良好的形状记忆效应,而过量的稀土 Ce 将对合金的单程形状记忆效应不利。由透射电镜观察可知,当添加稀土 Ce 到 Ti-Ni 二元合金中,除形成 CeNi 相外,还形成了 CeO_2 相。对于 Ti-Ni 合金而言,氧元素常被视为杂质元素,氧的存在将恶化合金的形状记忆效应。当稀土元素加入到 Ti-Ni 合金中时,稀土与合金中存在的微量氧元素发生反应,从而除去合金中的氧,起到净化除杂的作用。因此微量稀土元素的添加将有益于合金的力学性能和形状记忆性能。但是当稀土添加量过多时,CeNi 相的体积分数明显增加,主要沿晶界分布,过量的 Ti 以硬脆的 Ti_2Ni 粒子形式存在,CeNi 相与 Ti_2Ni 相严重割裂合金基体,破坏了基体的连续性,降低晶界的强度。在合金进行弯曲变形时,合金中的 CeNi 相也将产生塑性变形,且这种变形是不可恢复的。因此,过量的 CeNi 相将不利于合金的形状记忆效应。

2. Ti-Ni-Ce 合金的双程形状记忆效应

试验发现,加 Ce 的 Ti-Ni 合金试样只要在 M_s 以下轻微弯曲变形,在随后的加热冷却循环中就会出现明显的双程记忆效应。图 2.33 为弯曲变量对固溶处理态 $(Ti_{49.3}Ni_{50.7})_{1-x}Ce_x$ 双程可逆应变量的影响。由图可见,一次深冷变形后,Ti-Ni-Ce 合金即可获得明显的双程形状记忆效应;随着弯曲预应变量增加,合金的双程可逆应变量近似呈线性增大;最后随 Ce 原子数分数增加,Ti-Ni-Ce 合金的双程可逆应变量增大。

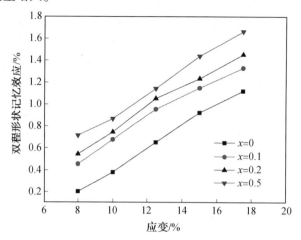

图 2.33   弯曲预应变量对固溶态 $(Ti_{49.3}Ni_{50.7})_{1-x}Ce_x$ 合金双程可逆应变量的影响

为考察变形温度对 $(Ti_{49.3}Ni_{50.7})_{1-x}Ce_x$ 合金双程记忆效应的影响,将 Ce 原子数分数为 0.5% 的合金在不同温度弯曲变形 15% 卸载后,分别测量其双程可逆应变量,结果如图 2.34 所示。从图中可以看出,变形温度低于 40 ℃ 时,随着变形温度的升高,合金的双程可逆应变量不发生明显变化。变形温度在 80~120 ℃之间,双程可逆应变量随变形温度升高近似直线下降,至 120 ℃ 时,双程可逆应变量接近为零。

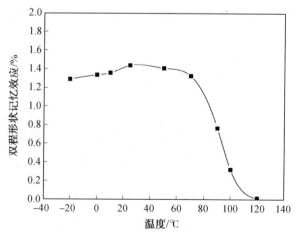

图 2.34   变形温度对 N05 合金双程可逆应变量的影响

双程可逆应变量随弯曲变形温度呈上述变化规律是由合金试样在不同温度下的变形机制所决定的。合金试样在 M_s 以下变形,发生马氏体再取向及再取向马氏体的弹性变形,因而双程可逆应变量较高。在 M_s 和 M_s^σ 之间变形时,将发生应力诱发马氏体相变,随着弯曲变形温度的升高,应力诱发马氏体相变的临界应力增大,易发生母相的塑性变形,导致其双程可逆应变量下降,当变形温度超过 M_s^σ 时,应力诱发马氏体的临界应力高于母相的屈服应力,变形时不能发生应力诱发马氏体相变,只能产生母相的塑性变形和应变诱发马氏体,它们均为不可逆应变,不产生双程形状记忆效应。

图 2.35 为不同恒应变量训练次数对 $(Ti_{49.3}Ni_{50.7})_{1-x}Ce_x$ 合金双程可逆应变量的影响。由图可见,对 Ce 原子数分数为 0.1% 的合金而言,当恒应变量不超过于 12.5% 时,双程可逆应变量随训练次数的增加呈抛物线形增大,当恒应变量大于 12.5% 时,在最初几次训练循环中,双程可逆应变量随训练次数的增加而略有增加,进一步增加训练次数,双程可逆应变量呈下降趋势,且当弯曲预应变量为 12.5% 时,Ce 原子数分数为 0.1% 的合金经过一定次数训练后获得最大的双程可逆应变量,约为 2.47%;对 Ce 原子数分数为 0.2% 和 0.5% 的合金而言,恒应变训练对合金的双程形状记忆效应的影响与 Ce 原子数分数为 0.1% 的合金相似,不同的是对 Ce 原子数分数为 0.2% 的合金经训练后所得到的最大双程可逆应变量大约为 2.62%,达到最大双程可逆应变量所需的恒应变量为 13%;Ce 原子数分数为 0.5% 的合金的最大双程可逆应变量大约为 3.42%,获得最大双程可逆应变量所需的恒应变量为 15%。

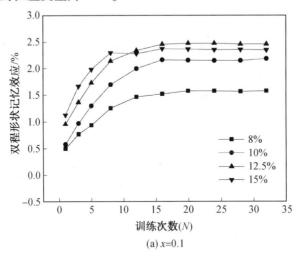

(a) $x=0.1$

图 2.35　不同恒应变量训练次数对 $(Ti_{49.3}Ni_{50.7})_{1-x}Ce_x$ 合金双程可逆应变量的影响

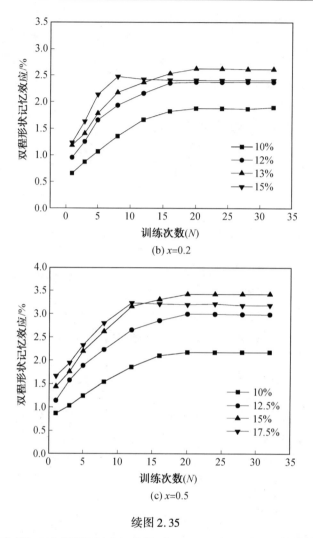

(b) $x=0.2$

(c) $x=0.5$

续图 2.35

图 2.36 为经 30 次训练后恒应变量对 $(Ti_{49.3}Ni_{50.7})_{1-x}Ce_x$ 合金双程可逆应变量的影响。由图可见,随训练时恒应变量的增加,合金的双程可逆应变量开始时逐渐增加,然后达到最大值,而后又随恒应变量的增加呈下降趋势,说明过量变形对双程形状记忆效应不利。此外,随 Ce 原子数分数增加,双程可逆应变量增大,且合金获得最大双程可逆应变量时所对应的恒应变量也逐渐增加。

众所周知,对 Ti-Ni 基记忆合金进行热机械训练、马氏体状态下过量变形或约束时效是使其获得双程形状记忆效应的三种主要方法。Ti-Ni 基合金产生双程形状记忆效应的机理主要在于在基体中由位错等缺陷或者第二相粒子产生有一定取向的应力场,然后在冷却过程中,有一定取向的马氏体变体在该应力场下优先形成,产生双程形状记忆效应。对 Ti-Ni-Ce 合金来说,双程形状记忆效应

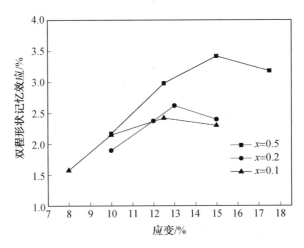

图 2.36　经 30 次训练后恒应变量对 $(Ti_{49.3}Ni_{50.7})_{1-x}Ce_x$ 合金双程可逆应变量的影响

的产生不仅来自于变形过程中所引入位错等缺陷形成的应力场,还来自于由 CeNi 相粒子塑性变形产生的应力场。王利明研究发现,当 Ti-Ni 合金中存在软相粒子时,进行恒应变训练时软相粒子将产生塑性变形而形成应力场,该应力场与训练引入位错等缺陷所产生的应力场互相叠加,使合金完成马氏体变体再取向时所需的形变量增大,如 $Ti_{42-.3}Ni_{44.7}Nb_9$ 合金(含 β-Nb 软粒子)的双程可逆应变量达到峰值所需的临界应变量为 14.5%。根据 2.1.1 节的分析可知 Ce 加入 Ti-Ni 合金后在合金基体上形成弥散分布的 CeNi 相粒子,显微硬度试验表明其为软相粒子(显微硬度值为 HV296)。因此,CeNi 相软粒子必将在恒应变训练过程中发生塑性变形产生应力场,且 CeNi 相越多,产生的应力场越强,从而使合金获得最大双程可逆应变量所需的临界恒应变量增加。

2.1.4　Ti-Ni-Ce 合金的力学行为

1. 拉伸性能

图 2.37 为马氏体状态拉伸时 $(Ti_{49.3}Ni_{50.7})_{1-x}Ce_x$ 合金的应力-应变曲线。Ce 的原子数分数在 0.1% ~0.5% 之间时,Ti-Ni-Ce 合金的应力-应变曲线与固溶态 Ti-Ni 二元合金的应力-应变曲线类似,拉伸时先发生马氏体的屈服,出现对应于马氏体变体再取向的屈服平台,而后发生马氏体的塑性变形直至断裂;当 Ce 的原子数分数为 1% 时,合金在马氏体状态拉伸的应力-应变曲线形状显著不同,拉伸时没有出现马氏体再取向对应的屈服平台,试验合金发生连续屈服,随之产生强烈的加工硬化,直至断裂。

固溶态 Ti-Ni 合金在马氏体状态变形时,相对外力处于有利位向的马氏体变体将消耗不利位向的马氏体变体而长大,马氏体变体发生再取向,从而产生宏观

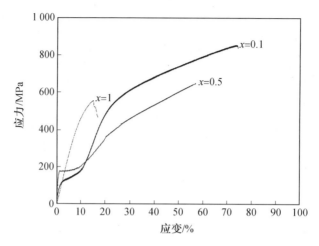

图 2.37　马氏体状态拉伸时 $(Ti_{49.3}Ni_{50.7})_{1-x}Ce_x$ 合金的应力–应变曲线

应变,与之相应的是合金的应力–应变曲线表现为明显的屈服及一个几乎没有加工硬化的应力平台和对应的约为8%的应变,随后应力随应变急剧增高。当变形机制由马氏体变体再取向逐渐变为应力诱发马氏体转变时,能够产生类似的应力–应变行为。然而随 Ce 原子数分数不同, $(Ti_{49.3}Ni_{50.7})_{1-x}Ce_x$ 合金的拉伸应力–应变曲线也呈现不同的特征。Ce 原子数分数为1%的合金的应力–应变行为和冷加工 Ti–Ni、Ti–Ni–Pd 和 Ti–Ni–Hf 合金马氏体态拉伸的应力–应变曲线十分相似。该应力–应变曲线说明合金在变形期间,马氏体变体间存在强烈的交互作用,导致马氏体变体再取向或应力诱发马氏体相变时,过早产生位错滑移,因此将恶化合金的形状记忆效应。

从图2.37还可以看出,Ce 原子数分数为0.1%时合金的延伸率可达70%左右,Ce 原子数分数为0.5%时合金的延伸率虽然有所降低,但也在50%以上,而Ce 原子数分数为1%时合金的断裂延伸率仅为17%左右,远低于 Ce 原子数分数为0.1%和0.5%合金的延伸率。这表明随着 Ce 原子数分数的增加,合金的韧性明显下降,脆性增加。随合金中 Ce 原子数分数增加,合金中 CeNi 相的体积分数明显增加,大量的 CeNi 相将会割裂合金基体,弱化晶界,同时在合金中还形成了硬脆的 Ti_2Ni 相,将更不利于合金的变形。

此外,当 Ce 的原子数分数超过1%时,固溶处理试样淬入水中后,合金表面有裂纹出现,且裂纹数量随 Ce 原子数分数增加而增加。这也表明随 Ce 原子数分数增加合金的脆性也逐渐增加。

图2.38为 Ti–Ni–Ce 合金马氏体态的拉伸断口形貌。由图可知,Ce 的原子数分数为0.1%时,合金微观断口由大量韧窝组成,韧窝较深,尺寸较大,分布均匀,是典型微孔聚集型的韧性断裂;随 Ce 原子数分数增加,CeNi 相的尺寸增大,

数量增加。由微孔聚集型断裂机理可知,只有较小尺寸的第二相才能作为微孔形成的地点,且第二相数目越多,韧窝尺寸越小,深度越浅,合金的韧性越差。Ce的原子数分数为 0.5% 的合金微观断口由大量尺寸小、深度浅的韧窝和较大凹坑组成(图 2.38(b)),其中较大凹坑是大尺寸 CeNi 相在拉伸过程中脱落形成,而韧窝分布在大凹坑之间,表明 N05 合金的韧性比 N01 合金差;Ce 的原子数分数为 1% 时,CeNi 相在晶界聚集长大,合金晶界强度降低,合金拉伸时发生以沿晶断裂为主的脆性断裂。拉伸过程中,裂纹从晶界附近的两相界面处形核、扩展,产生一定的微观塑性变形,因而断口上存有少量韧窝。由此可见,随 Ce 原子数分数增加,Ti-Ni-Ce 合金的断裂类型由微孔聚集型的韧性断裂逐渐转变为沿晶脆性断裂。

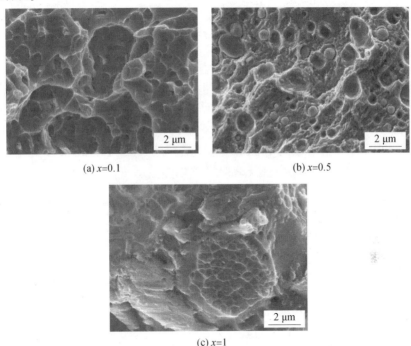

(a) $x=0.1$　　　　　　　　　　　　　(b) $x=0.5$

(c) $x=1$

图 2.38　$(Ti_{49.3}Ni_{50.7})_{1-x}Ce_x$ 合金马氏体态的拉伸断口形貌

2. $(Ti_{49.3}Ni_{50.7})_{1-x}Ce_x$ 合金耐磨性

图 2.39 为 200 r/min 时不同载荷下 $(Ti_{49.3}Ni_{50.7})_{1-x}Ce_x$ 合金磨损失重与 Ce 原子数分数的关系。由图可知,当载荷为 100 N、Ce 原子数分数不超过 0.5% 时,试验合金的磨损失重随 Ce 原子数分数增加而逐渐降低;当 Ce 的原子数分数达到 0.5% 时,此时合金的磨损量最小;之后随着 Ce 原子数分数的继续增加,试验合金的磨损失重迅速增大。当载荷分别为 150 N 和 200 N 时,Ce 原子数分数对试

验合金磨损失重的影响规律与 100 N 时类似,只是磨损失重增大。

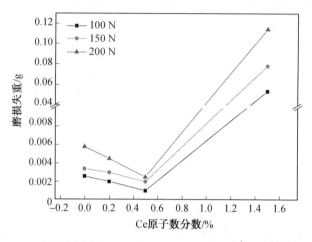

图 2.39　200 r/min 时不同载荷下($Ti_{49.3}Ni_{50.7}$)$_{1-x}$Ce$_x$合金磨损失重与 Ce 原子数分数的关系

图 2.40 为 100 N、200 r/min($Ti_{49.3}Ni_{50.7}$)$_{1-x}$Ce$_x$合金的摩擦磨损形。图 2.40(a)为不含 Ce 的 Ti-Ni 合金的表面磨损形貌。Ti-Ni 合金对磨后的磨损表面发暗,无金属光泽,表面上有微小的磨屑颗粒,可明显观察到沿滑动方向的犁沟,这些犁沟是由对磨环 GCr15 钢中硬碳化物的磨粒磨损造成的,这表明磨损是由表面微切削造成的断裂引起的。其磨损机理以黏着磨损为主,磨粒磨损为辅,图 2.40(b)为 Ce 原子数分数为 0.2% 的合金的表面磨损形貌。与图 2.40(a)相似,对磨后的磨损表面发暗无光泽,有较多的微小磨屑,黏着现象很明显并出现犁沟。图 2.40(c)为 Ce 的原子数分数为 0.5% 的合金的表面磨损形貌。从图 2.40(c)中可观察到沿滑动方向自下向上具有轻微的层状台阶形貌。整体看,磨损形貌比较平整,可观察到犁沟。图 2.40(d)为 Ce 的原子数分数为 1.5% 的合金的表面磨损形貌图。从图 2.40(d)中可观察到沿滑动方向的明显的层状结构和又深又宽的犁沟。由于 Ce 的原子数分数为 1.5% 的合金的剪切抗力较低,在接触点处的材料由于对磨体的机械和黏着作用发生塑性变形。接触点的材料被向上挤压发生隆起,进而形成舌状或楔形飞边,在下一次的接触过程中会被重新压在前方或两侧的表面。形成具有层状结构的变形堆砌层。而且变形堆砌层的层状结构很大,比较明显,还有更明显的黏着磨损形成的凹坑状和凸起痕迹。材料磨损很严重,耐磨性能较差。

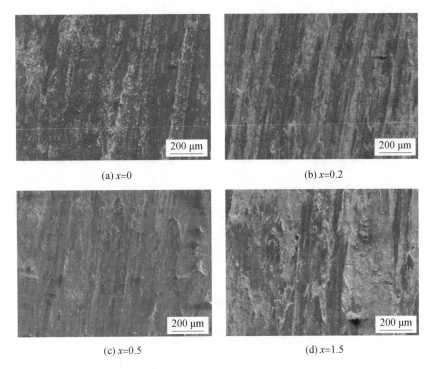

(a) x=0　　　　　　　　　　　　　(b) x=0.2

(c) x=0.5　　　　　　　　　　　　(d) x=1.5

图 2.40　100 N、200 r/min 时 $(Ti_{49.3}Ni_{50.7})_{1-x}Ce_x$ 合金的摩擦磨损形貌

2.2　Ti-Ni-Gd 合金的组织结构与相变行为

2.2.1　Ti-Ni-Gd 合金的显微组织和相组成

图 2.41 为固溶态 Ti-Ni-Gd 合金试样的光学显微组织。由图可见,加入稀土 Gd 后,$Ti_{49.3}Ni_{50.7}$ 合金的显微组织发生显著变化,有大量黑色相弥散分布在合金基体上,随着稀土 Gd 原子数分数的增加,在晶内弥散分布的第二相数量逐渐增加,形貌也发生明显变化。由图 2.41(c) 可以看出,当 Gd 的原子数分数达到 10% 时,黑色相主要在晶界富集、长大,连接形成不规则的网状。

图 2.42 为 Ti-Ni-Gd 合金的背散射电子像。由图可见,在合金的显微组织中出现了 3 个衬度明显不同的区域,即白色相、黑色相和基体。根据图 2.42 中白色相的形态及分布特征可判定其为图 2.42 中的黑色相。表 2.13 为 Ti-Ni-Gd 合金各相的成分。由表 2.13 和图 2.42 可知,黑色相中 Ti、Ni 原子比约为 2∶1,为 Ti_2Ni 相;基体相中 Ti、Ni 原子比近似为 1,且基体中的 Ti 原子数分数随 Gd 原

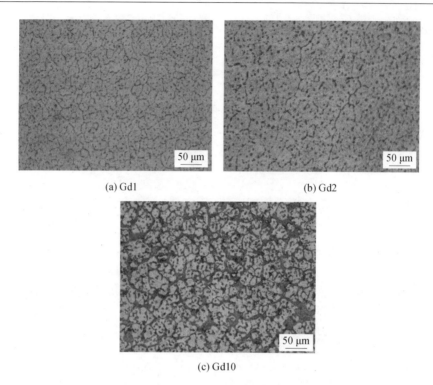

(a) Gd1　　　　　　　　　　　　(b) Gd2

(c) Gd10

图 2.41　固溶态 Ti-Ni-Gd 合金的光学显微组织

子数分数增加而增加,Ni 原子数分数逐渐降低,表明 Gd 的加入使基体的 Ti/Ni 值增大。白色相为富 Gd 相,且白色相中 Gd、Ni 的原子比近似为 1∶1,可以初步确定白色富 Gd 相为 GdNi 相,有少量的 Ti 原子固溶在富 Gd 相中。比较图 2.42(a)和(b)可知,随着 Gd 原子数分数增加,合金晶界和晶内弥散分布的 Ti_2Ni 相和富 Gd 相体积分数增多。由图 2.42(c)可知,当 Gd 的原子数分数达到 10% 时,富 Gd 相粗化长大,形状更加不规则,并在晶界处聚集,与 Ti_2Ni 相互相连接形成不规则的网状组织。

　　由 Ti-Gd 二元相图可知 Ti 与 Gd 元素之间无化合物存在,在 Gd-Ni 二元合金相图中存在 8 种 Gd 与 Ni 元素形成的化合物,分别为 Gd_3Ni、Gd_3Ni_2、GdNi、$GdNi_2$、$GdNi_3$、Gd_2Ni_7、$GdNi_5$ 和 Gd_2Ni_{17}。庄应烘等研究 Gd-Ni-Ti 三元合金 500 ℃时的等温截面图,发现 Gd-Ni-Ti 三元合金在 500 ℃时等温截面图中只有 GdNi 相与 Ti-Ni 相和 Ti_2Ni 相共存。因此,为了进一步确定富 Gd 相的晶体结构,测试了 Gd10 合金在 150 ℃时的 X 射线衍射谱,如图 2.43 所示。从图中可以看出,Gd10 合金在 150 ℃时处于 B2 母相状态。除对应于 B2 母相的衍射峰外,通过对比 PDF 卡片可以明确标定 2θ 分别为 34.50°、41.87°、49.22° 和 58.00° 左右的衍射峰均为 GdNi 相,其余的对应于 Ti_2Ni 相。根据 Gd10 合金的高温 X 射线进一步证实上述的富 Gd 相就是 GdNi 相。因此 Ti-Ni-Gd 合金的室温显微组织由 TiNi 基体相、Ti_2Ni 相和 GdNi 相组成。

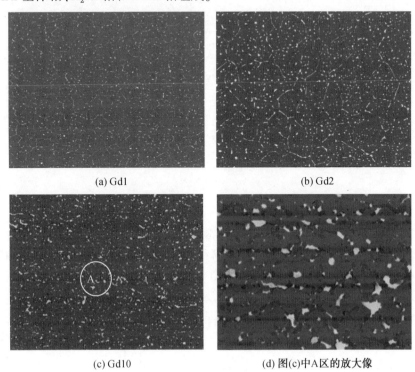

(a) Gd1　　　　　　　　　　　　　(b) Gd2

(c) Gd10　　　　　　　(d) 图(c)中A区的放大像

图 2.42　Ti-Ni-Gd 合金的背散射电子像

表 2.13　Ti-Ni-Gd 合金背散射电子像中组成相的能谱分析结果(原子数分数)　　%

Gd 加入量 (原子数 分数)	灰色基体			白色相			黑色相		
	Ti	Ni	Gd	Ti	Ni	Gd	Ti	Ni	Gd
1	51.1	48.6	0.3	8.6	46.2	45.2	—	—	—
2	51.2	48.4	0.4	9.0	45.2	45.8	—	—	—
10	51.3	48.2	0.5	9.1	44.65	46.25	67.18	32.82	—

图 2.44 为 Ti-Ni-Gd 合金室温的 X 射线衍射图,与 Ti-Ni 二元合金马氏体的 X 射线衍射曲线相比,Ti-Ni-Gd 合金的谱线呈现 B19′马氏体结构的特征,对应于 2θ 分别为 38.20°、39.12°、41.10°、43.92°和 45°左右的衍射峰均为 B19′马氏体的特征衍射峰。因此这三种 Ti-Ni-Gd 合金在室温时均处于马氏体状态,且其马氏体仍为 B19′马氏体单斜结构,与淬火态的 Ti-Ni 二元合金相同。

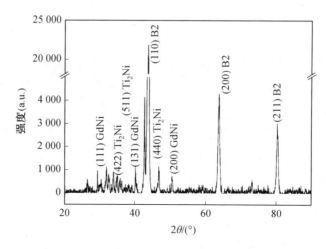

图 2.43　Gd10 合金在 150 ℃测得的 X 射线衍射谱

　　表 2.14 为根据图 2.44 的衍射谱计算得到的 Ti—Ni—Gd 合金马氏体的点阵参数。由表可知,随 Gd 原子数分数增加,B19′马氏体的 a 轴和 c 轴均逐渐伸长, b 轴逐渐缩短,单胞体积 V 也逐渐增大;Ti—Ni—Gd 合金马氏体点阵参数的变化是由 Gd 原子固溶到 Ti—Ni 基体中引起的,因 Gd 的原子半径远大于 Ti 和 Ni 的原子半径,当 Gd 原子固溶到 B19′马氏体的晶格中时,势必引起马氏体产生一定的晶格畸变,且 Gd 原子固溶到 B19′马氏体中越多,马氏体的晶格畸变程度越严重。

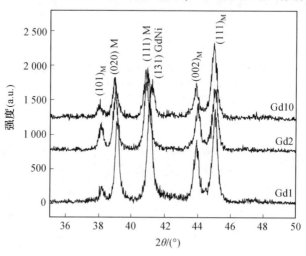

图 2.44　Ti—Ni—Gd 合金室温 X 射线衍射谱

表 2.14　Ti-Ni-Gd 合金马氏体的点阵参数

合金编号	a/nm	b/nm	c/nm	β/(°)	V/nm^3
Gd1	0.289 4	0.412 3	0.464 9	97.54	0.054 94
Gd2	0.290 5	0.411 9	0.466 1	97.79	0.055 16
Gd10	0.291 1	0.411 4	0.466 1	98.06	0.055 43

2.2.2　Ti-Ni-Gd 合金的马氏体相变

图 2.45 为固溶态 Ti-Ni-Gd 合金的 DSC 曲线。由图可见,Gd 加入 Ti-50.7Ni合金中后,Gd 原子数分数为 1% 的合金在加热过程的 DSC 曲线出现了 两个吸热峰,说明合金在加热时发生了 B2↔R↔B19′两步相变,冷却过程中 DSC 曲线只出现一个放热峰,表明冷却过程中只有 B2↔B19′一步相变发生;当 Gd 的 原子数分数为 2% 时,在合金的 DSC 曲线上出现了两个并没有分离的峰,说明在 Gd2 合金中虽然发生了对应于 B2↔R↔B19′的两步相变,但是 R 相变和马氏体 相变并没有完全分离;当 Gd 的原子数分数为 10% 时,在 Gd10 合金的 DSC 曲线 上观察到只有一个放热(吸热)峰出现,表明 Gd10 合金的马氏体相变为 B2↔ B19′一步相变,因此稀土 Gd 原子数分数对 Ti-Ni 合金的相变类型具有一定影 响。此外,随 Gd 原子数分数增加,DSC 曲线上的相变峰向右移动,即相变温度 升高。

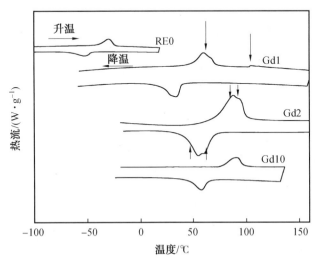

图 2.45　固溶态 Ti-Ni-Gd 合金的 DSC 曲线

图 2.46 为 Gd 原子数分数对 Ti-Ni-Gd 合金相变温度的影响。由图可见,加

入稀土元素 Gd 后,合金的相变温度显著提高。当 Gd 的原子数分数从 0 增加到 1% 时,合金的 M_s、M_f、A_s、A_f 显著升高,升幅大概为 80 ℃;Gd 的原子数分数在 1% ~2% 之间时,合金的相变温度增加较慢,升幅减小,大概为 30 ℃左右;Gd 的原子数分数在 2% ~10% 之间增加时,Ti-Ni-Gd 合金的相变温度虽然继续升高,但升幅不大,并逐渐趋于稳定。

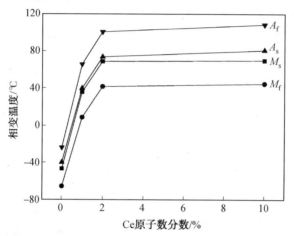

图 2.46　Gd 原子数分数对 Ti-Ni-Gd 合金相变温度的影响

图 2.47 为 Gd 原子数分数对 Ti-Ni-Gd 合金基体中 Ti/Ni 值的影响。从图中可以看出,加入稀土 Gd 后,合金基体中的 Ti/Ni 值随着 Gd 原子数分数的增加而增大,这表明 Gd 的加入改变了 Ti-Ni 基体中的 Ti/Ni 值,使基体逐渐由富 Ni 转变为富 Ti,这与 Ce 对 TiNi$_{50.7}$ 合金基体的 Ti/Ni 值的影响相似。

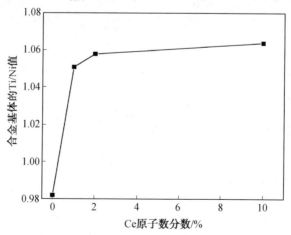

图 2.47　Gd 原子数分数对 Ti-Ni-Gd 合金基体中 Ti/Ni 值的影响

分析图 2.46 和图 2.47 的结果可知,Ti-Ni-Gd 合金马氏体相变温度增加的原因与 Ti-Ni-Ce 合金类似,即一方面是由于 Gd 元素与 Ti-Ni 合金中的 Ni 发生作用,形成 Gd-Ni 相,改变了 Ti-Ni-Gd 合金基体中的 Ti/Ni 比值,使合金基体变为富 Ti 的基体;另一方面,与 Ti-50.7Ni 合金相比,合金 M_s 的增幅远高于由合金基体中的 Ti/Ni 比改变引起合金相变温度的变化值,这表明 Gd 元素本身就具有升高 Ti-Ni 合金马氏体相变温度的作用。

2.3　Ti-Ni-Dy 合金的组织结构与相变行为

2.3.1　Ti-Ni-Dy 合金的显微组织和相组成

图 2.48 为固溶态 Ti-Ni-Dy 合金的光学显微组织。由图可知,向 Ti-Ni 合金中加入稀土元素 Dy 后,合金的显微组织发生了显著变化。由图 2.48(a)可见,在 Dy1 合金的显微组织中,晶界上出现了黑色的条带状,晶粒内弥散分布着黑色的粒状相。由图 2.48(b)可见,当 Dy 的原子数分数达到 10% 时,合金呈现典型的树枝晶形貌,黑色相的形状发生变化,在枝晶间富集,这与 N5、Gd10 合金的显微组织明显不同。

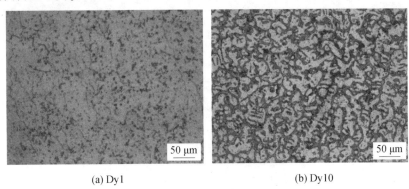

|(a) Dy1|(b) Dy10|

图 2.48　固溶态 Ti-Ni-Dy 合金的光学显微组织

图 2.49 为 Ti-Ni-Dy 合金的背散射电子像。由图可见,在 Ti-Ni-Dy 合金的背散射电子像中出现了 3 个不同的区域:白色相、黑色相和灰色的基体。根据白色相的形态和分布可知其为图 2.48 中的黑色相。表 2.15 为 Ti-Ni-Dy 合金背散射电子像中组成相的能谱分析结果。由表 2.15 的能谱分析结果可知,灰色基体中 Ti、Ni 原子比约为 1,且随 Dy 原子数分数增加,基体中的 Ti 原子数分数逐渐增加并高于 Ni 原子数分数;黑色相中 Ti、Ni 原子比约为 2∶1,为 Ti_2Ni 相;白色相为富 Dy 相,其中 Dy、Ni 原子比约为 1。由图 2.49(a)可见,Dy 原子数分数为 1% 时,在基体上弥散分布着球状、长条状的白色相和黑色相。由图 2.49(b)可知,

当 Dy 的原子数分数达到 10% 时,白色相趋向于在晶界上相互联结,有形成网状组织的趋势。由 Ti-Dy 二元相图可知 Ti 与 Dy 元素之间不形成任何化合物,而在 Dy-Ni 相图中存在 10 种 Dy 与 Ni 形成的化合物,分别为 Dy_3Ni、Dy_3Ni_2、$DyNi$、$DyNi_2$、$DyNi_3$、Dy_2Ni_7、$DyNi_4$、Dy_4Ni_{17}、$DyNi_5$ 和 Dy_2Ni_{17}。庄应烘等研究了 Dy-Ni-Ti 三元合金 500 ℃时的等温截面图,发现在合金的 500 ℃等温截面图中只有 DyNi 相与 TiNi 和 Ti_2Ni 相共存。因此,可初步判定富 Dy 相为 DyNi 相。

为确定富 Dy 相的晶体结构,进一步测试了 Dy10 合金 150 ℃的 X 射线衍射谱,如图 2.50 所示。从图中可以看出,Dy10 合金在 150 ℃时处于 B2 母相状态,除了对应于 B2 母相的特征衍射峰外,通过对比 PDF 卡片可明确标定对应于 2θ 分别为 28.4°、30.24°、34.05°、35.10°、42.18°、48.92°、57.11°和 71.11°左右的衍射峰均为 DyNi 相的衍射峰,其余的为 Ti_2Ni 相的衍射峰。所以,根据图 2.50 进一步证实富 Dy 相就是 DyNi 相。Ti-Ni-Dy 合金的室温显微组织由 TiNi 基体相、Ti_2Ni 相和 DyNi 相组成。

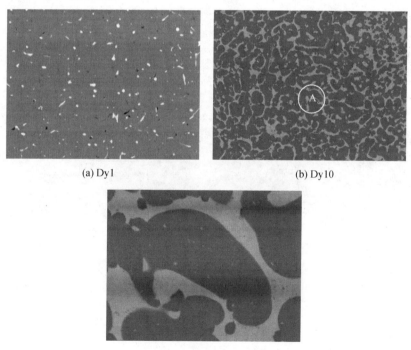

(a) Dy1

(b) Dy10

(c) (b)图区域A的放大图像

图 2.49　Ti-Ni-Dy 合金的背散射电子像

表 2.15　**Ti–Ni–Dy 合金背散射电子像中组成相的能谱分析结果 (原子分数)**　%

Dy 加入量 (原子数分数)	灰色基体			白色相			黑色相		
	Ti	Ni	Dy	Ti	Ni	Dy	Ti	Ni	Dy
1	50.8	49.1	0.1	8.1	46.3	45.6	—	—	—
10	51.1	48.5	0.4	8.8	45.6	46.6	67.4	32.6	—

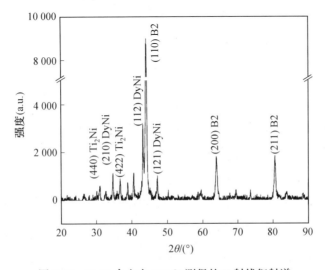

图 2.50　Dy10 合金在 150 ℃测得的 X 射线衍射谱

图 2.51 为 Ti–Ni–Dy 合金的室温 X 射线衍射谱,与分别添加 Gd 和 Ce 的 Ti–Ni 基三元合金马氏体的 X 射线衍射曲线相比,Ti–Ni–Dy 合金的谱线也呈现典型的 B19′马氏体结构的特征。因此 Dy1 和 Dy10 合金在室温时均处于马氏体状态,且马氏体仍为 B19′马氏体单斜结构,与固溶处理态的 Ti–Ni 二元合金马氏体结构相同。表 2.16 为根据图 2.51 的衍射谱计算所得的 Ti–Ni–Dy 合金马氏体的点阵参数。由表可知,除 β 角随 Dy 原子数分数增加而扩大外,B19′马氏体的 b 轴和 c 轴均随 Gd 原子数分数的增加而伸长,单胞体积 V 也随之增大。Ti–Ni–Dy 合金马氏体点阵参数的变化是由 Dy 原子固溶到 Ti–Ni 基体中引起的,因 Dy 的原子半径远大于 Ti 和 Ni 的原子半径,当 Dy 原子固溶到合金基体中时,势必引起马氏体产生一定的晶格畸变,且越多的 Dy 原子固溶到基体中,马氏体的晶格畸变就越大。

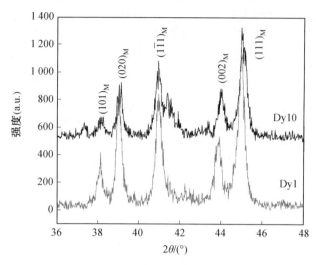

图 2.51　Ti-Ni-Dy 合金的室温 X 射线衍射谱

表 2.16　Ti-Ni-Dy 合金的马氏体点阵参数

合金编号	a/nm	b/nm	c/nm	β/(°)	V/nm^3
Dy1	0.290 3	0.412 2	0.465 4	98.02	0.055 14
Dy10	0.290 3	0.412 5	0.465 6	98.09	0.055 18

2.3.2　Ti-Ni-Dy 合金的马氏体相变

图 2.52 为固溶态 Ti-Ni-Dy 合金的 DSC 曲线,由图可见,加入稀土元素 Dy 后,合金的 DSC 曲线在升温和降温过程中均只有一个相变峰存在,表明 Ti-Ni-Dy 合金的马氏体相变为一步相变,由图 2.51 的 X 射线衍射分析可知该相变对应于 B2↔B19′的马氏体相变,这与加入 Ce 的 Ti-Ni 合金的相变类型相同。表 2.17 为 Ti-Ni-Dy 合金的相变温度。由表可见,Dy 的加入使合金相变温度升高。与 Ti$_{49.3}$Ni$_{50.7}$合金相比,Dy 原子数分数为 1% 的合金 M_s 升高约 78 ℃,Dy 原子数分数为 10% 的合金 M_s 温度升高约 100 ℃。此外,从表 2.17 还可以看出,随 Dy 原子数分数增加,Ti-Ni-Dy 合金的相变滞后也逐渐增加。

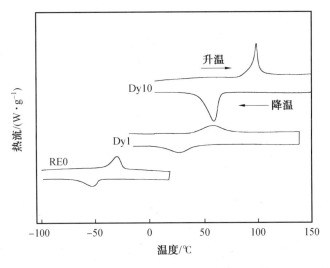

图 2.52　固溶态 Ti–Ni–Dy 合金的 DSC 曲线

表 2.17　Ti–Ni–Dy 合金的相变温度　　　　　　℃

合金编号	M_s	M_f	A_s	A_f
Dy1	40	16.6	42	73.5
Dy10	64.3	46.7	94.32	101.2

　　图 2.53 为 Dy 原子数分数对 Ti–Ni–Dy 合金基体中 Ti/Ni 值的影响,由图可见,随 Dy 原子数分数增加,合金基体中的 Ti/Ni 值也逐渐增加。比较表 2.17 与图 2.53 可知 Dy 的加入不仅能改变 Ti–Ni 合金基体的成分,使其由富 Ni 转变为富 Ti,Dy 元素本身也有升高 Ti–Ni 合金马氏体相变温度的作用。

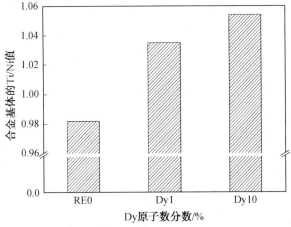

图 2.53　Dy 原子数分数对 Ti–Ni–Dy 合金基体中 Ti/Ni 值的影响

2.4　Ti-Ni-Y 合金的组织结构与相变行为

2.4.1　Ti-Ni-Y 合金的显微组织和相组成

图 2.54 为固溶处理态 Ti-Ni-Y 合金的光学显微组织。由图可见,添加稀土 Y 后,Ti-Ni 合金的显微组织发生明显改变,除基体相外,在合金基体上弥散分布大量球形颗粒,也有一些不规则带状的颗粒沿晶界分布。当 Y 加入量达到 10% 时,合金中的粒状相与基体相形成共晶组织。这与轻稀土元素 Ce 对 $Ti_{49.3}Ni_{50.7}$ 合金微观组织的影响完全不同。

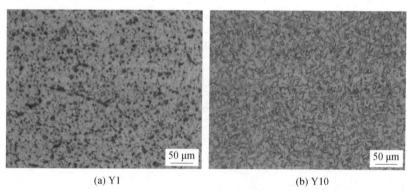

(a) Y1　　　　　　　　　　　　　　　(b) Y10

图 2.54　固溶态 Ti-Ni-Y 合金的光学显微组织

图 2.55 为固溶态 Ti-Ni-Y 合金的背散射电子像。由图可见,含 Y 的 Ti-Ni 合金中有大量的白色相形成,通过比较可知白色相即为图 2.55 中的黑色粒状相。在合金的显微组织中存在三种区域,分别为灰色的基体、白色相和黑色相。表 2.18 为固溶态 Ti-Ni-Y 合金中各组成相的能谱分析结果。由表可见,基体相中的 Ti∶Ni 原子比约为 1,随 Y 含量增加,基体中的 Ti 含量明显高于 Ni 含量;黑色相中 Ti∶Ni 原子比为 2∶1,即为 Ti_2Ni 相;白色相为富 Y 相,其中 Y∶Ni 原子比约为 1∶1,可初步判定其为 NiY 相,有少量 Ti 原子固溶在其中。从图 2.55 还可以看出,当 Y 的原子数分数为 1% 时,富 Y 相主要呈球状分布在晶内,也可观察到少量沿晶界分布的带状富 Y 相;当 Y 的原子数分数为 10% 时,富 Y 相的形貌发生明显变化,晶粒内部的富 Y 相颗粒变大,沿晶界分布的富 Y 相数量明显增多,形状更加不规则,几乎互相连接。根据 Ti-Y 二元相图可知 Ti 和 Y 之间无化合物存在,而在 Y-Ni 二元相图中,Y 和 Ni 几乎不互溶,形成 $Ni_{17}Y_2$、Ni_5Y、Ni_4Y、Ni_3Y、Ni_7Y_2、Ni_2Y、NiY、Ni_2Y_3、NiY_3 9 种金属间化合物。Y. H. Zhuang 等研究了 Ni-Ti-Y 三元合金 500 ℃时的等温截面图,发现三元合金在 500 ℃时的等温截面

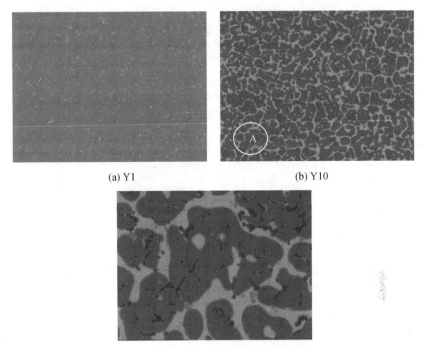

(a) Y1　　　　　　　　　　　　(b) Y10

(c) (b) 图中A区域的放大像

图 2.55　固溶态 Ti-Ni-Y 合金的背散射电子像

图中只有两个三相区内存在 Ti-Ni 相,它们分别是(NiY+TiNi+Ni₃Ti)和(NiY+TiNi+Ti₂Ni)相区。对比本节的试验结果,更进一步确定 Ti-Ni-Y 合金的白色稀土相为 NiY 相,因而 Ti-Ni-Y 合金的显微组织由 NiY+TiNi+Ti₂Ni 三相组成。

表 2.18　Ti-Ni-Y 合金背散射电子像中组成相的能谱分析结果(原子分数)　　%

Y 加入量 (原子数 分数)	灰色基体			白色相			黑色相		
	Ti	Ni	Y	Ti	Ni	Y	Ti	Ni	Y
1	50.83	49.03	0.14	9.15	44.37	46.48	—	—	—
10	51.29	48.53	0.18	5.45	49.74	45.81	65.57	34.43	—

图 2.56 为 Y 的原子数分数为 1% 的合金室温 X 射线衍射谱。由图可见,室温时该合金处于马氏体态,图中对应于 2θ 分别为 38.2°、39.12°、41.1°、43.92°和 45°左右的衍射峰均为 B19′马氏体的特征衍射峰。说明加入原子数分数为 1% 的稀土 Y 后,Ti-Ni-Y 合金中的马氏体仍为 B19′单斜结构,与固溶处理态的 Ti-Ni 合金相似。此外,在 X 射线衍射花样中还出现了 R 相的衍射峰,说明在合金中有 R 相存在。

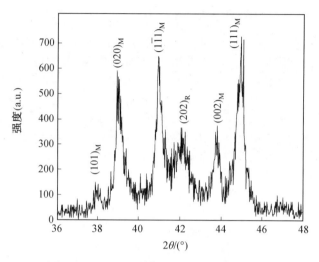

图 2.56　Ti-Ni-Y 合金的室温 X 射线衍射谱

2.4.2　Ti-Ni-Y 合金的马氏体相变

图 2.57 为固溶态 Ti-Ni-Y 合金的 DSC 曲线,由图可见,当 Y 原子数分数为 1% 时,升温时合金的 DSC 曲线上出现两个没有分离的相变峰,说明该合金的马氏体相变为两步相变,由前面的 X 射线衍射分析可知该相变对应于 B2↔R↔B19′的马氏体相变;而当 Y 的原子数分数为 10% 时,合金的 DSC 升温曲线上分别对应于 R 相和马氏体的相变峰的分离更加明显。因此 Y 的加入影响 Ti-Ni 合金的相变次序。表 2.19 为 Ti-Ni-Y 合金的相变温度,由表可知与 $Ti_{49.3}Ni_{50.7}$ 合

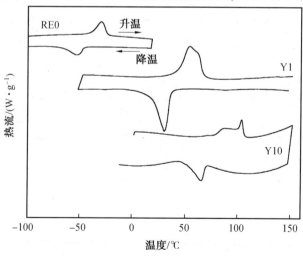

图 2.57　固溶态 Ti-Ni-Y 合金的 DSC 曲线

金相比,Y 的原子数分数为 1% 的合金 M_s 升高了约 70 ℃;Y 的原子数分数为
10% 的合金 M_s 比 Y1 合金升高了约 100 ℃。

表 2.19　Ti-Ni-Y 合金的相变温度　　　　　　　　℃

合金编号	M_s	M_f	A_s	A_f	A_s-M_s
Y1	36	17.8	42.5	67.3	6.5
Y10	69.5	45.8	77.5	105.8	8

图 2.58 为 Y 原子数分数对 Ti-Ni-Y 合金基体中 Ti/Ni 值的影响,由图可知,
随 Y 原子数分数增加,合金基体中的 Ti/Ni 值也逐渐增加。比较表 2.19 与图
2.58 可知 Y 的加入不仅能改变 Ti-Ni 合金基体的成分,使其由富 Ni 转变为富 Ti,
Y 元素本身也有升高 Ti-Ni 合金马氏体相变温度的作用。

由前面的分析可知,Ce、Gd、Dy、Y 4 种稀土元素的加入均使 $Ti_{49.3}Ni_{50.7}$ 合金
的马氏体相变温度升高,为了分析这 4 种稀土元素对 Ti-Ni 合金相变温度的影响
程度,分别比较了它们对合金马氏体相变温度和合金基体中 Ti/Ni 值的影响。

综上所述,当 Gd、Dy 和 Y 3 种稀土元素加入到富 Ni 的 Ti-Ni 合金中时,除形
成 RE-Ni(RE=Gd、Dy、Y)相外,在富 Ni 的合金基体中还形成了 Ti_2Ni 相,在这些
合金中 Ti_2Ni 相的形成原因与富 Ni 的 Ti-Ni-Ce 合金形成 Ti_2Ni 相的原因一样。
而且随着稀土元素原子数分数增加,Ti-Ni-RE 合金显微组织中的 Ti_2Ni 相的体
积分数也逐渐增加。

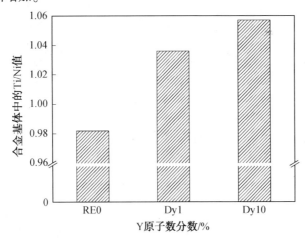

图 2.58　Y 原子数分数对 Ti-Ni-Y 合金基体中 Ti/Ni 值的影响

根据 2.1.2、2.2.2、2.3.2 节可知添加稀土元素 Ce、Gd、Dy 均对 $TiNi_{50.7}$ 合金
的显微组织与相变产生影响。图 2.59 为原子数分数为 1% 的不同稀土元素对
$TiNi_{50.7}$ 合金相变温度的影响。由图 2.59 可知,当原子数分数均为 1% 时,对 Ce、

Y、Gd 和 Dy 4 种稀土而言,由稀土元素的添加所引起的相变温度的升幅从高到低的顺序为 $\Delta T_{Ce}>\Delta T_Y \geqslant \Delta T_{Dy}>\Delta T_{Gd}$。此外,从图 2.59 还可以看出,稀土 Ce 的加入使合金的相变滞后增大,Y 次之,而 Dy、Gd 的加入对合金的相变滞后几乎没有影响。

图 2.60 为原子数分数为 1% 的 4 种稀土元素对 Ti–50.7Ni 合金基体 Ti/Ni 值的影响。从图 2.60 中可以看出,这 4 种稀土的加入均改变了 Ti–Ni 合金基体的 Ti/Ni 值,这 4 种合金基体的 Ti/Ni 值按从小到大的顺序可排列为 $(Ti/Ni)_{Ce}<(Ti/Ni)_Y \leqslant (Ti/Ni)_{Dy}<(Ti/Ni)_{Gd}$,与它们所引起的相变温度的增幅顺序刚好相反。因此,在 Ce、Y、Gd 和 Dy 4 种稀土元素中,虽然它们的加入均能改变合金基体的 Ti/Ni 值,但是 Ce 使合金基体的 Ti/Ni 值改变最少,Gd 的加入改变最多。

由上述分析可知,Ce 的加入使 Ti–50.7Ni 合金的马氏体相变温度升高最多,但由 Ce 加入而引起的合金基体的成分改变最少。稀土元素虽然化学性质相似,都能使合金的相变温度升高,但是升高幅度明显不同。

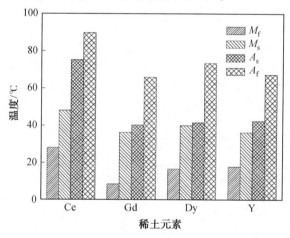

图 2.59　原子数分数为 1% 的不同稀土元素对 Ti–50.7Ni 合金相变温度的影响

通过研究稀土元素 La 和 Er 对富 Ni 的 Ti–Ni 合金微观组织和相变行为的影响规律,发现 La 的加入对 $Ti_{49.3}Ni_{50.7}$ 合金微观组织的影响与 Ce、Y、Dy、Gd 相似,在合金中形成了球状 LaNi 相,但是 La 的加入改变 Ti–Ni 合金的相变类型,发生了 B2 母相→R→B19′马氏体的转变,且使相变温度升高。

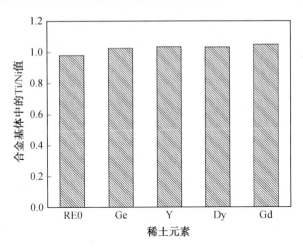

图 2.60　原子数分数为 1% 的不同稀土元素对 Ti-50.7Ni 合金基体中 Ti/Ni 值的影响

2.5　RENi 相的形成机理

当稀土元素 Ce、Y、Gd 和 Dy 加入到 Ti-Ni 合金中,除提高 Ti-Ni 合金的相变温度外,还显著改变了合金的显微组织,在 Ti-Ni 合金的显微组织中形成了弥散分布的 RENi(RE=Ce、Y、Gd、Dy)相。RENi 相的形成机理也可以用 Miedema 半经验模型来解释。

Miedema 生成热理论是近年来合金化理论的一项重要成果,利用组元的基本性质就可以计算除 O、S、Se、Te 外的带 d 电子的过渡金属、惰性金属及带 s 电子和多数带 p 电子的非过渡金属之间形成任何二元液体和固体合金的生成热,计算值与试验值的偏差一般不超过 8 kJ/mol,已成功地预测了 500 多种二元合金的生成热符号。路贵民等利用 Miedema 半经验模型成功估算了 Zn-Mn 和 Zn-Ti 二元合金的热力学性质。苏彦庆等以 Miedema 生成热模型和对称的 Kohler 三元溶液混合熔模型相结合计算了 Ti-6Al-4V 合金中各组元的活度系数,研究了 Al 元素在 ISM 熔炼过程中的挥发行为,为合金的实际熔炼提供了理论指导。沈军等利用 Miedema 生成热理论解释了 Ti-Al 合金中稀土相的形成原因。

Miedema 半经验模型是将改进的 Winger-Seitz 理论从纯金属推广到二元合金,当二元合金(A-B)形成时,A、B 两原子在合金中相互接触,因此合金的生成热主要取决于 A、B 原子从纯金属到合金迁移过程中的边界条件的变化,主要存在以下两种影响因素。

(1)元素的电负性,即元素的功函数。由于两种元素的电负性不同,在合金化时,电负性较大的元素倾向于从电负性小的元素那里得到电子,在形成合金时,电子在接触边界处转移造成自由能减少,两组元的电负性差对生成热 ΔH 的贡献可表示为 $-P(\Phi A-\Phi B)^2$,其中 P 为经验常数,对形成能起的是负贡献,即电负性促进合金化。

(2)Miedema 等认为形成二元合金 A–B 时,A、B 原子在合金中互相接触,由于 A、B 两种原子的 Wigner–Seitz 原胞接触边界上的电子密度不同,出现电荷的不连续性,必须提供能量才能消除该不连续性,因而对合金的形成热 ΔH 将正比于电子密度差 $\Delta n_{ws}^{1/3}$ 正的贡献 $q(\Delta n_{ws}^{1/3})^2$(q 为经验常数),即消除异类原子的电子密度不连续性导致了正的能量效应(电子密度失配能)。这就是著名的合金化尺寸效应,也就是说合金元素 A 与 B 的原子半径差越大,其合金生成热就越大。

另外,对过渡金属与具有 p 型波函数的非过渡金属原子形成合金时,p 电子的影响将起负的贡献,且与形成二元合金的过渡金属种类及非过渡金属具有的 p 电子对种类关系不大;对过渡金属与过渡金属、惰性金属及碱金属形成合金时,这种影响较小,但却很重要。同时,模型还考虑了异类原子间的接触表面,即表面浓度,以及形成合金时各原子体积发生变化产生的影响。对于不同的体系,这些影响的大小不同。Miedema 总结了过渡金属、非过渡金属、惰性金属之间形成液体或固体合金及固体化合物时形成热经验值的规律性,形成了计算形成热的半经验模型,其完整表达式为

$$\Delta H = \frac{2Pf(c)(x_A V_A^{2/3} + x_B V_B^{2/3})}{(n_{ws}^A)^{-1/3} + (n_{ws}^B)^{-1/3}} \times \left[-(\Delta\Phi)^2 + \frac{Q}{P}(\Delta n_{ws}^{1/3})^2 - \frac{r}{\rho} \right] \quad (2.1)$$

$$\begin{cases} c_A^s = c_A V_A^{2/3} / (c_A V_A^{2/3} + c_B V_B^{2/3}) \\ c_B^s = c_B V_B^{2/3} / (c_A V_A^{2/3} + c_B V_B^{2/3}) \end{cases} \quad (2.2)$$

式中　x_A、x_B——A–B 合金中 A、B 元素的原子数分数;

V_A、V_B——A、B 元素的摩尔体积;

$(n_{ws}^A)^{\frac{1}{3}}$、$(n_{ws}^B)^{\frac{1}{3}}$——A、B 元素的电子密度;

Φ_A、Φ_B——A、B 元素的电负性,当 A、B 组元均为过渡元素时,$r/\rho=0$;

P、Q、R——经验常数。

c_A^s、c_B^s——A、B 原子的表面浓度;

$f(c)$——浓度函数,即

$$\begin{cases} f(c) = c_A^s c_B^s (\text{无序合金或正规溶液}) \\ f(c)_{ordered} = c_A^s c_B^s [1 + 8(c_A^s c_B^s)^2] (\text{有序合金}) \end{cases} \quad (2.3)$$

考虑到溶质原子体积在合金化时将会发生变化,则

$$\begin{cases} V_A^{\alpha 2/3}(\text{合金中}) = V_A^{2/3}(\text{纯 A}) \times \{1 + a f_B^A(\varphi_A^* - \varphi_B^*) \\ V_B^{\alpha 2/3}(\text{合金中}) = V_B^{2/3}(\text{纯 B}) \times \{1 + a f_A^B(\varphi_B^* - \varphi_A^*) \end{cases} \quad (2.4)$$

式中　a —— 常数;

$\quad f_B^A$ —— A 原子被 B 原子包围的程度,上标 A 表示溶质,下标 B 表示溶剂, 由下式计算

$$\begin{cases} f_B^A = c_B^s (无序合金或正规溶液) \\ f_B^A = c_B^s (1 + 8(c_A^s c_B^s)) \ (有序合金) \end{cases} \quad (2.5)$$

因为 Miedema 半经验模型是用来预测二元合金系的生成热,对于多元合金系应进行简化。在本节中,分别以 Ti(Ni) 为溶剂,以 Ni(Ti)、RE(RE = Ce、Gd、Dy、Y) 为溶质,且忽略溶质元素之间的相互作用,利用 Miedema 半经验模型分别计算 Ti(Ni) 与 Ni(Ti)、RE 的二元合金生成热。

利用表 2.20 和表 2.21 的参数计算得到如表 2.22 所示的 Ti-Ni-RE 合金中 Ti、Ni 与 RE 元素间的生成热值。计算结果表明,Ni 与稀土 RE 的生成热为负值,比 Ti 与 Ni 的形成热还低,说明 Ni 与 RE 的亲和力远大于 Ti 和 Ni 之间的亲和力,因此 Ni 元素与稀土元素极易形成 RENi 型化合物,Ti 与稀土元素的生成热为正值,几乎不能形成化合物,这也与 Ti-RE、Ni-RE 的二元合金相图相一致。因此在 Ti-Ni-RE 合金中富稀土相以 RENi 金属间化合物的形式存在具有热力学的必然性。

表 2.20　计算生成热所使用的 Ti、Ni 和 RE 元素的相关参数

元素	Ti	Ni	Ce	Gd	Dy	Y
Φ / V	3.26	5.20	3.18	3.20	3.21	3.20
$n_{ws}^{1/3} / ((\mathrm{d.u.})^{1/3})$	1.47	1.75	1.19	1.21	1.22	1.21
$V^{2/3} / (\mathrm{cm}^2 \cdot \mathrm{mol}^{-2/3})$	4.8	3.5	7.76	7.34	7.12	7.3
a	0.04	0.04	0.07	0.07	0.07	0.07
Q/P	9.4					

表 2.21　固态和液态二元合金的 P 值

合金类型	P 值
过渡元素或非金属+过渡元素或非金属	14.1
过渡元素或贵金属+其他元素	12.3
其他元素+其他元素	10.6

表 2.22　Ti-Ni-RE 合金生成热　　　　　　kJ/mol

溶剂	Ti	Ni	Ce	Y	Gd	Dy
Ti 固溶体	—	−170	73	58	51	52
Ni 固溶体	−178	—	−195	−181	−192	−182

2.6　稀土元素对 Ti-Ni 合金马氏体相变的影响机理

2.6.1　稀土元素在 Ti-Ni 合金中的占位

合金化学成分和合金化元素对 Ti-Ni 合金的马氏体相变温度具有强烈影响。因此,当向 Ti-Ni 二元合金中加入第三组元时,首先要考虑的问题就是第三组元的占位情况,即合金化元素是取代 Ti 还是取代 Ni,还是两者同时取代。

由 2.1.2 节的分析可知,当添加稀土 Ce 到 Ti-50Ni 和 Ti-50.7Ni 合金中,都能明显改变合金的基体成分,提高其马氏体相变温度,而添加 Ce 到富 Ti 的 Ti-Ni 合金中,Ce 对合金的马氏体相变温度几乎没有影响。这说明 Ce 无论是添加到哪种成分的 Ti-Ni 合金中,Ce 对其马氏体相变温度的影响规律与 Ti 原子数分数对 Ti-Ni 合金马氏体相变温度的影响是一致的,也说明当 Ce 元素添加到 Ti-Ni 合金中时,Ce 将会取代 Ti 的位置,且与 Ti-Ni 二元合金的成分无关。与此类似,Gd、Dy 和 Y 也将取代 Ti 的位置。稀土元素取代 Ti-Ni 中的 Ti 还可以从以下几个方面进行解释。

(1)合金化元素的核外电子排布。

向合金中添加合金化元素时,合金化元素总是易于取代与其核外电子排布相似的元素,如 Zr 和 Ti 具有相同的价电子排布,研究证明 Zr 在 Ti-Ni 合金中取代 Ti 而不是取代 Ni。Pd 加入 Ti-Ni 合金中是取代 Ni 而不是取代 Ti。稀土元素的最外层和次外层电子排布与 Ti 元素的更为相近,在元素周期表中的位置更靠近 Ti 而不是 Ni,因而稀土元素更易于取代 Ti。

(2)元素之间的化学作用力。

元素之间的化学作用力是影响元素占位的另一重要因素。如果合金化元素与 Ti 之间的化学作用力小(表现为生成热为正值),而与 Ni 之间的化学作用力很大(表现为生成热为负值),则它将首先取代 Ti 而不是取代 Ni。根据表 2.20 和表 2.22 可知 Ti 与稀土元素的形成热的值远大于 Ni 与稀土元素的形成热,这说明稀土元素在 Ti-Ni 合金中将取代 Ti 元素而不能取代 Ni 元素。

(3)原子尺寸效应,即元素的原子半径。

合金化元素总是易于取代与自己原子半径大小相差较小的元素。虽然稀土元素的原子半径均大于 Ti 和 Ni 的原子半径,但是相比较而言稀土元素的原子半径与 Ti 的原子半径相比差别较小,稀土元素也将取代 Ti 而占据 Ti 的位置。

Nakata 等利用 ALCHEMI 方法研究了 Cr、Mn、Co、Pd 等元素在 Ti—Ni 合金中的占位情况,发现向 Ti—Ni 合金中加入稀土元素 Sc 进行合金化时,无论合金的成分配比如何改变,Sc 元素都具有强烈取代 Ti 的趋势。因 Sc 是稀土元素之一,而稀土元素之间的化学性质非常类似,所以 Ce、Y、Gd 和 Dy 也具有强烈取代 Ti 的趋势。Xu 等利用离散变分法计算了合金元素在 Ti—Ni 合金中的占位情况,发现合金化元素在靠近 Ti 的一侧将取代 Ti,在 Ni 的那侧的将取代 Ni,若在 Ti 线和 Ni 线之间,则元素距离谁近取代谁的趋势就强。根据 Xu 的研究结果可知大多数稀土元素均在 Ti 线一侧或距离 Ti 线较 Ni 线近,这表明稀土元素将在 Ti—Ni 合金中取代 Ti。

2.6.2　稀土元素对 Ti—Ni 合金马氏体相变激活能的影响

利用热分析动力学可以定量表征反应(相变)过程中的动力学参数激活能 E 和指前因子 A,计算反应速率常数 k,可以模拟热分析曲线的反应速率 $\mathrm{d}\alpha/\mathrm{d}t$ 的表达式,为评定材料的稳定性、定量描述反应速率和推断反应机理提供科学依据。

在对热分析试验数据进行动力学分析时,主要采用非定温法,而 Kissinger 法是多重扫描速率的非定温法的代表之一。以 Kissinger 法为代表的多重扫描速率法,是指利用不同加热速率下所测得的多条热分析曲线来进行动力学分析的方法,用这种方法能在不涉及动力学模式函数的前提下获得较为可靠的激活能 E 值,且还可以通过比较不同转化率下的激活能 E 值来核实整个反应的一致性。

通用的动力学方程式为

$$\frac{\mathrm{d}\alpha}{\mathrm{d}t} = kf(\alpha) \tag{2.6}$$

$$f(\alpha) = (1-\alpha)^n$$

式中　α—— 反应的转化率;

$\dfrac{\mathrm{d}\alpha}{\mathrm{d}t}$—— 反应速率;

将 Arrhenius 公式代入式(2.6)可得

$$\frac{\mathrm{d}\alpha}{\mathrm{d}t} = A\exp\left(-\frac{E}{RT}\right)(1-\alpha)^n \tag{2.7}$$

对式(2.7)两边微分可得

$$\frac{\mathrm{d}}{\mathrm{d}t}\left(\frac{\mathrm{d}\alpha}{\mathrm{d}t}\right) = \frac{\mathrm{d}\alpha}{\mathrm{d}t}\left[\frac{E\frac{\mathrm{d}T}{\mathrm{d}t}}{RT^2} - An(1-\alpha)^{n-1}\exp\left(-\frac{E}{RT}\right)\right] \tag{2.8}$$

Kissinger 法认为在热分析曲线上的峰值温度 T_p 处的反应速率最大,即当 $T = T_p$ 时,$\frac{\mathrm{d}}{\mathrm{d}t}\left(\frac{\mathrm{d}\alpha}{\mathrm{d}t}\right) = 0$,则

$$\frac{E\frac{\mathrm{d}T}{\mathrm{d}t}}{RT_p^2} = An(1-\alpha)^{n-1}\exp\left(-\frac{E}{RT_p}\right) \tag{2.9}$$

Kissinger 认为 $n(1-\alpha)^{n-1}$ 与 β 无关,其值近似等于1,因此由式(2.9)可知

$$\frac{E\beta}{RT_p^2} = A\exp\left(-\frac{E}{RT_p}\right) \tag{2.10}$$

对式(2.10)两边取对数得 Kissinger 方程,即

$$\ln\left(\frac{\beta}{T_p^2}\right) = \ln\left(\frac{RA}{E}\right) - \frac{E}{R}\frac{1}{T_p} \tag{2.11}$$

这样在不同升温速率 β 下测定一组热分析曲线,得到一组的相应 T_p,以 $\ln\left(\frac{\beta}{T_p^2}\right)$ 对 $1/T_p$ 作图得一直线,利用直线的斜率可计算反应的激活能 E。

因此测试 Ti‐Ni‐RE 合金不同降温速率下的 DSC 曲线,速率分别为 20 ℃/min、30 ℃/min、40 ℃/min、50 ℃/min 和 100 ℃/min。各试验合金的峰值温度见表2.23,用 Kissinger 法处理的结果如图2.61所示。

表2.23　Ti‐Ni‐RE 合金不同降温速率下冷却时的 T_p　　　　　　℃

合金	20 ℃/min	30 ℃/min	40 ℃/min	50 ℃/min	100 ℃/min
RE0	−58.69	−60.44	−62.01	−63.57	—
N05	17.65	14.78	12.19	10.71	—
N1	39.62	36.84	35.50	—	31.82
N2	57.97	54.51	54.77	53.80	—
N5	67.93	65.66	64.54	63.69	—
Dy1	27.77	25.19	24.33	23.17	—
Gd1	33.67	31.38	29.25	—	24.58
Y1	30.30	28.28	26.47	25.50	—

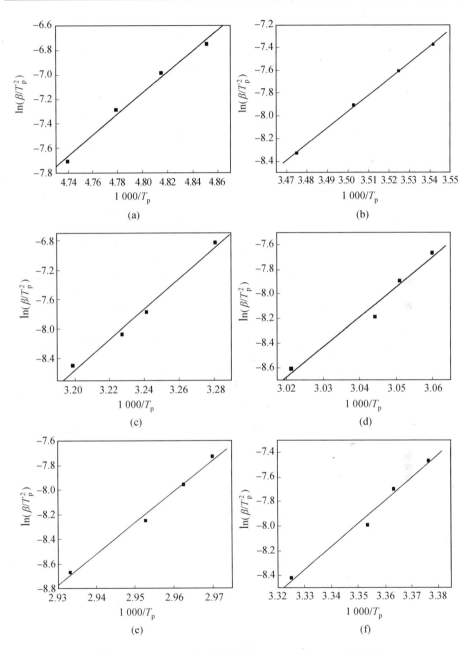

图 2.61　Kissinger 法计算得到的 $\ln(\beta/T_p^2)-1/T_p$ 关系图

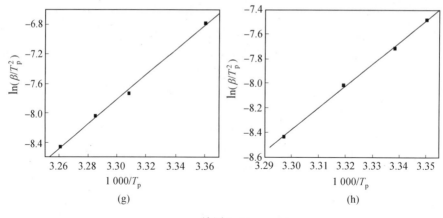

续图 2.61

　　图 2.62 和图 2.63 分别为根据图 2.61 计算得到的 Ce 原子数分数和相同原子数分数的 4 种稀土元素对 TiNi$_{50.7}$ 合金相变激活能的影响。由图可见,TiNi$_{50.7}$ 合金发生 B2→B19′转变时的相变激活能为-71.35 kJ/mol。当加入不同含量的稀土 Ce 后,与 TiNi$_{50.7}$ 合金相比,Ti-Ni-Ce 合金的相变激活能随 Ce 原子数分数增加而减少,当 Ce 的原子数分数高于 1% 时,相变激活能降速减缓。此外,加入原子数分数为 1% 的 Y、Gd 和 Dy 也使合金的相变激活能降低,且 Ce 加入使合金的相变激活能降低最多。从热力学角度来说,发生 B2→B19′转变时,合金的相变激活能越低,意味着母相越不稳定,由母相向马氏体相的转变就越容易。因此,稀土元素影响 Ti-Ni 合金相变温度的原因即是稀土的加入降低了合金 B2→B19′转变的相变激活能,使母相的稳定性降低。

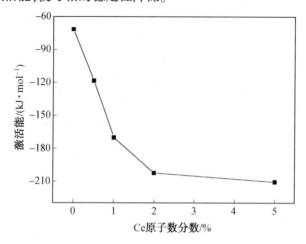

图 2.62　Ce 原子数分数对 (Ti$_{49.3}$Ni$_{50.7}$)$_{1-x}$Ce$_x$ 合金相变激活能的影响

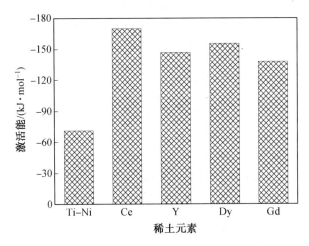

图 2.63　加入 1% 的不同稀土元素对 $TiNi_{50.7}$ 合金相变激活能的影响

第 3 章　Cu-Zn-Al 形状记忆合金的稀土微合金化

3.1　试验材料及合金制备

在已发现的形状记忆材料中铜基合金占的比例最多,它们的一个共同点是母相的晶体结构均为体心立方,因此一般称为 β 相合金。该类合金主要包括 Cu-Zn-Al系、Cu-Al-Ni 系和 Cu-Al-Mn 系。铜基形状记忆合金强度差、形状记忆的稳定性差,易发生沿晶脆断。研究表明,晶粒细化可以降低铜基记忆合金沿晶断裂的倾向,改善合金的延展性及抗疲劳性能。

3.1.1　合金成分与试验材料

1. 合金成分

Cu 基形状记忆合金具有良好的形状记忆效应和相变伪弹性,以及应用的温度范围较宽、加工性能好、原料来源广泛、成本低廉、便于民用推广等优点,市场潜力十分巨大。但是,目前 Cu 基形状记忆合金还存在一些问题,如合金强度差、韧性低,易发生晶界破坏以及疲劳寿命短等。

本章选取 Cu-Zn-Al 系合金研究稀土元素对合金组织和性能的影响。Cu 基形状记忆合金的相变温度主要取决于化学成分,也可以通过热处理进行一定调整。实用 Cu-Zn-Al 合金的 Al 质量分数一般在 3.0% ~ 4.5%,Zn 质量分数在 16.0% ~ 30.0%。Al 质量分数变动 0.1%,相变温度将变动 15 ~ 20 ℃;Zn 质量分数变动 0.1%,相变温度变动 5 ~ 7 ℃。合金成分中,Al 质量分数过高会造成材料脆化,不利于加工;Al 质量分数过低影响形状记忆性能,且相变温度很容易向高温一侧偏移。试验中合金的质量分数为 26%Zn、4%Al、70%Cu,元素 Zn、Al、Cu 的烧损率分别按 2.0%、1.5%、0.5% 计算,稀土元素质量分数选取在 0.04% ~ 1.00% 之间,稀土纯度在 99.97% 以上,稀土烧损率按 30.0% 计算。

2. 试验材料

试验主要采用纯度为 99.9% 的电解铜、99.97% 的工业纯铝、99.995% 的工业纯锌为原料制备 Cu-Zn-Al 形状记忆合金,表 3.1 为试验所用金属原材料的基本物理性质。稀土元素可以和金属中的有害杂质结合在一起,形成高度弥散的稀土金属间化合物,稀土元素偏聚在晶界具有微合金化的作用,从而对晶界产生一定的有利影响,将质量分数为 0.05% ~ 1.00% 稀土元素添加到有色金属及其合金中,可以改善几乎全部合金的结构、物理性能及力学性能,一般都能产生良好的效果。

表 3.1　试验所用金属元素的基本物理性质

材料名	相对原子量	原子半径/nm	密度/$(g \cdot cm^{-3})$	熔点/℃	沸点/℃
Cu	63.55	0.127 8	8.93	1 084	2 595
Zn	65.38	0.133 2	7.12	419	907
Al	26.98	0.143 0	2.69	660	2 467

3.1.2　合金制备

Cu、Zn、Al 三种元素的密度、熔点、沸点以及扩散速度等都不相同,Zn 的蒸气压很高,Al 的氧化热很高,在实际的熔炼过程中会因氧化和飞溅而难以控制成分。考虑到铜的熔点比较高,锌和铝的熔点比较低,为了阻断合金熔液与空气的氧化,在熔炼过程中需加入熔剂进行保护。试验中采用质量比为 1∶1∶1 的硼砂(NaB_4O_7)、氯化钠(NaCl)、氯化钾(KCl)的混合熔剂进行保护。

Cu、Zn、Al 三种元素属于中低熔点的金属,熔炼时可以使用燃烧炉、电阻炉和电磁感应炉。电磁感应炉熔炼合金时温度响应很快,材料污染小,又有自动搅拌的作用,是比较理想的熔炼设备。合金熔炼在 KGPS50/10 型中频炉中进行,按照炉料种类不同随时调整熔炼功率,出炉前增大熔炼功率,出炉温度控制在1 050 ℃左右。合金熔炼及浇注采用石墨坩埚及铸型,尺寸如图 3.1 所示。铸型使用前进行 300 ℃×1 h 的烘干,浇注时将石墨铸型放入感应炉中,利用电磁搅拌破坏凝固初期形成的枝晶,进一步细化合金铸态组织。

Cu-Zn-Al 合金中的 Zn 和 Al 属于易散失元素,为保证合金基本成分的一致,熔炼过程中采取了三种措施:①熔炼采用高纯石墨坩埚,首先装入电解铜,待铜完全熔化后加入铝,锌在浇铸前加入,整个熔化过程在熔剂保护下进行;②合金的制备过程中,首先制备大块中间合金,然后将中间合金分割成小块重熔,重熔时加入不同含量稀土元素;③合金重熔时将石墨坩埚预热到 800 ℃左右,然后熔化小块中间合金,每次重熔时间控制在 5 ~ 7 min,出炉前 1 min 加入稀土元素。

形状记忆合金经过固溶处理后才能获得形状记忆效应。固溶处理就是将合金加热到一定温度并保持一段时间,使合金组织全部转变为 β 相组织,然后以一定速度进行冷却,获得 β 相有序固溶体或马氏体。

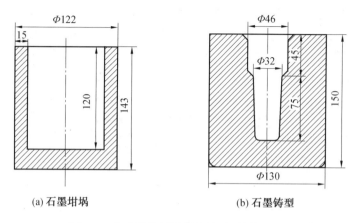

(a) 石墨坩埚   (b) 石墨铸型

图 3.1   合金熔炼用坩埚和铸型(单位:mm)

一般 Cu-Zn-Al 合金 β 化处理的温度以 800~850 ℃为宜,保温时间不宜过长,否则合金晶粒容易长大。淬火处理的冷却速度十分重要。冷却速度慢,有可能会有 α 相析出,形成块状相或贝氏体,导致合金形状记忆性能下降,冷却速度快,会产生大量过饱和空位,降低基体有序性,同样降低合金的记忆性能。

3.2   Cu-Zn-Al-RE 合金的显微组织

3.2.1   铸态组织观察与分析

1. 金相组织观察

根据 Cu-Zn-Al 三元合金相图(图 3.2)可知,合金平衡态组织由 α+β+γ 相组成,金属结晶后首先形成 β 相,随后冷却过程中由 β 相中析出 α 相,温度较低时有(α+γ)相析出。采用稀土 La、Ce、Dy、Gr、Er 微合金化的合金铸态组织具有相似性,图 3.3 为 Cu-Zn-Al 合金和 Dy、Gd 微合金化后的铸态显微组织,合金由基体和析出相组成,其中颜色较暗的相为基体 β 相,β 基体上的析出相有长条状和块状两种形态,颜色明亮,数量极多。铸态合金的 X 射线衍射谱如图 3.4 所示,含稀土与不含稀土的 Cu-Zn-Al 合金铸态组织主要由 β 相和 α 相组成。由于 γ 相的析出温度较低,析出困难或数量极少,XRD 分析中未检测到 γ 相。

铸态合金主要由 β 相和 α 相组成,这意味着除基体 β 相以外合金中明显存在的只有 α 相,因此合金中数量极多的两种形态析出物其实属于同一物相,即 α 相。其中,长条状 α 相是合金处于较高温度时由 β 相中析出,此时的高温条件有利于原子的扩散,α 相可充分长大;而小块的 α 相在较低温度下产生,此时的相变驱动力虽然大,但原子扩散困难,析出相难以长大。

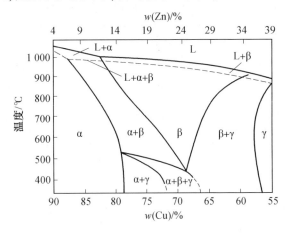

图 3.2　Cu-Zn-Al 三元合金相图

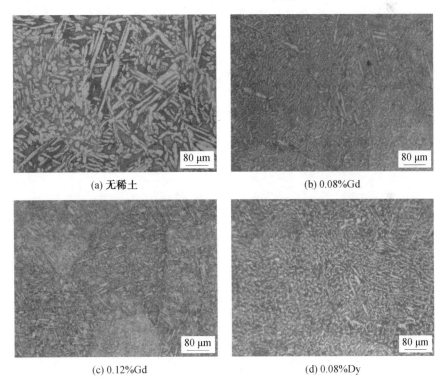

(a) 无稀土　　　　　　　　　　　　(b) 0.08%Gd

(c) 0.12%Gd　　　　　　　　　　　(d) 0.08%Dy

图 3.3　Cu-Zn-Al-RE 合金铸态组织

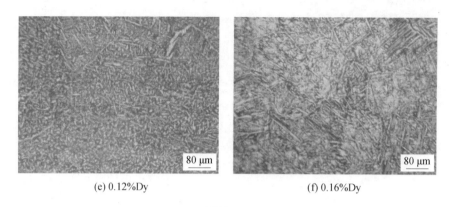

(e) 0.12%Dy　　　　　　　　　　　(f) 0.16%Dy

续图 3.3

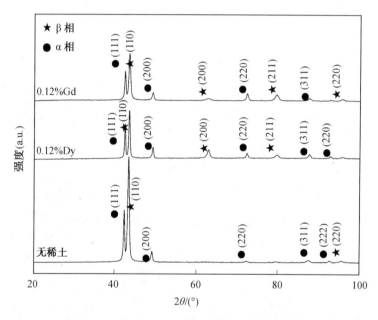

图 3.4　Cu–Zn–Al–RE 铸态合金的 X 射线衍射谱

　　Cu–Zn–Al 合金的高温相的晶粒尺寸随稀土元素质量分数增加而细化,图 3.5 为稀土 Dy、Gd 对 Cu–Zn–Al 合金 β 晶粒尺寸的影响,当质量分数达到 0.08% 以后,晶粒细化趋势逐渐变缓,其尺寸在 0.30 mm 以下,含 Gd 合金晶粒尺寸略小于含 Dy 合金晶粒尺寸。当稀土 Dy、Gd 质量分数超过 0.16% 时,沿晶界将产生较多的析出相并伴有粗大针状组织,使合金性能恶化。稀土质量分数达到 1.0% 时,合金脆性极大,已无使用价值。

　　稀土元素除对细化 β 晶粒外,对合金的析出相显微形态也产生较大影响,使析出相 α 同时得到显著细化,X 射线衍射也证实了这一点。铸态合金 X 射线衍

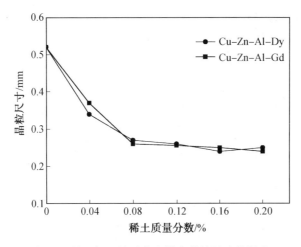

图 3.5　稀土加入量对合金铸态晶粒尺寸的影响

射谱中,Dy 质量分数为 0.12% 和 Gd 质量分数为 0.12% 的合金的 β 相和 α 相衍射峰出现位置比不含稀土的合金更多、更完整,由 X 射线衍射的原理可知,这是因稀土元素细化 β 晶粒和析出相 α 后参与 X 射线衍射的不同晶面数量增加所致。形状记忆合金应用之前要进行固溶处理,固溶处理后 CuZnAl 合金中的平衡相 α 将溶入 β 晶粒,因此 β 晶粒细化对性能改善意义更大。

2.扫描电镜分析

图 3.6 为 Cu-Zn-Al-RE 铸态合金析出相二次电子像及能谱分析,图中在灰色基体上镶嵌着暗灰色的长条状和块状析出物,其形状与金相显微照片中亮白色析出相相同,为 α 相。其中,A、B、C 各点的能谱分析结果列于右侧表中,基体的成分与析出物的成分差别较大,而暗灰色长条状(A)和小块状析出物成分(B)极为相近,进一步证明合金中两种形态析出物同为 α 相。结合能谱分析和 XRD 分析可知,α 相是 Zn、Al 溶解于 Cu 中的固溶体,晶格类型与纯铜相同,为面心立方晶格。

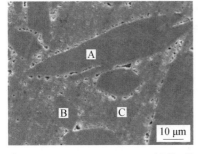

合金元素	Cu-Zn-Al		
质量分数/%	A 点	B 点	C 点
Cu	72.58	72.62	65.76
Zn	24.77	24.55	27.75
Al	2.75	2.83	6.49
合计	100	100	100

(a) Cu-Zn-Al合金析出相及成分

图 3.6　Cu-Zn-Al-RE 铸态合金析出相二次电子像及能谱分析

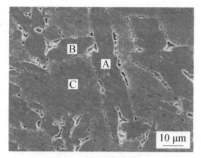

合金元素	Cu–Zn–Al–Dy		
质量分数/%	A 点	B 点	C 点
Cu	72.90	72.02	66.46
Zn	24.38	25.35	26.97
Al	2.72	2.63	6.57
合计	100	100	100

(b) 含0.12%Dy合金析出相及成分

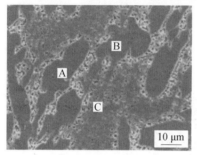

合金元素	Cu–Zn–Al–Gd		
质量分数/%	A 点	B 点	C 点
Cu	71.99	72.25	65.58
Zn	25.24	25.05	27.64
Al	2.77	2.70	6.78
合计	100	100	100

(c) 含0.12%Gd合金析出相及成分

续图 3.6

图 3.7 为 Cu–Zn–Al–RE 铸态合金背散射电子扫描照片,由于背散射电子的产额随试样的原子序数的增加而增加,所以用背散射电子作为成像信号不仅能分析形貌特征,也可用来显示原子序数衬度,定性进行成分分析。从背散射电子扫描照片可知,合金基体中除条、块状的 α 相外,还有尺寸在 3~8 μm 之间的近球状的白亮色析出相。能谱分析表明,球形析出相中含有原子序数较高的稀土元素,其质量分数在13.94%~20.55%之间,β 相和 α 相中没有检测到稀土存在。

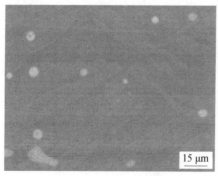
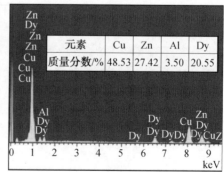

元素	Cu	Zn	Al	Dy
质量分数/%	48.53	27.42	3.50	20.55

(a) 含0.12%Dy合金富稀土相形貌及成分

图 3.7　Cu–Zn–Al–RE 铸态合金背放射电子扫描照片

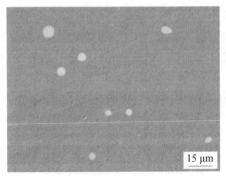
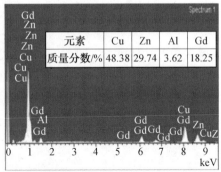

元素	Cu	Zn	Al	Gd
质量分数/%	48.38	29.74	3.62	18.25

(b) 含0.12Gd的合金富稀土相形貌及成分

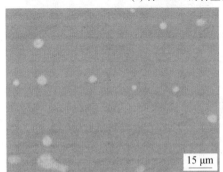
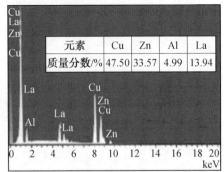

元素	Cu	Zn	Al	La
质量分数/%	47.50	33.57	4.99	13.94

(c) 含0.12La合金富稀土相形貌及成分

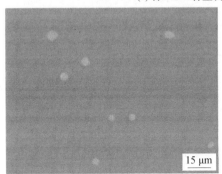
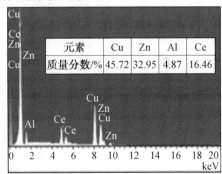

元素	Cu	Zn	Al	Ce
质量分数/%	45.72	32.95	4.87	16.46

(d) 含0.12Ce合金富稀土相形貌及能谱分析

续图 3.7

3.2.2　固溶态组织观察与分析

1. 显微组织分析

合金进行 820 ℃×10 min 固溶处理后的光学显微组织如图 3.8 所示,合金处于 β 母相状态,可以清晰地看到等轴晶粒,含有稀土元素的合金比不含稀土合金的固溶态晶粒显著细化。图 3.9 为 820 ℃×10 min 固溶处理后稀土质量分数对合金晶粒尺寸的影响,随着稀土质量分数的增多,固溶态合金的晶粒尺寸迅速下降,稀土元素 Dy、Gd 质量分数达到 0.08% 以后,稀土的细化作用趋于缓和,合金晶粒尺寸稳定在 0.4 mm 以下。

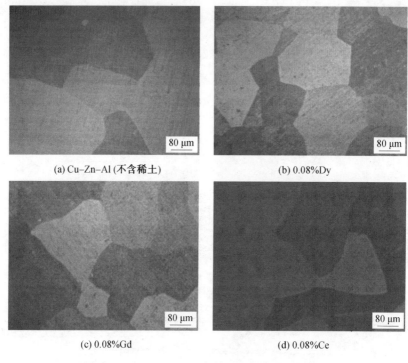

(a) Cu–Zn–Al (不含稀土)　　　　　　　(b) 0.08%Dy

(c) 0.08%Gd　　　　　　　(d) 0.08%Ce

图 3.8　Cu–Zn–Al–RE 合金固溶处理后金相组织

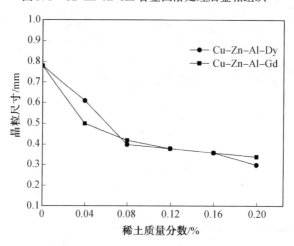

图 3.9　820 ℃×10 min 固溶处理后稀土质量分数对 Cu–Zn–Al 合金晶粒尺寸的影响

合金固溶态和铸态晶粒尺寸变化对比后可以发现,不含稀土的合金铸态晶粒尺寸为 0.52 mm,固溶处理后晶粒长大到 0.78 mm,是原来的 1.5 倍;含 0.08% Dy 和 0.08% Gd 的合金铸态晶粒尺寸为 0.30 mm 左右,固溶处理后晶粒长大到 0.40 mm 左右,是原来的 1.3 倍。可见,固溶处理后合金 β 晶粒尺寸均有所长大,但含稀土元素的合金晶粒长大趋势小于不含稀土的合金。

对合金进行 880 ℃×300 min 固溶处理,以考察固溶处理工艺对合金晶粒长大的影响,结果如图 3.10 所示。合金经该规范固溶处理后,未进行稀土微合金化的 Cu-Zn-Al 合金晶粒尺寸长大到 1.32 mm,是铸态的 2.5 倍,820 ℃固溶态的 1.7 倍;含 0.08% Dy 和 0.08% Gd 合金晶粒尺寸长大到 0.60 ~ 0.66 mm,是铸态的 2 倍,820 ℃固溶态的 1.5 倍。可见,高温处理使晶粒显著长大,但稀土元素 Dy、Gd 仍有抑制晶粒长大的作用。

综上所述,稀土元素 Dy 和 Gd 不仅可以细化合金铸态组织,还能抑制固溶处理过程中的晶粒长大,当合金中稀土质量分数达到 0.08% 后,可以有效将合金晶粒尺寸控制在比较小范围内。

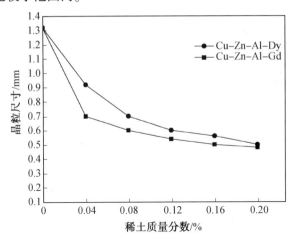

图 3.10　880 ℃×300 min 固溶处理后稀土质量分数对 Cu-Zn-Al 合金晶粒尺寸的影响

2.扫描电镜分析

图 3.11 为 Cu-Zn-Al 合金 820 ℃固溶处理后的背散射电子像,由图可见,合金基体衬度均匀,上面分布着白亮色的富稀土析出相。与铸态合金(图 3.7)相比,固溶处理过程中富稀土相尺寸没有明显变化,依然在 3 ~ 8 μm 之间。

表 3.2 列出了图中基体和析出相的能谱分析结果,与铸态合金数据对比可以发现:①合金基体中没有检测到稀土存在;②固溶处理前后富稀土相中的稀土质量分数保持在 1/5 左右;③富稀土相中稀土和铜的质量分数之和与基体中铜的质量分数大体相当,为 70% 左右。由于 Cu-Zn-Al-RE 合金中富稀土相在固溶

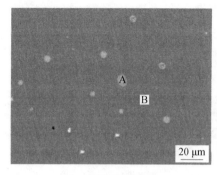
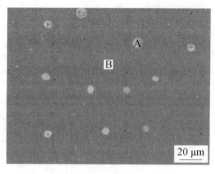

(a) 0.12%Dy　　　　　　　　　　　(b) 0.12%Gd

图 3.11　Cu-Zn-Al-RE 合金 820 ℃固溶处理后的背散射电子像

处理过程中形态没有变化、成分相对保持稳定,判定该相熔点较高、稳定性较好。

表 3.2　820 ℃固溶处理后 Cu-Zn-Al-RE 合金中富稀土析出相成分

（原子数分数,%）

合金	位置	Cu	Zn	Al	稀土
0.12% Dy	基体（B 处）	68.57	27.01	4.42	—
	析出相（A 处）	48.66	24.03	4.66	22.65
0.12% Gd	基体（B 处）	68.59	27.26	4.15	—
	析出相（A 处）	49.76	25.01	3.91	21.32

　　对 Cu-Zn-Al-RE 合金进行电子探针面分析,考察稀土元素在合金中的分布情况,结果如图 3.12 所示。合金中稀土呈弥散点状聚集,宏观分布比较均匀,但在晶界周围相对多于晶粒内部。扫描电镜组织观察及能谱分析表明,合金中只有富稀土析出相内可以检测到稀土元素的存在,电子探针面分析中稀土元素弥散点状聚集的分布状态也就是富稀土相的分布情况。

　　图 3.13 为含 0.16% Dy 合金和含 0.16% Gd 合金 820 ℃×10 min 固溶处理后的背散射电子像,过量稀土将导致富稀土析相聚集,形态由原来的弥散分布的球状变为沿晶界分布的网状。由合金铸态组织观察可知,稀土的质量分数增加到 0.16% 时,合金组织中沿晶界明显出现析出相并伴有粗大针状组织（图 3.3(f)）,由于合金中粗大针状组织沿晶界向内生长,而且在固溶处理后消失,判断含过量稀土元素的合金中出现的粗大针状组织为 α 相,网状沿晶分布的富稀土相将促进 α 相在晶界形核并向晶内快速生长,最终导致该组织形成。

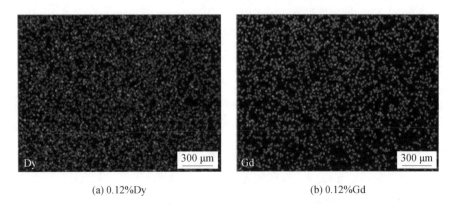

(a) 0.12%Dy　　　　　　　　　　　(b) 0.12%Gd

图 3.12　Cu-Zn-Al-RE 合金电子探针面扫描结果

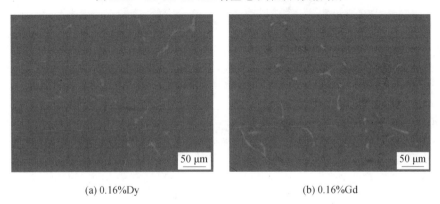

(a) 0.16%Dy　　　　　　　　　　　(b) 0.16%Gd

图 3.13　Cu-Zn-Al-RE 合金中沿晶析出的富稀土相

3. XRD 物相分析

图 3.14、图 3.15 为 Cu-Zn-Al-RE(RE=Dy,Gd)合金 820 ℃ 固溶处理后的 X 射线衍射分析图,经分析可知,固溶处理后合金室温下均含有 β 相,不含稀土元素的合金则完全处于 β 相状态。随稀土 Dy 或 Gd 的原子数分数增加,衍射谱线中 50.5°、74°等位置逐渐出现新的衍射峰,说明合金中有新相产生。前面扫描电镜观察与分析已经证实,稀土元素加入后将在合金中形成球形的富稀土析出相,该析出相固溶处理后依然稳定存在,形貌和成分没有大的变化,因此初步判定图 3.14 和图 3.15 衍射谱线中新峰的出现是富稀土相参与衍射而形成的。

分析表明,富稀土相为面心立方晶格,晶格常数为 0.36 nm 左右,与纯铜以及合金中的 α 相常数极为相似,这也是在铸态合金中难以分辨富稀土相衍射峰的原因。合金固溶处理时,铸态组织中的 α 相溶入基体 β 相,富稀土相稳定存在,淬火后只得到基体 β+富稀土相的组织,使富稀土相的衍射峰得以显现,为后续研究提供条件。

综上所述,Cu–Zn–Al–RE(RE = Gd, Dy)合金中的富稀土相是 Dy(或 Gd)、Zn、Al 原子溶入 Cu 晶格中形成的一种固溶体,其点阵类型与纯铜和合金中的 α 相相同,但化学成分及性能不同。

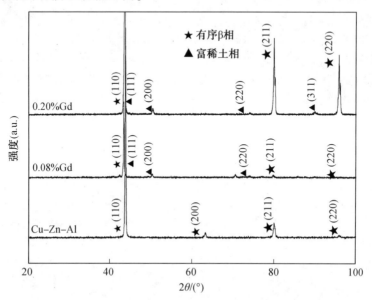

图 3.14　Cu–Zn–Al–Dy 固溶处理后的衍射分析图

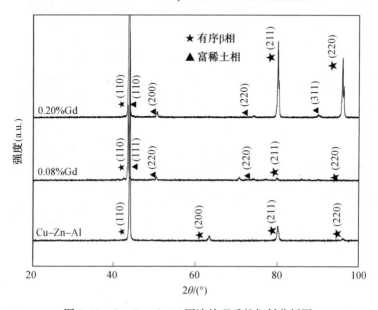

图 3.15　Cu–Zn–Al–Gd 固溶处理后的衍射分析图

3.2.3　稀土细化组织的机理

稀土元素在铜合金中作用主要有以下几点:首先,在高温下极易与铜及合金中的氧、硫、磷等反应形成高熔点化合物进入熔渣,净化金属液体;其次,稀土与合金中的氢反应形成稳定化合物,避免氢脆产生;再次,稀土能明显细化晶粒,改变夹杂物的形态,起到微合金化的作用。稀土元素加入到 Cu-Zn-Al 合金中溶解产生大量的过冷微区,增大了局部过冷度,提高了形核率。凝固过程中,富含稀土原子溶质在固液界面前沿富积,造成此处溶质浓度升高,导致成分过冷程度加剧,促进自由晶核的产生。由于稀土 Dy 的熔点为 1 407 ℃,Gd 的熔点为 1 312 ℃,比 La(918 ℃)和 Ce(798 ℃)熔点高,促进形核的能力更强。

由于基体中采用能谱分析没有检测到稀土元素,而在背散射电子像中观察有富稀土相,因此可以认为稀土元素在 Cu-Zn-Al 合金中主要以化合态存在。稀土元素在熔液中易与合金中的其他元素化合,形成高熔点的细小化合物,在熔体中悬浮弥散分布,其中一部分起异质形核作用。更多的细小化合物在凝固过程中被推向液固界面,阻碍相晶体长大,因此结晶完成时有较多的富稀土相分布在晶界。在凝固过程中和结晶完成初期,由于温度较高,原子扩散能力强,细小化合物也可以长大,最终形成亮白色富稀土相。细小化合物在液体中更易获得原子,所以凝固后期液体中的细小化合物更易长大,晶界上的富稀土相的尺寸也会比 β 晶粒内部的大。

Cu-Zn-Al 合金中铸态组织中的 α 相是 β 固相在高温冷却过程中的析出相,由于稀土元素已经将 β 晶粒细化,因而晶粒内部的相析出物必然也变得细小。此外,由于 α 相析出之前 β 晶粒内部已存在细小弥散的富稀土相,阻碍 α 相的长大。固溶处理过程中,析出相 α 相溶入 β 基体消失,同时 β 晶粒发生长大,但晶界上相对稳定的富稀土相依然存在,其在热处理过程中阻碍晶界的移动,减小热处理时晶粒的长大。这是含稀土 Cu-Zn-Al 合金在热处理过程中晶粒长大趋势明显小于不含稀土 Cu-Zn-Al 合金的原因。

因此,稀土元素在 Cu-Zn-Al 合金中一方面促进形核率的增加,另一方面阻碍凝固过程中晶体的长大,因而极大地细化了合金中的 β 晶粒。β 晶粒内部和晶界上的富稀土相分别对析出相 α 细化和阻止热处理过程中 β 晶粒长大做出贡献。

3.3　Cu-Zn-Al-RE 合金的相变行为与形状记忆效应

3.3.1　Cu-Zn-Al-RE 合金的相变行为

在大多数情况下,合金的形状记忆效应被认为是与晶体学可逆的马氏体相变紧密相连,母相到转变产物马氏体的可逆相变是产生形状记忆功能的基础。马氏体相变及其逆相变发生与否主要取决于热量输入的变化,合金的相变温度是研究形状记忆合金相变行为的重要指标。

1. 稀土对合金相变温度的影响

图 3.16 和图 3.17 是稀土质量分数对合金相变温度的影响。由图中相关数据可知,含有稀土 Dy 和 Gd 的合金相变温度均有所提高,稀土 Gd 对合金相变温度的提升作用大于稀土 Dy。由图可知,Cu-Zn-Al 及 0.12% Dy、0.12% Gd 微合金化的 Cu-Zn-Al 合金相变滞后温度(M_s-A_s)分别为 12.4 ℃、6.0 ℃、7.2 ℃,稀土元素加入后使合金的相变滞后温度降低。稀土元素偏聚在晶界形成一些化合物,这可能导致淬火后晶体内部空位浓度降低,使马氏体在转变过程中的相变切应力阻力减小,导致相变温度升高。此外,稀土元素的原子半径远大于 Cu、Zn、Al 的原子半径,易使马氏体的晶格常数发生变化而造成晶格畸变,阻碍相变过程中的原子迁移而引起相变温度升高。

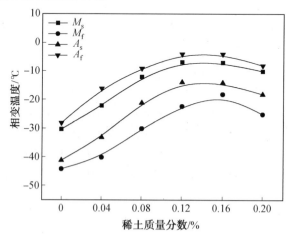

图 3.16　稀土 Dy 质量分数对 Cu-Zn-Al 合金相变温度的影响

稀土元素 Dy、Gd 加入 Cu-Zn-Al 合金中后形成稳定的富稀土相,根据表 3.3 的数据可知,富稀土相中的 Zn、Al 质量分数与 Cu 质量分数之比分别约为 0.50

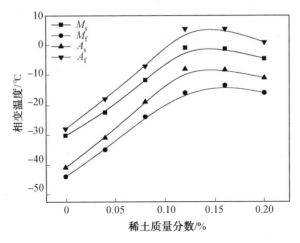

图 3.17　稀土 Gd 的质量分数对 Cu-Zn-Al 合金相变温度的影响

(Zn/Cu)和 0.078 ~ 0.095(Al/Cu),而合金基体中相应的比为 0.39(Zn/Cu)和 0.06(Al/Cu)。由于富稀土相中的 Zn、Al 的相对含量高于基体,所以富稀土析出相产生后将从基体中夺取 Zn 和 Al 原子,基体中 Zn 和 Al 质量分数降低将导致合金相变点升高。因此,除研究者提出的影响合金相变点的空位浓度、晶格畸变等理论外,富稀土相析出引起基体化学成分变化从而导致合金相变温度变化也是需考虑的因素。

　　沈红节等用试验方法研究晶粒大小对合金相变点的影响,得到相变温度与晶粒平均直径之间存在如下的线性关系:

$$M_s = A - Bd^{-\frac{1}{2}}$$

式中　A、B——常数;
　　　　d——晶粒尺寸。

　　由上式可知,晶粒尺寸越小,合金的相变温度 M_s 就越低。本节试验表明,稀土元素 Dy、Gd 的加入使 Cu-Zn-Al 合金晶粒显著细化,因此合金的相变温度将随稀土质量分数增加而下降。由此可见,稀土元素加入 Cu-Zn-Al 合金中后,不仅有空位浓度、晶格畸变、富稀土相析出等使相变温度升高的作用,又有晶粒细化使相变温度降低的作用,这是导致图 3.16 和图 3.17 中合金相变温度随稀土质量分数增加先升高、后变缓、最后又趋降这种变化趋势的原因。

　　形状记忆合金的相变滞后主要由于马氏体和母相之间界面在推移过程中的摩擦而产生,这种摩擦消耗能量,是一种不可逆的热耗散。一般认为,相变滞后减小有助于改善合金的形状记忆性能。稀土元素 Dy、Gd 加入后,使 Cu-Zn-Al 的相变滞后变小,这是由于稀土元素在合金中形成富稀土析出相并细化晶粒,相界面和晶界的增多使合金固溶淬火后的空位浓度大量降低,合金相变时受到的内摩擦阻力减小,相变所需的能量降低。

2. 冷却介质温度对合金相变行为的影响

Cu-Zn-Al 合金固溶处理的目的是得到有序固溶体,介质温度和冷却速度影响合金的有序度,从而对合金相变温度产生一定影响。为考察等温淬火温度对合金的相变温度的影响,将 0.12% Dy、0.12% Gd 微合金化的 Cu-Zn-Al 合金 820 ℃固溶后在不同温度的水中进行冷却,然后测量相变温度,结果见表 3.3。结果表明,合金相变温度随等温温度升高而升高,50 ℃水冷的合金相变温度均比 20 ℃水冷的高,其中 Cu-Zn-Al 合金相变温度提高最多,Cu-Zn-Al-Dy 合金次之,Cu-Zn-Al-Gd 合金变化最小。

表 3.3　Cu-Zn-Al-RE 合金固溶后在 50 ℃和 20 ℃水中冷却时的相变温度　　℃

合金种类	介质温度	M_s	ΔM_s	M_f	ΔM_f	A_s	ΔA_s	A_f	ΔA_f
Cu-Zn-Al	20 ℃	−30.2	24.9	−40.0	26.1	−41.0	24.3	−28.0	23.1
	50 ℃	−5.3		−13.9		−16.7		−4.9	
0.12% Dy	20 ℃	−6.8	12.4	−22.2	18.4	−13.8	19.3	−3.9	12.7
	50 ℃	5.6		−3.8		5.5		8.8	
0.12% Gd	20 ℃	−0.8	8.0	−16.1	5.4	−8.2	8.2	5.5	4.5
	50 ℃	7.2		−10.7		0.0		10.0	

淬火冷却速度不同造成合金相变温度变化的具体机制目前尚不明确,学者们提出了淬火冻结过剩空位浓度、热应力导入晶格缺陷及析出相的产生造成实际上 Al、Zn 浓度的变化等一些理论。根据这些理论,固溶处理时在不使固溶体分解的前提下,可以采取较高温度的淬火介质进行冷却,以减少合金中的空位浓度,提高合金基体的有序度。根据相图及相关资料介绍,Cu 基记忆合金在较慢冷却速度和较高温度等温淬火条件下基体 β 中可能形成 α 相,它们在晶格缺陷处析出,并在周围形成了共格畸变,对合金相变温度产生复杂影响。

本节对比试验中采用在 50 ℃水介质中等温的冷却方案,该温度比合金正常处理后的相变点 A_f 分别高 78.0 ℃、53.9 ℃、45 ℃。不含稀土合金在 50 ℃水中的实际等温温度最高,这促使合金中产生 α 相,对合金相变行为产生复杂影响。含 0.12% Dy 和 0.12% Gd 合金经 50 ℃水冷后相变温度变化较小,这是由于等温温度相对于合金相变温度比较近,冷却过程中没有析出相产生,合金组织变化比较小。

3.3.2 Cu–Zn–Al–RE 合金的形状记忆效应

1.形状记忆恢复率测试装置与过程

形状记忆合金发生塑性变形后,经过加热到某一温度之上,能够恢复到变形前的形状,这种现象称为形状记忆效应,该效应可以用形状记忆恢复率衡量。试验中采用弯曲法测量形状记忆合金的恢复率,图 3.18 为弯曲模具的结构示意图,其中圆柱的直径 $D=10$ mm,底盘直径为 58 mm,盘上带有刻度。试验前试样主要进行 820 ℃×10 min 固溶加热和 20 ℃水冷×5 min 的处理。

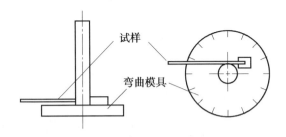

图 3.18 弯曲模具的结构示意图

弯曲法测合金形状记忆恢复率的过程如下。

(1)用无水乙醇和液氮配制温度为–80 ℃($<M_f$)的液体,将试样固定在弯曲模具上后放入液体中,保温 1 min。

(2)在模具上将马氏体状态的试样弯成 180°并保持数秒,去除弯曲载荷后记录试样的弹性恢复角度。

(3)在液体自然升温的过程中注意观察试样角度的变化,液体温度接近室温后可将试样放入水中缓慢加热。

(4)记录试样升温过程中试样角度的变化,可获得角度随温度的变化曲线,试验结束后根据数据利用计算恢复率。

图 3.19 是利用弯曲法测得的合金试样形状记忆恢复过程曲线。由形状恢复曲线可知,当温度升高至 A'_s(21.0 ℃)温度时,合金试样的形状开始发生恢复,然后随温度继续升高合金的形状继续恢复,直至到达 A'_f(29.8 ℃)以上,试样恢复到原来的形状。在 A'_s 和 A'_f 之间,合金的形状恢复明显。

在曲线的拐点处做切线可得到合金开始恢复温度和恢复终了温度 A'_s 和 A'_f,与用 DSC 法获得的逆相变温度开始温度和终了温度 A_s(–8.1 ℃)、A_f(–5.5 ℃)对比后可知,试样的 A'_s、A'_f 高于 A_s、A_f,说明弯曲应变对合金的逆相变产生阻力,提高了逆相变温度,但其具体的影响规律还有待于进一步研究。

2.Cu–Zn–Al–RE(RE=Dy、Gd)合金的形状记忆恢复率

Cu–Zn–Al 合金的形状记忆恢复率随稀土元素的变化如图 3.20 所示。由图

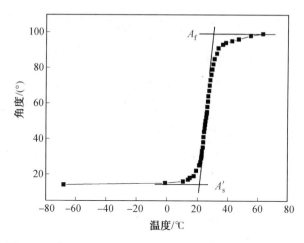

图 3.19　含 0.12% Gd 的 Cu-Zn-Al 合金形状记忆恢复过程

可见,Dy 质量分数在 0.08% 附近、Gd 质量分数在 0.08% ~ 0.12% 之间时,合金
形状记忆恢复率最好。根据本章稀土元素 Dy 和 Gd 对 Cu-Zn-Al 合金显微组
织的细化程度以及本章对应的形状记忆恢复率,可以得出合金中稀土质量分数的
最佳范围是:Dy 质量分数在 0.08% 左右,Gd 质量分数在 0.08% ~ 0.12% 之间。
在这个范围内,稀土元素可有效细化晶粒,降低合金中杂质含量及固溶处理时产
生的空位浓度,提高基体有序度,使合金获得良好的形状记忆恢复率。

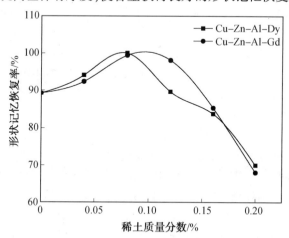

图 3.20　稀土质量分数与合金形状记忆恢复率关系

一般 Cu 基形状记忆合金晶粒粗大,晶界处易产生应力集中而发生塑性变
形,导致合金形状记忆性能降低。加入稀土元素后,合金的晶粒细化,晶界强度
得到提高,避免产生过大的应力集中,改善了合金的记忆性能。但合金中稀土含
量过高时,基体内形成过多第二相,基体的连续性被破坏,有序性降低,反而导致

合金记忆性能的恶化。这是由于合金中富稀土相对合金正、逆相变时的 M/β 界面迁移有阻碍作用,增加变形恢复过程中残留的永久变形。

3. 反复变形对合金记忆效应的影响

从图 3.21 中可以看出,形状记忆恢复率随测量次数的增加而下降,并趋向于一个恒定值,晶粒越细,下降幅度越大,恒定值越小,该结果与文献的结论相同。合金形状记忆效应衰减的原因在于:在反复的正逆相变过程中,M/M、M/β 界面的反复移动会产生位错等晶体缺陷,使马氏体的转变不是完全热弹性的,有一定程度的不可逆行为,减弱了合金的形状记忆效应。在不断的应力-热循环作用下,Cu-Zn-Al 合金中产生大量位错,并随循环次数的增加不断积累,不可逆塑性变形增多,逆转变阻力增大,使逆转变过程中马氏体转变量减少,单程记忆性能下降。当经过数次循环后,位错对于母相马氏体的界面的塞积和逆转驱动力达到平衡,位错造成的效应达到饱和,此时进一步循环时马氏体相变变得完全可逆,形状记忆恢复率稳定在某一水平,不再降低。

由于稀土合金的加入,在 Cu-Zn-Al 合金中形成较多弥散析出相,这些析出相与基体的界面使合金更易在反复的应力-热循环的作用下产生的位错等晶体缺陷,从而导致形状记忆恢复率降低。

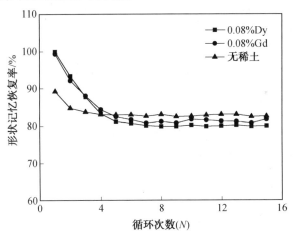

图 3.21　Cu-Zn-Al-RE 合金循环次数与形状记忆恢复率的关系

4. 自然时效对合金形状记忆效应的影响

为考察自然时效对 Cu-Zn-Al 合金形状记忆效应的影响,将含 0.08% Dy、0.08% Gd 和不含稀土的合金分别放置 0 天、2 天、5 天、10 天、20 天、30 天以后测量形状记忆恢复率,获得如图 3.22 所示的形状记忆衰减规律。可以看出,随着时间的延长,合金的形状记忆恢复率明显降低,但含稀土的合金记忆性能降低的幅度小于未加稀土的合金,这说明在室温条件下,稀土元素有效降低了 Cu-Zn-

Al 合金记忆性能的衰减。

　　合金在时效过程中可能发生两种变化,一是产生沉淀析出相,二是固溶处理时的过饱和空位发生迁移。由相图可知,Cu-Zn-Al 合金在高温母相区时效降低时将有 α 相的沉淀析出,前面已经述及,沉淀析出相的产生对合金相变过程产生比较复杂的影响。由于自然时效时的温度(20 ℃左右)大于合金的相变 A_f,所以合金相当于在母相状态时效。相对于固溶状态的 A_f 点,Cu-Zn-Al 合金自然时效时的 A_f 高出最多,含 0.08% Dy 和 0.08% Gd 合金高出 A_f 最少。不含稀土的 Cu-Zn-Al 合金中 α 相易析出,α 相的析出导致 M/β 之间相互转变的晶体学可逆性变差,同时恢复过程中合金中 M 量的减少,合金的形状记忆性能变坏。

　　合金中加入 Dy、Gd 元素后导致相变温度升高,α 相不易析出,时效过程中组织结构变化较小。此外,稀土元素在合金内形成弥散分布的富稀土相并细化晶粒,这造成合金对时效过程中空位向晶界的聚集不敏感,大量晶界使空位偏聚的浓度不会因时效而急剧升高。这些因素合金中马氏体转变量相对稳定,合金形状记忆性能在自然时效过程中衰退较少。

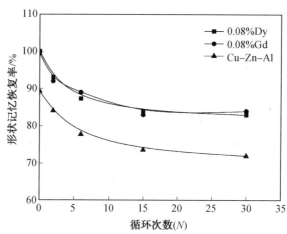

图 3.22　Cu-Zn-Al-RE 合金自然时效不同天数后的形状记忆恢复率

3.4　Cu-Zn-Al-RE 合金的腐蚀性能研究

3.4.1　合金的化学腐蚀性能

1.化学浸泡试验

将固溶处理的 Cu-Zn-Al-RE 合金浸泡 312 h 后发现,合金在介质中浸泡腐蚀后外观上差别很大,含稀土 Dy、Gd、La、Ce 的合金经 NaOH 和 NaCl 溶液浸泡后颜色发生变化,呈浅灰色,但色泽均一;不含稀土合金试样在 NaCl 和 NaOH 溶液中浸泡后表面呈灰黑色,可以观测到有腐蚀产物;含稀土 La 合金经 NaOH 溶液浸泡后表面颜色黑暗,表面明显有腐蚀产物。

　　表 3.4 为合金试样在 NaOH 和 NaCl 溶液中浸泡前后的质量,表中合金分别为含 0.08% 稀土 Dy、Gd、Ce 和 La 的 Cu-Zn-Al 形状记忆合金。从浸泡腐蚀后的增重情况看,含 Dy 和 Gd 合金在 NaCl 溶液中耐蚀性能明显优于其他稀土元素微合金化的合金,其中含 Gd 的合金浸泡增重不到未合金化合金的 1/4。稀土 La 对合金在 NaCl 溶液中的耐腐蚀性能没有改善作用,因为含 La 合金增重与 Cu-Zn-Al 合金相同。在 3.5% NaOH 的腐蚀介质中含 Dy 合金增重最少,含 Gd 和 Ce 合金增重相同,含 La 合金增重超过未进行稀土微合金化的 Cu-Zn-Al 合金,增重最大。

表 3.4　合金化学浸泡腐蚀前后的质量变化情况　　　　　　　　g/cm^2

合金种类	NaCl 溶液			NaOH 溶液		
	腐蚀前	腐蚀后	增重	腐蚀前	腐蚀后	增重
Cu-Zn-Al-Dy	1.978 4	1.979 1	0.000 7	1.992 3	1.972 9	0.000 6
Cu-Zn-Al-Gd	1.981 7	1.982 0	0.000 3	1.916 3	1.917 1	0.000 8
Cu-Zn-Al-Ce	1.940 1	1.941 1	0.001 0	1.986 0	1.986 8	0.000 8
Cu-Zn-Al-La	1.935 0	1.936 3	0.001 3	1.970 4	1.971 6	0.001 2
Cu-Zn-Al	1.834 0	1.835 3	0.001 3	1.842 9	1.844 0	0.001 1

　　综上所述,稀土元素 Gd、Dy、Ce 对合金在酸性和碱性溶液中的抗腐蚀性能有提高作用,其中在酸性溶液中的提高程度按 Gd、Dy、Ce 的次序降低,在碱性溶液中稀土 Dy 对合金耐蚀性改善作用最大,Gd 和 Ce 基本相同。此外,试验中发现稀土元素 La 不仅对合金耐腐蚀性能没有表现出提高作用,在 NaOH 溶液中反而使合金耐腐蚀性下降。

2. 化学腐蚀形貌

　　图 3.23 为 Cu-Zn-Al-RE 合金在 3.5% NaCl 溶液中浸泡后的形貌。由图可知,Cu-Zn-Al-Dy、Cu-Zn-Al-Gd 合金试样表面平整光滑,钝化膜致密,腐蚀产物较少,合金发生的是均匀腐蚀,耐蚀性能良好。Cu-Zn-Al-Ce 合金试样表面较为平整,腐蚀产物厚度不匀,致密程度稍差,合金耐蚀性能较含稀土 Dy、Gd 的差。Cu-Zn-Al-La 和 Cu-Zn-Al 合金表面有零星分布的蚀坑,蚀坑的出现极易导致试样的腐蚀速度加快,这两类合金在酸性溶液中的耐蚀性最差。

　　图 3.24 为 Cu-Zn-Al-RE 合金在 3.5% NaOH 溶液中浸泡后的形貌。从图

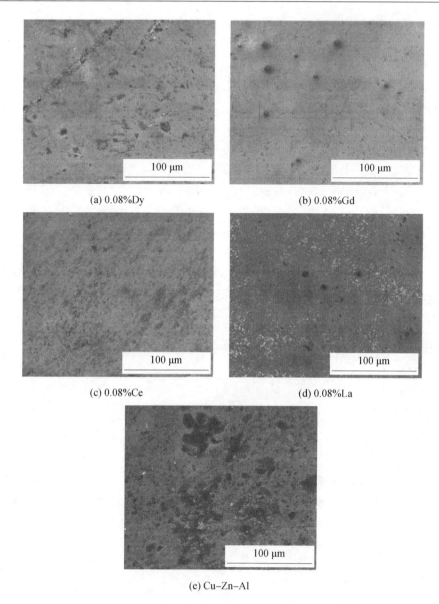

(a) 0.08%Dy

(b) 0.08%Gd

(c) 0.08%Ce

(d) 0.08%La

(e) Cu-Zn-Al

图 3.23　Cu-Zn-Al-RE 合金在 3.5% NaCl 溶液中浸泡后的形貌

中可以看出,试样表面均有腐蚀产物产生,其中含稀土 Dy、Gd、Ce 合金表面较为平整,腐蚀产物堆积致密;含 La 和含稀土元素的合金试样表面腐蚀产物较多,堆积松散,含 La 合金表面蚀坑较多。从腐蚀形貌角度看,稀土 Dy、Gd 对 Cu-Zn-Al 记忆合金的抗 NaCl 和 NaOH 溶液腐蚀性能的改善作用显著,这与用质量增减法获得的结果一致。

Cu-Zn-Al-RE 合金在 NaOH 和 NaCl 溶液中的腐蚀产物明显不同。合金在

(a) 0.08%Dy

(b) 0.08%Gd

(c) 0.08%Ce

(d) 0.08%La

(e) Cu-Zn-Al

图 3.24　Cu-Zn-Al-RE 合金在 3.5% NaOH 溶液中浸泡后的形貌

NaCl 溶液中的腐蚀产物基本上呈膜状,与合金基体结合紧密,而 NaOH 溶液中的腐蚀产物有两种具体形态:白色颗粒状和暗灰色片状,如图 3.25 所示。颗粒状产物呈八面体形,尺寸在 0.5 μm 左右,均匀密布在试样表面。暗灰色片状产物长和宽分别在 3.5 μm 和 1 μm 左右,片状物极薄而柔软。能谱分析表明,腐蚀产物中的白色颗粒成分以 Cu(质量分数为 28.6%)和 O(质量分数为 70.8%)为主,暗灰色片状物成分主要包括 O、Cu、Al、Zn 等。

(a) Cu-Zn-Al　　　　　　　　　　(b) Cu-Zn-Al-La

图 3.25　Cu-Zn-Al-RE 合金在 NaOH 溶液中的腐蚀产物

　　图 3.26 为 Cu-Zn-Al-RE 合金在 NaOH 溶液中浸泡 312 h 后的 XRD 图。XRD 分析表明,试样中主要存在 Cu_2O 和 CuZn 两种物相。由于合金基体 β 相是以 CuZn 为基的固溶体,因此 Cu_2O 是合金浸蚀后的主要腐蚀产物,结合能谱分析可以判定白色颗粒状是 Cu_2O。Cu_2O 是 $Cu(OH)_2$ 脱水后的产物,体心立方晶格,这种晶型的物质结晶时常呈现八面体形态。扫描电镜中观察到的暗灰色片状腐蚀产物是何种物质,还有待进一步研究确定。

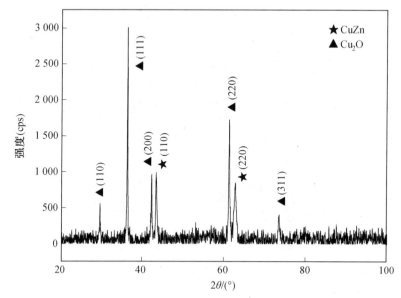

图 3.26　Cu-Zn-Al-RE 合金在 NaOH 溶液中浸泡 312 h 后的 XRD 图

　　Cu-Zn-Al-RE 合金在 NaOH 溶液和 NaCl 溶液中除腐蚀产物不同外,还有一点是含 La 合金在 NaOH 溶液中易形成比较深的腐蚀坑,如图 3.25(b)所示。能谱分析表明,坑内合金成分比较复杂,含有 O(质量分数为 20.3%)、Cu(质量分数为 42.4%）、Zn（质量分数为 10.7%）、Al（质量分数为 1.7%）、La（质量分数为 14.7%），其余为 Mg、Ca、S 等。由于坑内 La 质量分数较高，这意味着腐蚀坑是富稀土析出物脱落后形成的，说明富 La 的析出相与基体之间电极电位相差较大，极易构成腐蚀微电池，加快局部的腐蚀速度。

3.4.2　合金的电化学腐蚀性能分析

1. 开路电位（OCP）

开路电位也称自然腐蚀电位，是不受外加极化条件下的稳定电位，这一参数反映了材料的热力学特征及电极的表面状态。根据电化学原理，E_{OCP} 的值越负，腐蚀倾向越大；E_{OCP} 的值越正，腐蚀倾向越小。试验中的 E_{OCP} 是在动电位极化试验前，试样在开路电位状态下 30 min 的数值。

表 3.5 为添加不同类型稀土的 Cu-Zn-Al 合金在开路状态下 30 min 后的数值，表中列出不含稀土的 Cu-Zn-Al 合金作为对照。从表中可以看到，含 0.08% Gd 合金的开路电位最高，含 0.08% Dy 合金次之，说明稀土 Gd 和 Dy 降低了 Cu-Zn-Al 合金的表面腐蚀倾向，提高了腐蚀性能。含 0.08% Ce 合金和含 0.08% La 合金的开路电位值均低于 Cu-Zn-Al 合金，说明稀土 Ce 和 La 增加了合金表面的腐蚀倾向。

表 3.5　Cu-Zn-Al-RE 合金在 3.5% NaCl 溶液中的 OCP 数值

稀土及质量分数	0.08% Dy	0.08% Gd	0.08% Ce	0.08% La	Cu-Zn-Al
E_{OCP}/mV	−120	−80	−310	−400	−210

2. 阳极极化曲线

自然腐蚀电位的检测结果表明，Cu-Zn-Al 合金在 3.5% NaCl 水溶液中的腐蚀行为受添加稀土元素的影响，为了进一步研究 Cu-Zn-Al-RE 合金的抗腐蚀性能，利用动电位极化技术测试 Cu-Zn-Al-RE 合金在 3.5% NaCl 溶液中的动电位极化曲线。一般而言，根据动电位极化曲线判断材料的腐蚀行为根据是从该曲线中得到几个参数，即平衡腐蚀电位（E_{corr}）、腐蚀电流密度（I_{corr}）、击穿电位（E_{brk}）和钝化电流密度（I_p）等。众所周知，平衡腐蚀电位、击穿电位越高和腐蚀电流密度、钝化电流密度越低，相应材料的耐腐蚀性能越高。

图 3.27 为添加不同稀土元素的 Cu-Zn-Al 合金在 3.5% NaCl 溶液中腐蚀的阳极极化曲线，不含稀土的 Cu-Zn-Al 合金作为对照。从图中可知，G08、D08 和 R0 合金阳极电流密度随电极电位的升高而迅速下降，即试样在试验电位范围内有钝化趋势。G08 和 D08 合金的阳极极化曲线极为相近，两者平衡腐蚀电位（E_{corr}）高出 R0 合金 200 mV 左右，腐蚀电流密度（I_{corr}）比 R0 合金低一个数量级

（10 倍左右）。R0 合金的击穿电位在 750 mV 左右，而 G08 和 D08 合金在电位升高到 1.6 V 以上时仍未出现击穿。对于 C08 和 L08 合金，没有出现钝化趋势，其平衡腐蚀电位低于 R0 合金，表现出的抗蚀性能比不加稀土元素的 Cu–Zn–Al（R0）合金差。

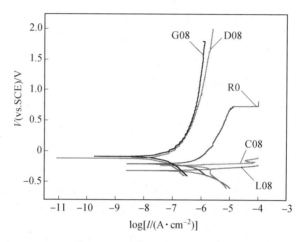

图 3.27　稀土元素对 Cu–Zn–Al–RE 合金动电位极化曲线的影响

　　综上所述，从开路电位和动电位极化试验结果来看，稀土元素 Gd 和 Dy 提高 Cu–Zn–Al 合金的腐蚀电位，降低腐蚀电流密度，提高合金的抗腐蚀性能。而稀土元素 Ce 和 La 降低合金的腐蚀电位，提高腐蚀电流密度，降低合金的耐电化学腐蚀性能。

3. 腐蚀形貌

　　图 3.28 为 Cu–Zn–Al–RE 合金阳极极化后的表面形貌。从图中可以看出，加 Dy、Gd 的试样表面均匀，颜色几乎未发生变化；加 La 和 Ce 的合金试样表面，有点状腐蚀出现，同时富稀土相脱落后也形成比较大的蚀坑，尤其是加 La 合金更为严重；不含稀土合金表面腐蚀也比较严重，有较多的腐蚀空洞出现。阳极极化试验后合金试样的腐蚀形貌很好地反映了稀土元素对合金耐蚀性的提高作用，其规律性与化学腐蚀、开路电位、极化曲线结果一致。

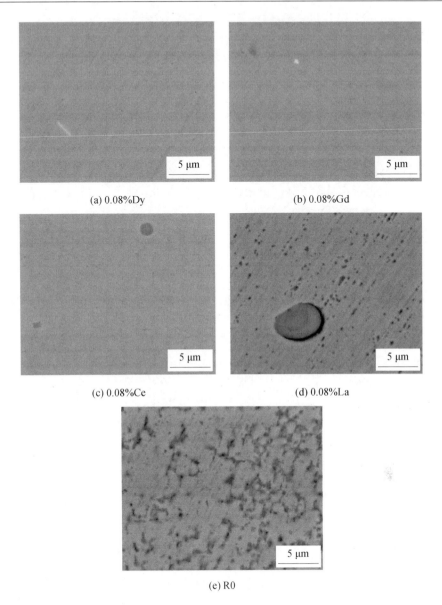

(a) 0.08%Dy

(b) 0.08%Gd

(c) 0.08%Ce

(d) 0.08%La

(e) R0

图 3.28　Cu–Zn–Al–RE 合金阳极极化后的表面形貌

3.5　Cu-Zn-Al-RE 合金的力学性能

3.5.1　室温拉伸试验

Cu-Zn-Al-RE 合金室温拉伸试验时的环境温度在 18～20 ℃之间,试样拉伸前经固溶处理。由于不同稀土含量的合金相变温度与环境温度差值变化较大,形状记忆合金可能处于 M 相、β 相、M+β 相等几种不同状态,拉伸试验的结果只能反映该温度下合金的力学性能。

试验中主要获得了两种类型的应力-应变曲线,如图 3.29 所示。图 3.29(a)含 0.12% Gd 的 Cu-Zn-Al 合金拉伸曲线上出现了水平平台,这是形状记忆合金在 M_s 以上某一温度区间拉伸时由于应力诱发马氏体而产生的普遍现象。试验中含 0.12% Gd 的合金相变温度 A_f 为 -8 ℃,所以在拉伸的过程中产生了应力诱发马氏体的转变。拉伸曲线上第一阶段平台对应于母相向某一种马氏体发生转变,第二阶段平台发生向另一种马氏体转变的相变。不含稀土的 Cu-Zn-Al 合金的相变点 A_s 为 -48 ℃,已经超出应力诱发马氏体的温度范围,因而图 3.29(b)的拉伸应力-应变曲线上没有平台出现,该应力-应变曲线只反映母相 β 的力学性能。

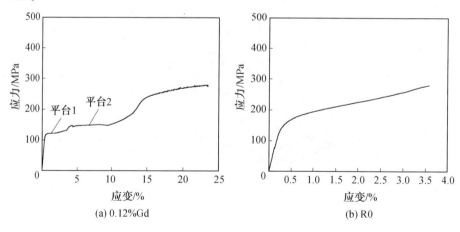

图 3.29　Cu-Zn-Al-RE 合金的应力-应变曲线

Cu-Zn-Al-RE 合金的力学性能见表 3.6。分析表中数据可知,相同相组成条件下,含稀土的合金抗拉强度、屈服强度、断后延伸率得到提高,力学性能得到明显改善。由于稀土性质的相似性,试验中其他 Er、La、Ce 等元素对 Cu-Zn-Al 合金的力学性能影响的规律相同。其原因主要是:①晶粒细化,合金屈服强度提高;②稀土净化晶界,改善了晶界强度。但若加入过量稀土(质量分数>0.12%),由于富稀土析出相在晶界聚集成带状,破坏基体的连续性,降低合金的力学性能。

表 3.6　Cu–Zn–Al–RE 合金的力学性能

性能指标	R0	Dy 质量分数/%					Gd 质量分数/%				
		0.04	0.08	0.12	0.16	0.20	0.04	0.08	0.12	0.16	0.20
σ_b/MPa	196.8	274.2	340.5	329.6	303.8	280.3	260.4	290.7	338.6	282.8	254.3
σ_s/MPa	148.6	168.7	175.3	125.0	130.6	118.5	175.3	124.4	138.0	126.6	110.6
δ/%	3.22	5.25	6.14	10.82	5.17	3.20	5.47	13.56	8.88	6.20	4.45

3.5.2　拉伸断口分析

图 3.30 为 Cu–Zn–Al–Gd 合金的拉伸断口形貌。从图 3.30(a) 可明显地看出,不含稀土元素的 Cu–Zn–Al 合金裂纹起源于晶界开裂,裂纹扩展时穿过晶粒内部,形成大量的解理面和解理台阶,是典型的由于晶粒粗大、晶界强度不足而产生的脆性断裂。含 0.04% Gd 合金中稀土含量少,拉伸断裂机理由解理型转变为混合型(图 3.30(b)),断口中解理刻面大量消失,出现深度很浅的韧窝,表明材料的塑韧性较低。含 0.12% Gd 合金微观断口由细密而均匀的等轴韧窝构成(图 3.30(c)),韧窝壁具有薄且尖锐边缘的特征,少部分韧窝内可以看到颗粒状第二相质点,呈现典型的微孔聚集型断裂特征,显示出高的塑韧性。含 0.20% Gd合金微观断口由大小不一的凹坑组成(图 3.30(d)),由于该合金稀土含量高,富稀土析出相沿晶界呈网状分布,晶界强度降低,晶粒受力后从析出相的包敷中脱离留下痕迹,裂纹穿晶扩展的部分也显示出解离断裂特征,这些是合金具有较大脆性的特征。试验中,加入稀土 Dy、Er、La、Ce 的合金与 Cu–Zn–Al–Gd 合金的断口形貌有类似的规律。

由以上分析可见,Cu–Zn–Al 形状记忆合金发生的是以解理断裂为主的脆性断裂,当合金中加入稀土以后,合金转为微孔聚集型的韧性断裂为主,合金力学性能得到改善。合金中加入适量稀土(0.08% ~ 0.12%)后,合金表现出高度塑韧性,这除了由于合金拉伸过程中产生了应力诱发马氏体外,稀土元素在Cu–Zn–Al合金中少部分固溶在晶内,大部分形成第二相粒子弥散分布于晶界和晶内,细化晶粒、净化晶界、强化晶界,对阻止裂纹的形成和扩展也起了相当大的作用。

观察含不同稀土量的合金试样拉伸断口形貌,结合应力–应变曲线可以确定合金发生的是韧性断裂,当稀土元素加入到合金中,合金的晶粒得到细化,观察

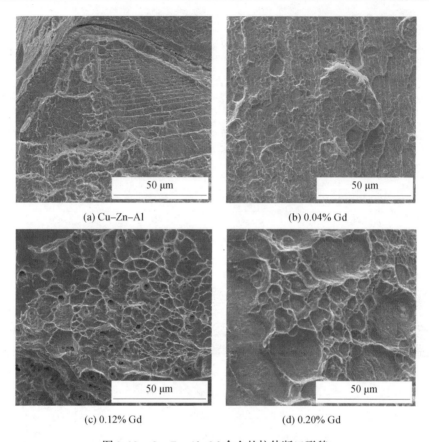

(a) Cu–Zn–Al　　　　　　　　　(b) 0.04% Gd

(c) 0.12% Gd　　　　　　　　　(d) 0.20% Gd

图 3.30　Cu–Zn–Al–Gd 合金的拉伸断口形貌

端口形貌可以发现断口韧窝逐渐增大,形成微孔聚集型断裂,合金力学性能得到改善,合金加入适量稀土会显著提高合金的塑韧性,但过量稀土对合金力学性能有负面作用。

3.5.3　Cu–Zn–Al–RE 合金摩擦磨损试验

对合金固溶处理后,采用 MMS–2 型摩擦磨损试验机进行磨损试验,参数为:转速 200 r/min、载荷 50 N、对磨材料为 GCr15。摩擦磨损试验表明,稀土质量分数为 0.08% 和 0.12% 时磨损失重最少,稀土质量分数达到 0.16% 时由于富稀土相沿晶界析出,导致合金性能恶化,耐磨性下降。稀土质量分数为 0.08% 时,Cu–Zn–Al–RE 合金磨损失重情况如图 3.31 所示,稀土元素的加入显著提高了 Cu–Zn–Al 合金的摩擦磨损性能,磨损失重最高减少 47.5%。由于摩擦磨损过程伴随有热量的累积和表面微观变形,可能导致摩擦磨损过程中存在具备相变的可能,因此形状记忆合金的摩擦磨损失重有十分复杂的影响因素。

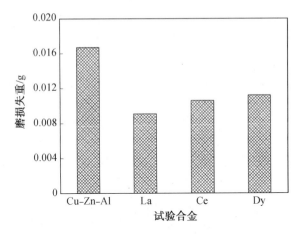

图 3.31　Cu-Zn-Al-RE 合金磨损失重情况

图 3.32 为转速为 200 r/min、载荷为 50 N 时 Cu-Zn-Al-RE 合金固溶处理后的摩擦磨损形貌。摩擦磨损形貌中沿滑动方向出现明显犁沟,为典型的磨粒磨损方式,其出现原因主要是磨屑在反复磨损过程中成为硬度较高的粒子,对 Cu-Zn-Al 合金表面起到磨粒磨损作用。比较图 2.32(a)与(b)、(c)、(d)可知,未加稀土的 Cu-Zn-Al 合金磨损而上犁沟数量多且深,稀土微合金化后合金磨损表面犁沟数量相对少,深度也有所变浅,稀土提高了 Cu-Zn-Al 合金的耐磨性,但不改变其磨损机制。

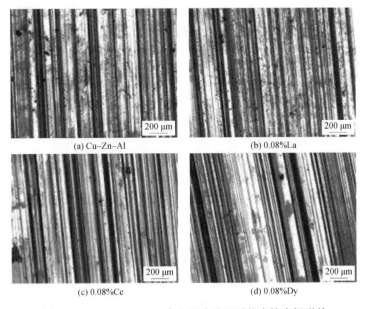

(a) Cu-Zn-Al

(b) 0.08%La

(c) 0.08%Ce

(d) 0.08%Dy

图 3.32　Cu-Zn-Al-RE 合金固溶处理后的摩擦磨损形貌

第4章 磁性形状记忆合金的稀土微合金化

　　磁性形状记忆合金是一类新型形状记忆材料,不但具有传统形状记忆合金受温度场控制的形状记忆效应,还可在磁场的作用下产生较大的应变。已发现的磁性记忆合金主要包括 Ni–Mn–Ga(Al)、Ni–Fe–Ga、Co–Ni–Ga(Al)和新型的 Ni–Mn–In(Sn, Sb)合金。其中,Ni–Mn–Ga 合金体系是发现最早、研究最为广泛的磁驱动形状记忆合金,目前 Ni–Mn–Ga 合金单晶最大可逆应变量已达到 10%,响应频率达 kHz 量级,但通过变体重排产生的宏观输出应力较小,仅为 2 MPa 左右,难以满足实际工程的应用要求。且 Ni–Mn–Ga 合金尚存在强度低、脆性大、可加工性能差等缺点,很大程度上限制了这种材料的实际应用。

　　新型 Ni–Mn–X(X = In, Sn, Sb) 系列合金是近年来发展起来的一种新型磁性形状记忆合金。这类磁性形状记忆合金磁感生应变的本质在于马氏体相与母相具有较大的饱和磁化强度差,施加磁场后合金相变温度显著降低,一定温度范围内施加磁场则可使合金从马氏体转变为母相,从而产生形状记忆效应。但 Ni–Mn–X(X = In,Sn,Sb)合金体系也存在脆性大,居里温度低,磁场驱动逆相变的门槛值较高,磁场能驱动马氏体逆相变的成分范围小等缺点。因此,提高 Ni–Mn–Ga 合金与 Ni–Mn–X(X = In,Sn,Sb)合金的居里温度和磁感生应变量,降低磁场驱动逆相变的门槛值,改善合金机械性能以及扩大合金的可利用成分范围是当前研究的重点和热点。

4.1　Ni–Mn–Ga 合金的稀土微合金化

4.1.1　Ni–Mn–Ga–Y 合金的显微组织

　　图 4.1 和 4.2 分别为铸态 $Ni_{50}Mn_{28}Ga_{22-x}Y_x(x = 0,0.2,1,3)$ 合金的光学显微组织和 Y 原子数分数对铸态 Ni–Mn–Ga 合金晶粒尺寸的影响。由图 4.1 可见,加入稀土 Y 后,随 Y 原子数分数的增加,Ni–Mn–Ga–Y 合金的晶粒尺寸显著减小,当 Y 原子数分数为 0.2% 时,合金的晶粒尺寸约为 25 μm,当 Y 原子数分数为 3% 时,Ni–Mn–Ga–Y 合金的平均晶粒尺寸约为 10 μm,这说明 Y 的加入能显著细化 Ni–Mn–Ga 合金的晶粒尺寸。由图 4.2 可知,未加入稀土元素 Y 时,Ni–Mn–Ga合金的平均晶粒尺寸超过 45 μm,随稀土元素 Y 的加入,当 Y 原子数分数

不超过 1% 时,合金的平均晶粒尺寸显著变小,然后随稀土原子数分数继续增加,合金的平均晶粒尺寸趋于稳定。这说明 Y 的加入对 Ni-Mn-Ga 合金的晶粒细化作用是有一定限度的。

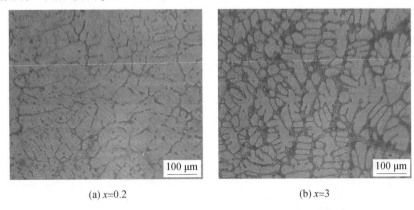

(a) $x=0.2$　　　　　　　　　　　　　(b) $x=3$

图 4.1　铸态 $Ni_{50}Mn_{28}Ga_{22-x}Y_x$ 合金的光学显微组织

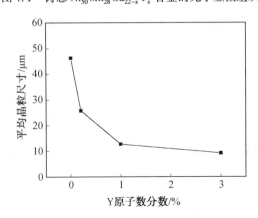

图 4.2　Y 原子数分数对铸态 Ni-Mn-Ga 合金晶粒尺寸的影响

图 4.3 为固溶态 $Ni_{50}Mn_{28}Ga_{22-x}Y_x$($x=0,0.2,1,3$)合金的背散射电子像。由图可见,Ni-Mn-Ga-Y 合金的显微组织中存在两种衬度不同的区域,即灰色的基体和白色的第二相。当 Y 原子数分数为 0.2% 时,少量白色第二相呈弥散点状分布;但在宏观上在晶界周围的数量相对多于晶粒内部。Y 原子数分数为 1% 时,第二相在晶界处不连续分布,且局部区域出现第二相富集。继续增加 Y 原子数分数到 3% 时,沿晶界分布的第二相互相连接呈网络状分布,第二相富集的数量增多。合金中出现了树枝晶,枝晶轴是由黑色的 Ni-Mn-Ga 基体组成,在枝晶轴之间为白色的第二相,而枝晶间则是由基体和层片状第二相组成的共晶组织。表 4.1 为 1 073 K 均匀化处理后 $Ni_{50}Mn_{28}Ga_{22-x}Y_{1-x}$ 合金的能谱分析结果。由表 4.1 可见,稀土元素 Y 在基体中的原子数分数不超过 0.15% ,而第二相中的 Y 原

子数分数明显升高,在 15% ~ 16% 之间。稀土 Y 和 Ni、Mn 和 Ga 相比较大的原子半径是其较低溶解度的原因。第二相中 Ni 原子数分数相对基体略有升高,Ga 原子数分数基本不变,而 Mn 在第二相中的原子数分数很小,与基体中的 Mn 原子数分数相差较大。同时,第二相的成分基本不随 Y 原子数分数的增加而改变。此外,稀土 Y 的加入也改变了合金的基体成分,特别是 Mn 原子数分数随着 Y 原子数分数的增加逐渐升高。

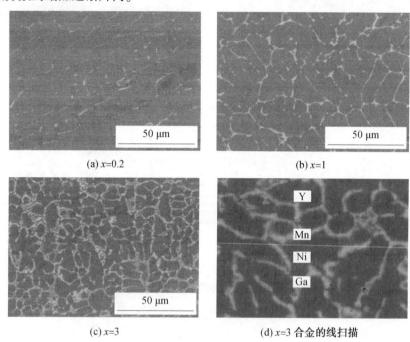

(a) $x=0.2$　　　　　　　　　　(b) $x=1$

(c) $x=3$　　　　　　　　　(d) $x=3$ 合金的线扫描

图 4.3　固溶态 $Ni_{50}Mn_{28}Ga_{22-x}Y_{1-x}$ 合金的背散射电子像

表 4.1　1 073 K 均匀化处理后 $Ni_{50}Mn_{28}Ga_{22-x}Y_{1-x}$ 合金的能谱分析结果

Y 加入量（原子数分数）/%	基体				白色相			
	Ni	Mn	Ga	Y	Ni	Mn	Ga	Y
0	48.12	30.28	21.6	—	—	—	—	—
0.2	49.52	27.71	22.76	—	47.56	23.70	15.16	15.58
1	47.66	32.54	19.80	—	48.08	22.26	15.67	14.99
3	49.17	30.66	20.16	—	49.99	16.6	16.4	16.01

图 4.4 为 $Ni_{50}Mn_{28}Ga_{19}Y_3$ 合金室温 X 射线衍射谱。由图可见,除了可以标定为非调制 T 型马氏体的衍射峰外,还观测到一些额外的衍射峰。由扫描电镜结

果可知,$Ni_{50}Mn_{28}Ga_{19}Y_3$合金由 Ni-Mn-Ga 固溶体和富 Y 相两相组成,据此可判定该衍射峰为富 Y 相的特征峰。由于富 Y 相衍射峰的峰型与 $Dy(Ni,Mn)_4Ga$ 极其相似,只是衍射峰的位置稍有差异,且稀土之间的性质极为相似。因此,富 Y 相的衍射峰均参考 $Dy(Ni,Mn)_4Ga$ 相来进行标定,即富 Y 相为六方结构,点阵参数 $a=b=0.5018$ nm,$c=0.4069$ nm。图 4.5(a)为 $Ni_{50}Mn_{28}Ga_{19}Y_3$ 合金室温透射电子显微镜明场像,由图可见,富 Y 相形状呈现不规则形状;图 4.5(b)为(a)中 A 位置系列电子衍射花样。通过对选区电子衍射花样的标定可知,富 Y 相为 $CaCu_5$ 类型的六方结构,空间群为 P6/mmm,点阵参数和 XRD 测试结果完全吻合,结合表4.1的能谱定点分析结果知稀土元素 Y 加入到 Ni-Mn-Ga 合金中形成的富 Y 相中 Ni、Mn、Ga 和 Y 之间的原子比可表示为(Ni+Mn)∶Y∶Ga≈4∶1∶1,其结构式为 $Y(Ni,Mn)_4Ga$。

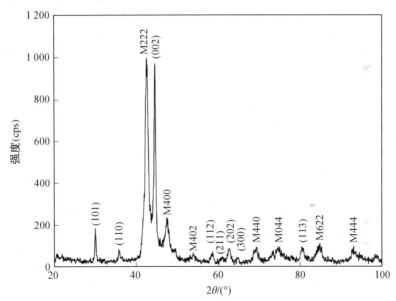

图 4.4　$Ni_{50}Mn_{28}Ga_{19}Y_3$合金室温 X 射线衍射谱

4.1.2　Ni-Mn-Ga-Y 合金的马氏体相变

图 4.6 为固溶处理态 $Ni_{50}Mn_{28}Ga_{22-x}Y_x(x=0,0.2,1,3)$ 合金的 DSC 曲线。由图可见,无论是否加入稀土元素 Y,试验合金在冷却与加热过程中也只发生一步热弹性马氏体相变与逆相变,即在 Ni-Mn-Ga 合金中用稀土替代 Ga 并不改变合金的马氏体相变顺序,从高温母相直接转变成马氏体相,未发现预马氏体相变及马氏体之间的转变。从图中可看出,当 Y 原子数分数从 0 增加到 1% 时,合金的 M_s、M_f、A_s 和 A_f 均明显增加,Y 原子数分数在 1% ~3% 之间时,合金的相变温

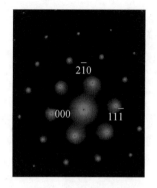

(a) 明场像　　　　　　　　(b) 图(a)中的A区[123]带轴的选区电子衍射花样

图 4.5　$Ni_{50}Mn_{28}Ga_{19}Y_3$ 合金透射电子显微像及相应的电子衍射花样

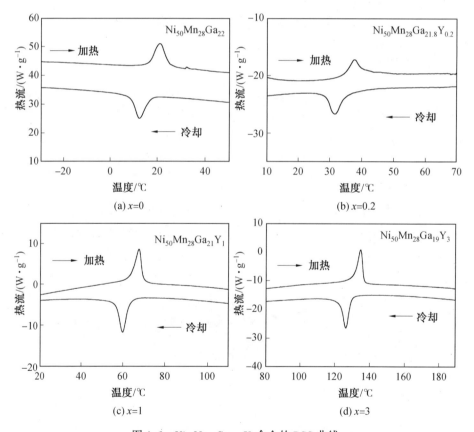

图 4.6　$Ni_{50}Mn_{28}Ga_{22-x}Y_x$ 合金的 DSC 曲线

度升高变缓。由于稀土 Y 加入到 Ni–Mn–Ga 合金中形成稳定的富稀土相 Y(Ni,Mn)$_4$Ga。因此,富 Y 相析出后将把多余的 Mn 推挤到基体中。Y(Ni,

Mn)$_4$Ga 体积分数的不断增多导致基体中 Mn 含量的持续增加。在基体中 Ni 含量基本保持不变的情况下,Mn 原子数分数从 Ni$_{50}$Mn$_{28}$Ga$_{21.8}$Y$_{0.2}$合金的 28.32% 增加到 Ni$_{50}$Mn$_{28}$Ga$_{19}$Y$_3$ 合金的 34.61%,从而引起马氏体相变温度的升高,如图 4.7 所示。

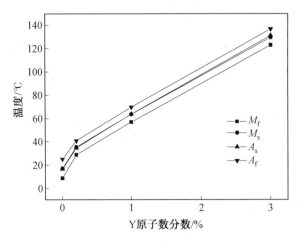

图 4.7　Y 原子数分数对 Ni$_{50}$Mn$_{28}$Ga$_{22-x}$Y$_x$ 合金马氏体转变温度的影响

图 4.8 为固溶处理 Ni$_{50}$Mn$_{28}$Ga$_{22-x}$Y$_x$($x=0$,0.2,1,3)合金室温 X 射线衍射谱。由图可见,Ni$_{50}$Mn$_{28}$Ga$_{22-x}$Y$_x$ 合金室温下均处于马氏体状态,这与 DSC 结果完全吻合。且随着 Y 原子数分数的增加 Ni–Mn–Ga–Y 合金也呈现出不同的马氏体晶体结构。Y 的原子数分数为 0.2% 时,合金马氏体为四方结构的五层调制马氏体(7M);Y 的原子数分数为 1% 时,合金马氏体为正交结构的七层调制马氏体(7M)。从图 4.8 还可以看出,当 Y 的原子数分数达到 1% 时,合金中出现 Y(Ni,Mn)$_4$Ga 的衍射峰,如图 4.8 箭头所示,此时合金由马氏体相和 Y(Ni,Mn)$_4$Ga 相组成。随着 Y 原子数分数的增加 Y(Ni,Mn)$_4$Ga 的衍射峰逐渐增强,说明 Y(Ni,Mn)$_4$Ga 相的数量随着 Y 原子数分数的增加而增大,这与该合金体系的扫描电镜结果一致。根据图 4.8 计算得到 Ni$_{50}$Mn$_{28}$Ga$_{22-x}$Y$_x$ 合金中马氏体的点阵参数,见表 4.2。

表 4.2　根据图 4.8 计算得到的 Ni$_{50}$Mn$_{28}$Ga$_{22-x}$Y$_x$ 合金的马氏体点阵参数

Y 加入量 (原子数分数)/%	a/nm	b/nm	c/nm	晶体相
$x=0$	0.593 7	0	0.557 2	5M
$x=0.2$	0.596 0	0	0.556 4	5M
$x=1$	0.622 8	0.582 2	0.550 6	7M
$x=3$	0.626 5	0.583 1	0.540 9	7M

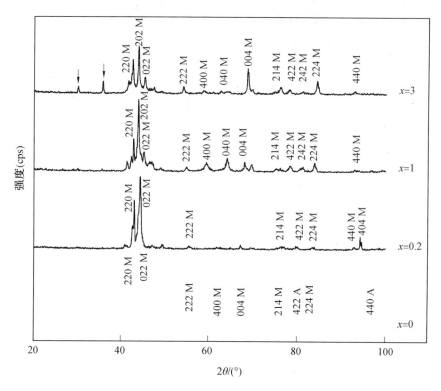

图 4.8　$Ni_{50}Mn_{28}Ga_{22-x}Y_x$ 合金的室温 X 射线衍射谱

图 4.9 为 $Ni_{50}Mn_{28}Ga_{21.8}Y_{0.2}$ 合金室温马氏体相的透射电子显微组织形貌及其选区电子衍射花样。从图 4.9(a)的明场像可以看出合金由相互平行的马氏体板条组成,界面清晰且平直。由图 4.9(b)的选区电子衍射花样可知,马氏体具有体心正方结构。另外,在强斑点之间还存在一些弱的衍射斑点,并将强衍射斑点之间的距离分为 5 等分,即 5M 马氏体,这与 XRD 的结果一致,从衍射花样中推算出的晶格常数和 XRD 的结果也吻合较好。此外,对该试样其他区域进行观测时发现一些和层错形貌类似的组织,这些层错分布在母相基底上,一些相互平行排列,如图 4.9(a)所示;还发现了层错相互交叉分布的形貌,如图 4.9(b)所示。

图 4.10 为 $Ni_{50}Mn_{28}Ga_{21}Y_1$ 合金不同区域的马氏体形貌及其相应的电子衍射花样。由图 4.10(a)可以看出,试样由相互平行的板条马氏体组成,板条宽度约为 200 nm,马氏体板条间的界面非常平直,对其进行电子衍射花样分析,其结果如图 4.10(b)所示。由图可见在每两个主斑点之间,沿着〈110〉晶向,存在 6 个相对较弱的衍射斑点,将主衍射斑点间的距离平均分成 7 等分,即 7M 马氏体,这与 XRD 的结论一致。从图 4.10(c)可以看出,相邻的两个变体构成了良好的自

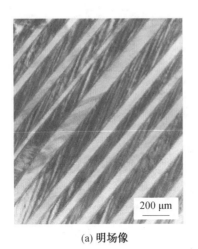 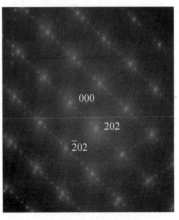

(a) 明场像　　　　　　　　　(b) 选区电子衍射花样

图 4.9　$Ni_{50}Mn_{28}Ga_{21.8}Y_{0.2}$ 合金马氏体明场像及相应的电子衍射花样

协作组态,变体内部由许多取向一致,相互平行的细小片状结构组成。图 4.10 (d)为(c)中 A 区域的选区电子衍射花样,可见衍射花样由两套马氏体衍射斑点组成,相对于马氏体的 $[20\bar{2}]_M^*$ 倒易点阵呈对称分布,经磁转角校正和迹线分析,图中的 $[20\bar{2}]_M^*$ 倒易点阵方向垂直于马氏体变体间界面,即 7M 马氏体变体间呈 $(20\bar{2})_M$ 孪晶关系。

 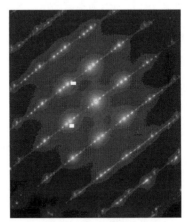

(a) 明场像　　　　　　　　　(b) 图(a)的选区电子衍射花样

图 4.10　$Ni_{50}Mn_{28}Ga_{21}Y_1$ 合金透射电子像及相应的电子衍射花样

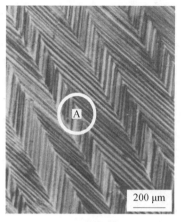

(c) 明场像　　　　　　　　　(d) 图(c)中A的选区电子花样

续图 4.10

4.1.3　Ni-Mn-Ga-Y 合金的性能

1. $Ni_{50}Mn_{28}Ga_{22-x}Y_x$合金的磁学特性

图 4.11 为热处理后 $Ni_{50}Mn_{28}Ga_{22-x}Y_x(x=0,0.2,1,3)$ 合金交流磁化率随 Y 含量的变化曲线。从图 4.11(a)中可以看出 $Ni_{50}Mn_{28}Ga_{22}$ 合金交流磁化率曲线随着温度的下降,分别出现了两次突变。第一次是在 350 K,曲线发生了一次向上的跳跃,表明在这一温度发生了从顺磁性到铁磁性的转变,也就是说 $Ni_{50}Mn_{28}Ga_{22}$ 的居里温度是 350 K,继续降温到 295 K 时开始发生第二次突变,这时曲线发生了向下的跳跃,结合 DSC 分析结果可知合金在这一温度发生了马氏体相变,这是由于马氏体对称性低于奥氏体,磁晶各向异性比奥氏体高,从而导致了交流磁化率的下降。在随后的升温过程中,当合金发生马氏体逆相变时,交流磁化率会突然增加,发生铁磁到顺磁转变时交流磁化率则急剧降低。可以看到居里温度要远远高于马氏体相变温度(M_s),说明 $Ni_{50}Mn_{28}Ga_{22}$ 合金在 350 K 温度以下其母相和马氏体相都是铁磁性的。$Ni_{50}Mn_{28}Ga_{21.8}Y_{0.2}$ 合金的交流磁化率曲线和 $Ni_{50}Mn_{28}Ga_{22}$ 相似,如图 4.11(b)所示,也出现两次突变分别对应于马氏体转变和磁性转变;从图中还可以看出,加入原子数分数为 0.2% 的 Y 对 Ni-Mn-Ga 合金的居里温度几乎没有影响,却使合金的马氏体相变温度升高。当 Y 原子数分数为 1% 时,交流磁化率在升温过程中突然升高后很快降低,这说明合金的磁性转变发生在马氏体逆相变结束温度附近,因此合金发生马氏体逆相变时交流磁化率曲线突然增加,马氏体逆相变还未完全转变即发生了磁性转变,使合金的交流磁化率迅速降低。同 $Ni_{50}Mn_{28}Ga_{22}$ 合金相比,合金居里温度降低而马氏体相变温度升高。Y 原子数分数为 3% 时,降温和升温过程中交流磁化率也只有一个降低

和升高的变化。根据 DSC 结果,此合金的马氏体相变温度为 395 K,因此,可确定图 4.11(d)中交流磁化率的突变对应马氏体相的磁性转变。

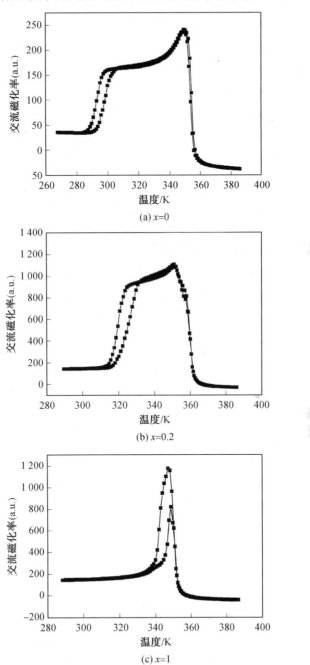

(a) $x=0$

(b) $x=0.2$

(c) $x=1$

图 4.11　$Ni_{50}Mn_{28}Ga_{22-x}Y_x$ 合金在加热和冷却过程中交流磁化率随 Y 原子数分数的变化曲线

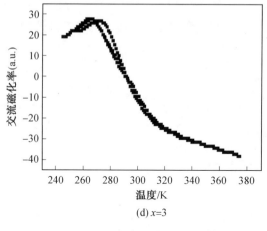

(d) $x=3$

续图 4.11

图 4.12 为 Ni_{50}–Mn_{28}–$Ga_{22-x}Y_x$ 合金居里温度随 Y 原子数分数的变化曲线。由图可见,随 Y 含量增加,当 Y 原子数分数从 0 增加至 0.2% 时,合金的居里温度较未加 Y 时稍有增加,当 Y 原子数分数从 0.2% 增至 3% 时,试验合金的距离温度随 Y 含量增加迅速下降,当 Y 原子数分数为 3% 时,合金的居里温度降至室温左右。

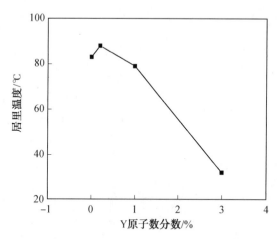

图 4.12　$Ni_{50}Mn_{28}Ga_{22-x}Y_x$ 合金居里温度随 Y 原子数分数的变化曲线

郭世海研究发现在 $Ni_{47.9}Mn_{33.3}Ga_{18.8}$ 和 $Ni_{52}Mn_{23}Ga_{25}$ 合金中,添加微量的稀土元素 Tb 和 Sm,会降低合金的居里温度和马氏体相变温度。另外,添加 Sm 比添加 Tb 使合金的居里温度和相变温度降得更低,这可能是由于 Sm 的原子磁矩和磁化率比 Tb 小的原因。而本节的试验结果却与之不同,无论掺杂铁磁性稀土 Dy 或 Gd,还是抗磁性稀土 Y 均使合金的马氏体转变温度升高,同时稀土的原子数分数低于1%时对合金的居里温度基本没有影响。稀土对合金居里温度和马氏体转变温度的影响与稀土本身的磁性强弱没有关系,由于稀土具有较大的原子半径,在合金基体中的溶解度都非常低,主要形成六方结构的 $Y(Ni,Mn)_4Ga$ 相,致使合金的基体成分发生改变。随着稀土加入量的增多,基体的 Ni 原子数分数基本保持不变而 Mn 原子数分数逐渐增加,从而引起合金的马氏体转变温度逐渐升高。而居里温度对成分并不像马氏体转变温度那样敏感,在微量稀土掺杂时,居里温度基本保持不变;当稀土掺杂量较高时,非磁性 $Y(Ni,Mn)_4Ga$ 相的体积分数明显增加,且基体 Mn 原子数分数的持续升高导致合金的居里温度稍有降低。

2. Ni–Mn–Ga–Y 合金的力学性能

图 4.13 为 $Ni_{50}Mn_{28}Ga_{22-x}Y_x$ 合金室温压缩应力–应变曲线。所有的试样在压缩试验中也均被压至断裂。由图可知,Ni–Mn–Ga–Y 合金在压缩过程中均未出现明显的屈服阶段,呈典型的脆性锻炼。图 4.14 为 Y 原子数分数对 $Ni_{50}Mn_{28}Ga_{22-x}Y_x$ 合金压缩断裂强度和压缩应变的影响。从图 4.14(a) 中可看出,稀土 Y 的添加明显提高了 Ni–Mn–Ga 合金的压缩强度;随着 Y 原子数分数的逐渐增加,压缩强度显著增加,当 Y 的原子数分数超过 1% 时,压缩断裂强度增加缓慢;$Ni_{50}Mn_{28}Ga_{19}Y_3$ 合金的压缩强度高达 11 279 MPa,比未掺杂 Y 的合金高将近800 MPa。此外,Y 的掺杂还改善了合金的韧性,如图 4.14(b) 所示。

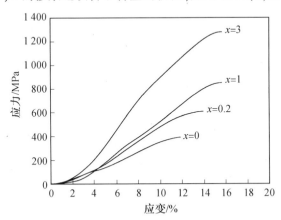

图 4.13　$Ni_{50}Mn_{28}Ga_{22-x}Y_x$ 合金室温压缩应力–应变曲线

随着 Y 原子数分数的增加,应变逐渐增加,在 Y 的原子数分数为 1% 时达到最大值;继续增加 Y 原子数分数应变几乎趋于恒定。以上结果表明,适量稀土 Y 的添加可明显提高 $Ni_{50}Mn_{28}Ga_{22-x}Y_x$ 合金的强度和塑性。

稀土 Y 的掺杂使 Ni–Mn–Ga 合金强度升高的机理可归纳为以下方面:首先,稀土 Y 的加入使合金的晶粒尺寸得到显著细化,因而 Y 加入对合金具有明显的

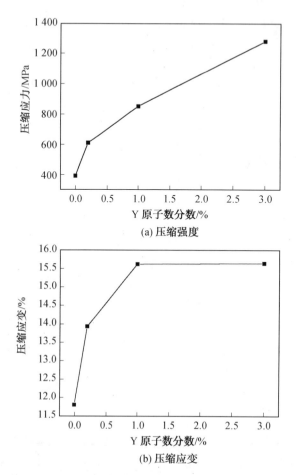

(a) 压缩强度

(b) 压缩应变

图 4.14   Y 原子数分数对 $Ni_{50}Mn_{28}Ga_{22-x}Y_x$ 合金的影响

细晶强化效果;其次,加入 Y 后在合金基体上形成 $Y(Ni,Mn)_4Ga$ 相,对基体起到第二相强化效果;再次,稀土元素化学性质活泼,易与合金中存在的微量杂质元素反应,从而起到净化除杂的作用;最后,虽然由于稀土 Y 的原子半径较大,其在基体中的固溶度很小,但是少量的 Y 固溶到基体中也对合金具有一定的固溶强化效果。

图 4.15 为 $Ni_{50}Mn_{28}Ga_{22-x}Y_x$ 合金扫描电镜下的低倍压缩断口形貌。由图可见,合金断口呈岩石状,Ni-Mn-Ga 三元合金在压缩应力作用下发生了沿晶脆断。加入 1% 的 Y 后合金除发生沿晶脆断外,还发生了穿晶断裂。图 4.16 为 Ni-Mn-G-Y 合金扫描电镜下的高倍压缩断口形貌。图 4.16(a) 为 $Ni_{50}Mn_{28}Ga_{22}$ 合金的断口形貌,断口上出现了典型的河流花样,为脆性断裂;图 4.16(b) 为 Y 原子数分数为 0.2% 的合金的断口形貌,可看出该合金以沿晶断裂为主,和未掺杂合金

的断口形貌类似,只是在合金的部分区域出现撕裂棱。随着 Y 原子数分数的逐渐增加,$Ni_{50}Mn_{28}Ga_{22-x}Y_x$ 合金中韧性断裂即撕裂棱占的比例也逐渐增多,如图 4.16(c)和(d)所示,特别是 $Ni_{50}Mn_{28}Ga_{21}Y_1$ 合金中有大量的撕裂棱出现,表明在断裂前发生了一定的塑性变形,这也是该合金具有最大压缩应变的原因。图 4.16(d)为 $Ni_{50}Mn_{28}Ga_{19}Y_3$ 合金的断裂形貌,合金也呈现碎晶状,基体被大量的脆性第二相割裂成孤岛状,破坏了基体的连续性,裂纹易于在脆性第二相与基体界面处扩展,第二相体积分数的增加导致合金韧性下降。

(a) $x=0$ 　　　　　　　　(b) $x=1$

图 4.15　$Ni_{50}Mn_{28}Ga_{22-x}Y_x$ 合金的低倍断口形貌

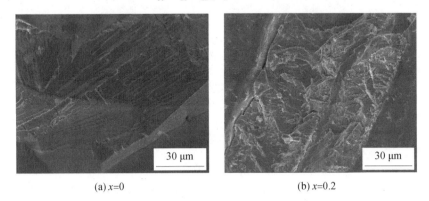

(a) $x=0$ 　　　　　　　　(b) $x=0.2$

图 4.16　$Ni_{50}Mn_{28}Ga_{22-x}Y_x$ 合金高倍断口形貌

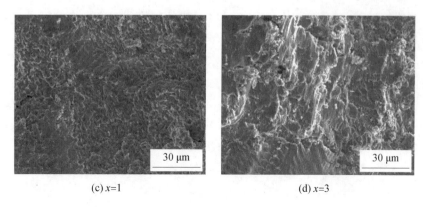

(c) $x=1$　　　　　　　　　　　(d) $x=3$

续图 4.16

3. Ni-Mn-Ga-Y 合金的摩擦磨损性能

图 4.17 为 $Ni_{50}Mn_{28}Ga_{22-x}Y_x(x=0,0.2,1,3)$ 合金热处理后的布氏硬度变化图。由图可见,随着合金中 Y 原子数分数的增加,$Ni_{50}Mn_{28}Ga_{22-x}Y_x$ 合金的布氏硬度值随 Y 原子数分数的升高而逐渐升高。其中,Y=0 时合金的布氏硬度值为 HB414,$x=0.2$ 时合金的布氏硬度值为 HB431,$x=1$ 时合金的布氏硬度值为 HB543,$x=3$ 时合金的布氏硬度值为 HB621。

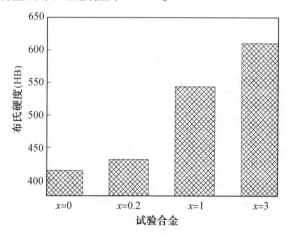

图 4.17　$Ni_{50}Mn_{28}Ga_{22-x}Y_x$ 合金热处理后的布氏硬度变化图

通过以上数值可以看出,当 Y 原子数分数增量最为明显时,其布氏硬度值的增量也最为明显,合金硬度提高的现象也最为明显。这主要是由于稀土 Y 元素细化 Ni-Mn-Ga 合金晶粒尺寸引起的。

图 4.18 为试验合金在载荷为 6 N、转速为 200 r/min 情况下,磨损 30 min 后合金的磨损失重量随 Y 原子数分数变化的柱状图。由图可知,Y 质量分数不超过 0.2% 时,合金的耐磨性较差,加入微量稀土对合金耐磨性影响较小;之后随着

Y 原子数分数增加试验合金的磨损失重量减少,这表明 Y 的加入能显著提高 Ni-Mn-Ga 合金的干滑动摩擦性能。在干摩擦条件下,$Ni_{50}Mn_{28}Ga_{22-x}Y_x$($x = 0, 0.2,$ $1, 3$)形状记忆合金的耐磨性随 Y 原子数分数的增加而得到改善,但是 Ni-Mn-Ga 合金的耐磨性相对而言较差。

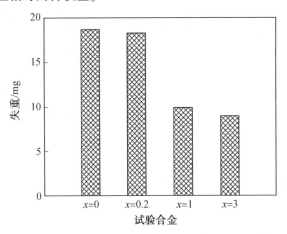

图 4.18　$Ni_{50}Mn_{28}Ga_{22-x}Y_x$ 合金室温摩擦磨损失重图

图 4.19 为试验合金在载荷为 6 N、转速为 200 r/min 情况下磨损后的磨损形貌图。由图可知,无论是否加入稀土元素,试验合金都呈现典型的磨粒磨损特征。但是,未加稀土时,犁沟较深,宽度较宽,在犁沟附近,可观察到磨损面上有明显的剥落和起皱;加入稀土 Y 后,犁沟深度逐渐减少,当 Y 的原子数分数为 3% 时,犁沟简化为一条线,相邻犁沟间金属的变形很少。

(a) $x=0$　　　　　　　　　　　　　　(b) $x=0.2$

图 4.19　200 r/min、6 N 时 $Ni_{50}Mn_{28}Ga_{22-x}Y_x$ 合金的磨损形貌图

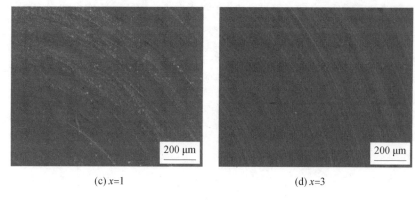

(c) $x=1$　　　　　　　　　　　　　　(d) $x=3$

续图 4.19

4.2　Ni–Mn–In 合金的稀土微合金化

　　为了研究稀土元素对 Ni–Mn–In 合金组织与性能的影响,选择向 $Ni_{50}Mn_{37}$ In_{13} 合金中添加稀土元素 Gd,Gd 的原子数分数分别为 0.2%、0.5% 和 1%,利用真空电弧炉熔炼,抽真空至 5×10^{-3} Pa 后在氩气保护下制备。为保证合金成分的均匀性,每个试样反复翻转熔炼四次并加以磁搅拌。试验材料经机械抛光去除表面杂质,采用线切割方法获得要求形状,并用丙酮清洗后封入真空度为 10^{-3} Pa 的石英管中,在 1 173 K 保温 5 h 实现成分均匀化,淬入冰水中以获得高的有序度。

4.2.1　Ni–Mn–In–Gd 合金的显微组织

　　图 4.20 为固溶处理态 $Ni_{50}Mn_{37}In_{13-x}Gd_x$ 合金的光学显微组织。由图 4.20 (a)可见许多取向不同的板条马氏体群,合金为单一固溶体组织。由图 4.20(b)～(e)可以看出,加入 Gd 元素后,合金内开始形成黑色粒状物,即有新相形成;当 Gd 原子数分数升高时,试样合金的晶粒逐渐变细,新相尺寸也逐渐变小,并且新相的分布越来越弥散,但从图 4.20(e)可以看出,当 Gd 的原子数分数为 3% 时,合金的新相开始沿晶界析出,交织成网状,而且在晶内析出的新相形状各异,很少为粒状。

　　图 4.21 为 1 173 K 均匀化处理后 $Ni_{50}Mn_{37}In_{13-x}Gd_x$ 合金的 SEM 图。从图中可以看出,当不添加 Gd 元素时,Ni–Mn–In 合金室温呈单一固溶体组织,向基体中加入 Gd 元素后,Ni–Mn–In 合金的显微组织发生明显改变,即基体中开始析出第二相,如图 4.21(b)～(e)中白色区域所示。由于背散射电子像的衬度与元素

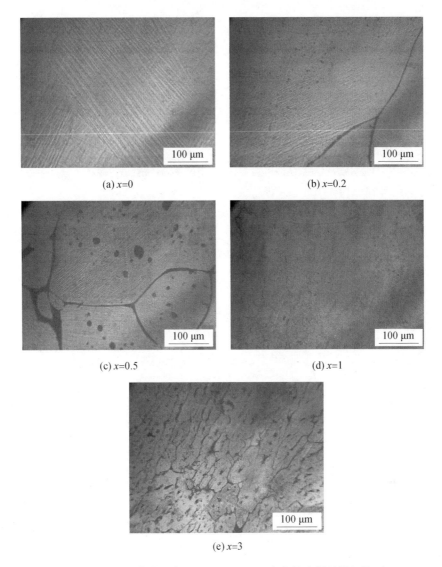

(a) $x=0$　　　　　　　　　　　　　　　(b) $x=0.2$

(c) $x=0.5$　　　　　　　　　　　　　　(d) $x=1$

(e) $x=3$

图 4.20　固溶处理态 $Ni_{50}Mn_{37}In_{13-x}Gd_x$ 合金的光学显微组织

的原子序数成正比,所以白色区域中的 Gd 原子数分数和 In 含量应比其在基体中的含量高。当 Gd 元素含量增加时,第二相的数量逐渐增多。从图 4.21(e)中可以看出 Gd 加入量为 3% 时,大量第二相开始沿晶界析出,还有一部分第二相呈柱状和长条状第二相分布在晶内。表 4.3 为利用能谱分析所测的试样合金基体与第二相的化学成分。由表可知,基体中 Ni、Mn、In 三种元素的原子数分数分别为 47.59%、40.04%、12.37%;第二相中 Ni、Mn、In、Gd 四种元素的原子数分数分别为 33.57%、13.15%、37.67%、15.61%。

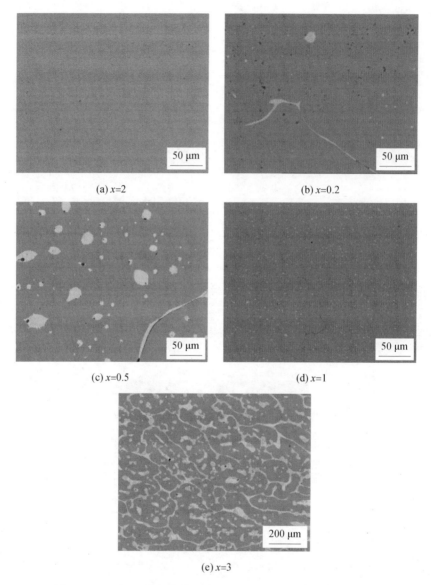

(a) $x=2$　　　　　　　　　　　　(b) $x=0.2$

(c) $x=0.5$　　　　　　　　　　　(d) $x=1$

(e) $x=3$

图 4.21　1 173 K 均匀化处理后 $Ni_{50}Mn_{37}In_{13-x}Gd_x$ 合金的 SEM 图

表 4.3　1 173 K 均匀化处理后 $Ni_{50}Mn_{37}In_{13-x}Gd_x$ 合金的能谱分析结果（原子数分数）　%

Gd 加入量（原子数分数）	基体				第二相			
	Ni	Mn	In	Gd	Ni	Mn	In	Gd
0	48.39	37.13	14.47	—	—	—	—	—
0.2	47.82	39.62	12.56	—	34.34	14.81	37.34	13.51
0.5	47.59	40.04	12.37	—	32.43	14.97	37.63	14.97
1	49.39	39.66	10.96	—	33.39	13.98	37.26	15.37
3	47.78	44.46	7.76	—	33.57	13.15	37.67	15.61

4.2.2　Ni–Mn–In–Gd 合金的马氏体相变

图 4.22 为热处理状态的 $Ni_{50}Mn_{37}In_{13-x}Gd_x$ 合金的 X 射线衍射谱。通过对图 4.22 的标定可知,未添加稀土元素 Gd 的 $Ni_{50}Mn_{37}In_{13}$ 合金在室温时为单斜 7M 马氏体,加入稀土元素 Gd 后,当 Gd 的原子数分数不超过 1% 时,Ni–Mn–In–Gd 合金在室温时由单斜 7M 马氏体和四方非调制结构马氏体组成,当 Gd 元素的原子数分数为 3% 时,Ni–Mn–In–Gd 合金室温相组成为四方非调制结构马氏体。因此,随 Gd 原子数分数增加,Ni–Mn–In–Gd 合金的马氏体结构也随之发生改变,由单斜 7M 马氏体转变为四方非调制结构马氏体。

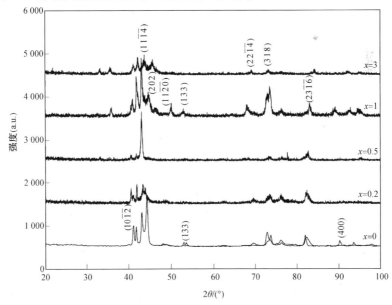

图 4.22　热处理状态 $Ni_{50}Mn_{37}In_{13-x}Gd_x$ 合金的 X 射线衍射谱

　　图 4.23 为不同 Gd 原子数分数的 $Ni_{50}Mn_{37}In_{13-x}Gd_x$ 合金的 DSC 曲线。从图 4.23 中可以看到 Ni-Mn-In-Gd 合金在加热和冷却过程中分别有一个吸热峰和一个放热峰,说明无论是否有 Gd 加入,试验合金均只发生一步马氏体相变和马氏体逆相变。这表明稀土 Gd 的加入不改变 Ni-Mn-In 合金的相变类型。

　　根据 DSC 曲线,在曲线图双峰曲率变化较大处作两条切线,两条切线的交点即为相变点,即马氏体转变开始温度 M_s、马氏体转变结束温度 M_f、马氏体逆转变开始温度 A_s、马氏体逆转变结束温度 A_f。图 4.24 为 Gd 原子数分数对 Ni-Mn-In-Gd 合金的相变温度的影响。从图 4.24 可以看出,Ni-Mn-In-Gd 合金的相变温度 A_s、A_f、M_s、M_f 均随 Gd 原子数分数的增加而升高。但当 Gd 加入量为 0.2% 时,Ni-Mn-In 合金的相变温度只发生了稍微增加,当 Gd 的原子数分数为 0.5% 和 1% 时,试验合金的马氏体相变温度显著升高,当 Gd 原子数分数为 $x=3$ 时,相变温度已经达到了 900 K 左右。这表明稀土元素 Gd 的加入使 Ni-Mn-In 合金的相变温度显著升高,随 Gd 原子数分数增加,相变温度逐渐升高。

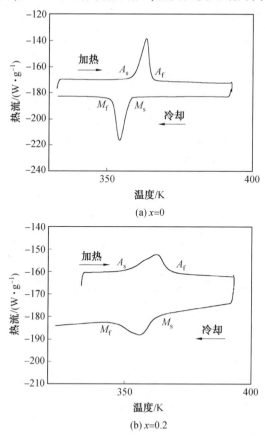

(a) $x=0$

(b) $x=0.2$

图 4.23　不同 Gd 原子数分数的 $Ni_{50}Mn_{37}In_{13-x}Gd_x$ 合金的 DSC 曲线

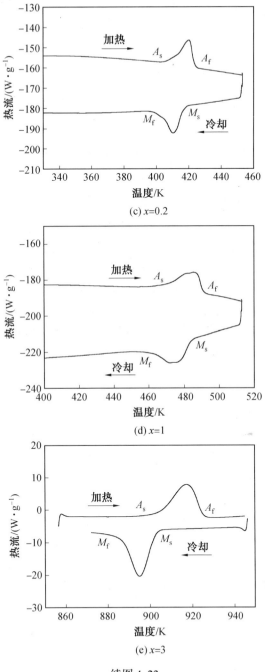

(c) $x=0.2$

(d) $x=1$

(e) $x=3$

续图 4.23

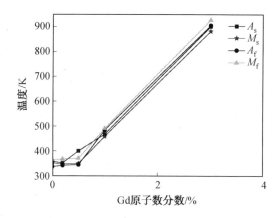

图 4.24　Gd 原子数分数对 Ni-Mn-In 合金相变温度的影响

4.2.3　Ni–Mn–In–Gd 合金的性能

1. $Ni_{50}Mn_{37}In_{13-x}Gd_x$ 合金的磁性能

图 4.25 为 Ni-Mn-In 合金在室温下用材料综合物性测量系统(PPMS) 测得的磁滞回线,试验测得的曲线通过测量可以得到材料磁特性的重要物理参量。测得 Ni-Mn-In-Gd 及图 4.25(a) 合金室温下的矫顽力 H_c 为 $5.6×10^3$ A/m。从图中可以发现,稀土 Gd 的加入对合金的磁性能有一定的影响。加入 Gd 后合金的磁性能有了一定的提高,这是因为稀土 Gd 本身也是一种磁性物质。图 4.26 为根据图 4.25 计算得到的不同 Gd 原子数分数时合金的矫顽力测定值。由图可知,Ni-Mn-In-Gd 合金在室温下的矫顽力为 $4.79×10^3$ ~ $8.06×10^3$ A/m,稀土 Gd 对 Ni-Mn-In 合金的磁性能,特别是矫顽力 H_c 影响较明显。Gd 的原子数分数不超过 0.5% 时,Ni-Mn-In-Gd 合金的矫顽力随 Gd 原子数分数的增多而升高,当 Gd 的原子数分数在 0.5% ~3% 时,合金的矫顽力随 Gd 原子数分数的继续增加而呈降低的趋势。当 Gd 的原子数分数为 0.5% 时,Ni-Mn-In-Gd 合金的矫顽力最高,为 $8.06×10^3$ A/m。因为铁磁性记忆合金在马氏体状态下通过施加和卸载磁场获得可逆的磁感生应变,其微观机理在于磁场作用下孪晶界面移动所造成的孪晶变体的再取向。而合金中存在的一些层错、位错和析出相都可认为是不可逆的晶体学缺陷,这些缺陷的存在将对孪晶界面产生钉扎作用,使得孪晶界面的移动更加困难。

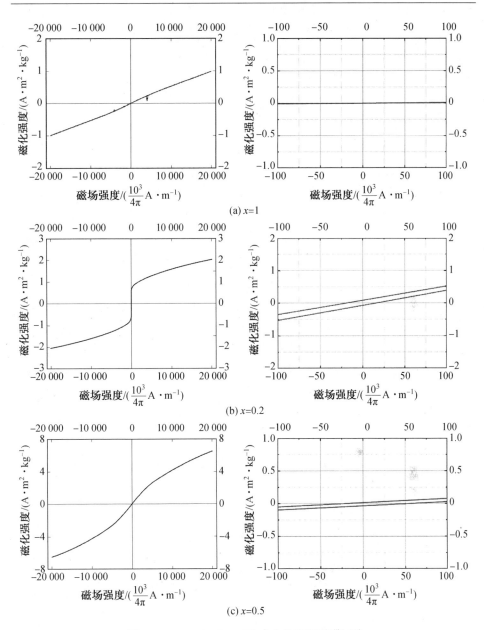

图 4.25　$Ni_{50}Mn_{37}In_{13-x}Gd_x$ 合金的室温磁滞回线

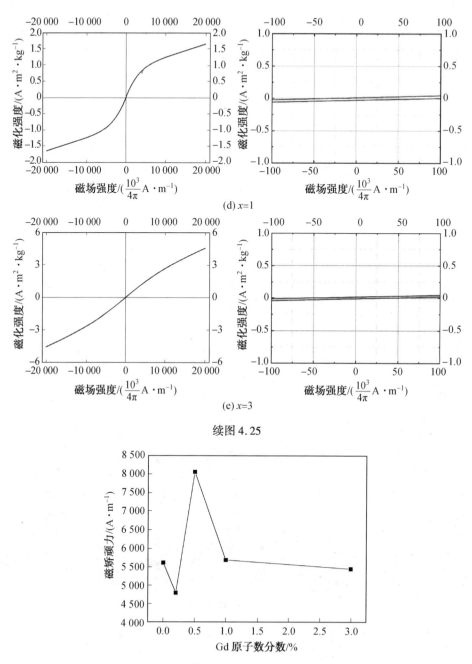

(d) $x=1$

(e) $x=3$

续图 4.25

图 4.26 Gd 原子数分数与 $Ni_{50}Mn_{37}In_{13-x}Gd_x$ 合金磁矫顽力的关系

图 4.27 为 300 K 时 $Ni_{50}Mn_{37}In_{13-x}Gd_x$ 合金的磁感生应变随磁场变化的关系曲线,在试验温度不变的条件下进行测试,由图可见,Ni-Mn-In-Gd 合金的磁感

生应变为负应变,同时它们在磁场撤出后均存在残余应变。对于 Ni-Mn-In 合金在 $8.08×10^5$ A/m 磁场的作用下达到饱和,此时磁感生应变为 $2.9×10^{-5}$。从图 4.27(a) ~ (e) 中可以看出,Ni-Mn-In-Gd 系列合金均在 $7.96×10^5$ A/m 左右的磁场作用下达到饱和,从表 4.4 中的数据可以看出,在 Gd 原子数分数为 0 ~ 1% 时,随着 Gd 原子数分数的升高,Ni-Mn-In 合金的磁感生应变量降低,但是,当 Gd 的原子数分数为 3% 时,其磁感生应变为 $7.8×10^{-5}$,磁感生应变达到了最高。

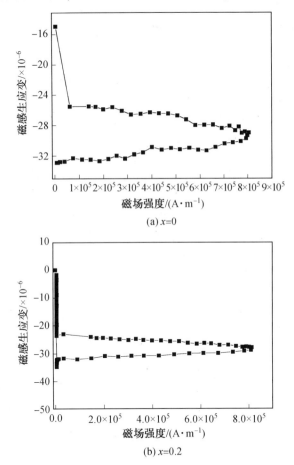

(a) $x=0$

(b) $x=0.2$

图 4.27　300 K 时 $Ni_{50}Mn_{37}In_{13-x}Gd_x$ 合金的磁感生应变随磁场变化的关系曲线

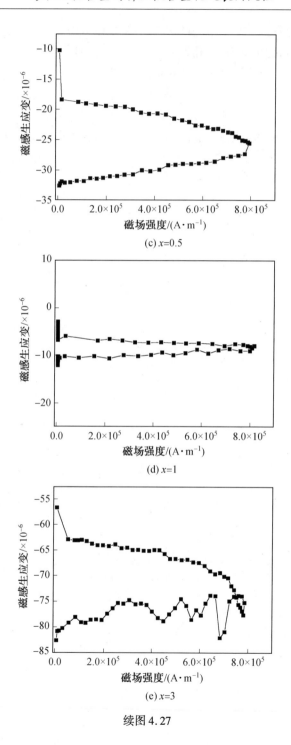

(c) $x=0.5$

(d) $x=1$

(e) $x=3$

续图 4.27

表 4.4　Ni-Mn-In-Gd 合金 300 K 时的磁感生应变值

Gd 加入量(原子数分数)/%	0.2	0.5	1	3
磁场强度/($A \cdot m^{-1}$)	$8.15×10^5$	$7.94×10^5$	$8.19×10^5$	$7.87×10^5$
磁感生应变/$×10^{-6}$	28	26	8	78

2. Ni-Mn-In-Gd 合金的力学性能

图 4.28 为不同成分 $Ni_{50}Mn_{37}In_{13-x}Gd_x$ 合金在室温下压缩的应力-应变曲线。由图可看出,当未添加稀土元素 Gd 时,Ni-Mn-In 合金在弹性变形阶段,呈现连续的加工硬化现象,没有明显的屈服平台;加入稀土元素 Gd 后,NI-Mn-Ga-Gd合金的应力-应变曲线如图 4.28(b)所示,在压缩时,合金经历弹性变形后发生屈服,出现不明显的屈服平台,然后发生塑性变形,直至断裂。

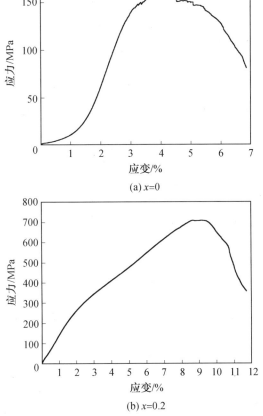

(a) $x=0$

(b) $x=0.2$

图 4.28　不同成分 $Ni_{50}Mn_{37}In_{13-x}Gd_x$ 合金在室温下压缩的应力-应变曲线

　　图 4.29 和图 4.30 分别为 Gd 原子数分数对 Ni-Mn-In 合金抗压强度和压缩
应变的影响曲线。由图 4.29 可见,当稀土元素 Gd 原子数分数不超过 0.5% 时,
随 Gd 原子数分数增加,Ni-Mn-In 合金的抗压强度略有增大,然后随 Gd 原子数
分数从 0.5% 增大到 1.0% 时,试验合金的抗压强度迅速增大,当 Gd 原子数分数
为 1%,抗压强度达 708 MPa,之后 Gd 原子数分数继续增大,合金的抗压强度降
低。图 4.30 中 Ni-Mn-In-Gd 合金的压缩断裂应变随 Gd 原子数分数的变化也
呈类似变化趋势。

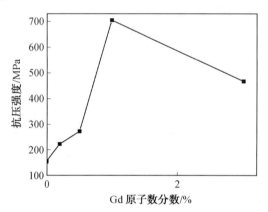

图 4.29　Gd 原子数分数对 Ni-Mn-In 合金抗压强度的影响

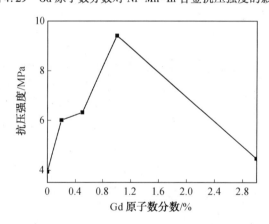

图 4.30　Gd 原子数分数对 Ni-Mn-In 合金压缩应变的影响

3. Ni-Mn-In-Gd 合金的断口形貌分析

　　图 4.31 为热处理态 $Ni_{50}Mn_{37}In_{13-x}Gd_x$ 合金的断口形貌。从图 4.31(a) 中可
以看出,当 $x=0$ 时,断口的微观形貌为解理台阶,均沿粗大的柱状晶内开裂,属于
穿晶断裂,是典型的完全脆性断裂。当 Gd 原子数分数升高时,断裂面开始出现
解理小刻面和微孔型断裂的混杂现象;由图 4.31(d) 和(e)可知,当 $x=1$ 和 $x=3$

时,可以清晰地看见许多小韧窝,尤其是当 $x=1$ 时,整个断裂面上都是韧窝和叠波花样,说明材料断裂时,有塑性断裂的倾向,材料此时属于一种延性断裂,不能与宏观的塑性断裂等同。这种现象与晶粒尺寸和第二相质点的大小及形状有关。晶粒越细,第二相质点越细小弥散,合金的断裂越趋向于韧性断裂。所以 Gd 元素的原子数分数对合金的断裂形式有很大的影响,即 Gd 的原子数分数由 0 增加到 1% 时,合金的压缩强度由 159 MPa 升高到 705 MPa,应变量由 3.88% 升高到 9.447%,当 Gd 的原子数分数增加到 3% 时,合金的压缩强度和应变量又开始下降。

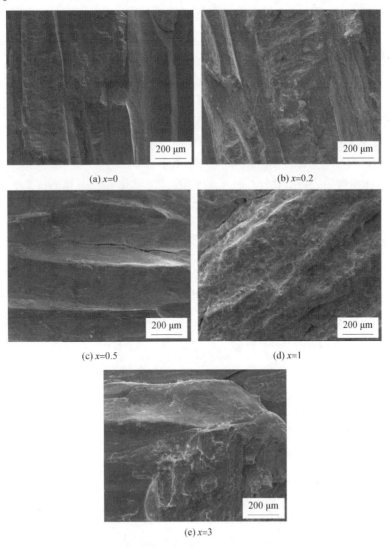

(a) $x=0$

(b) $x=0.2$

(c) $x=0.5$

(d) $x=1$

(e) $x=3$

图 4.31　热处理态 $Ni_{50}Mn_{37}In_{13-x}Gd_x$ 合金的断口形貌

4.3　Ni–Mn–Sn 合金的稀土改性

　　Ni–Mn–Sn 合金是近年来新开发的磁性形状记忆合金,在温度场和磁场驱动下均能发生马氏体相变,而且还具有磁热效应和巨磁阻效应。该合金具有大输出功、响应频率高等优点,成为各种新型换能器、驱动器、敏感元件和 MEMS 元件的更好的候选材料,受到世界各国专家学者的极大关注。但其固有的高脆性和易发生沿晶断裂的问题限制了其实际应用,因此向 Ni–Mn–Sn 合金中加入稀土元素 Y 对合金进行增韧,希望能够细化合金晶粒,改善合金的力学性能,获得性能优异的 Ni–Mn–Sn 合金,使其得到更广泛的应用。

　　为了研究稀土元素对 Ni–Mn–Sn 合金组织与性能的影响,选择向 $Ni_{50}Mn_{37}In_{13}$ 合金中添加原子数分数分别为 0.2%、0.5%、1% 和 3% 稀土元素 Y,利用真空电弧炉熔炼,抽真空至 5×10^{-3} Pa 后在氩气保护下制备。为保证合金成分的均匀性,每个试样反复翻转熔炼四次并加以磁搅拌。试验材料经机械抛光去除表面杂质,采用线切割方法获得要求形状,并用丙酮清洗后封入真空度为 10^{-3} Pa 的石英管中,利用 SXF8–10 高温炉进行均匀化处理温度为 1 273 K,保温时间为 12 h,取出石英管后打碎淬入冰水中冷却。

4.3.1　Ni–Mn–Sn–Y 合金的马氏体相变

　　图 4.32 为 $Ni_{50}Mn_{37}Sn_{13-x}Y_x$ 合金的 DSC 曲线。从图 4.32 中可以看出,无论是否加入稀土元素 Y,试验合金在加热和冷却过程中均只有一个吸热峰和放热峰

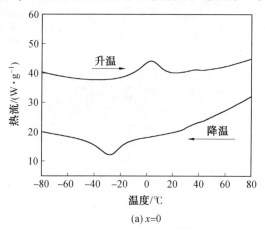

(a) $x=0$

图 4.32　$Ni_{50}Mn_{37}Sn_{13-x}Y_x$ 合金的 DSC 曲线

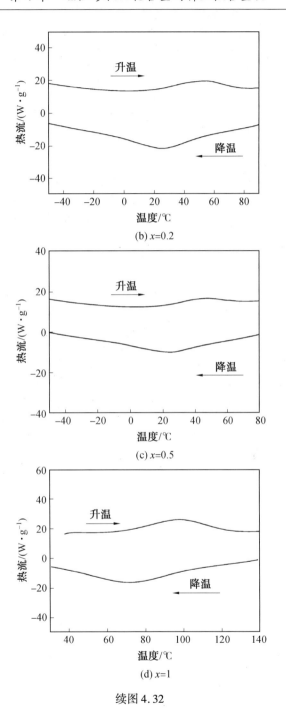

(b) $x=0.2$

(c) $x=0.5$

(d) $x=1$

续图 4.32

出现,说明 Ni-Mn-Sn-Y 合金在加热和冷却过程中只发生一步马氏体相变和马氏体逆相变。因此,稀土元素 Y 的加入不影响 Ni-Mn-Sn 合金的相变类型。

表 4.5 为 $Ni_{50}Mn_{37}Sn_{13-x}Y_x$ 合金的相变点温度。从表 4.5 可以看出,未加 Y 的 Ni-Mn-Sn 合金的相变温度除 A_f 为 26 ℃外,A_s、M_s、M_f 均低于 0 ℃,该合金室温处于母相与马氏体相共存状态,Y 原子数分数为 0.2% 和 0.5% 时,合金的 M_f 低于零度,A_s 温度均低于 25 ℃,这两种成分的合金室温也是母相与马氏体相共存,当 Y 的原子数分数为 1% 时,合金的 M_f 为 34.67 ℃,室温该合金处于马氏体状态。从表 4.5 还可以看出,合金的相变温度随 Y 原子数分数的增加而升高。

表 4.5 $Ni_{50}Mn_{37}Sn_{13-x}Y_x$ 的相变点温度

Y 加入量(原子数分数)/%	M_s/℃	M_f/℃	A_s/℃	A_f/℃	相变滞后温度/℃
0	−2.63	−37.23	−3.46	26.08	0.83
0.2	58.21	−12.69	21.65	76.46	36.56
0.5	51.61	−5.72	23.64	64.70	27.97
1	108.94	34.67	68.20	124.03	40.74

图 4.33 为均匀化处理 $Ni_{50}Mn_{37}Sn_{13-x}Y_x$ 合金室温的 X 射线衍射谱。通过对图 4.33 中各合金 X 射线衍射谱的标定,在没有稀土元素 Y 的加入时,$Ni_{50}Mn_{37}Sn_{13}$ 合金的组织由母相(L21)和 10M 马氏体组成,加入稀土元素 Y 以后,

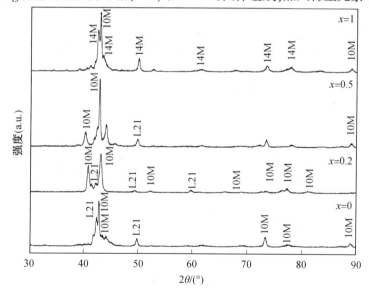

图 4.33 均匀化处理 $Ni_{50}Mn_{37}Sn_{13-x}Y_x$ 合金室温的 X 射线衍射谱

当 Y 原子数分数为 0.2% 和 0.5% 时,试验合金室温仍由母相(L21)和 10M 马氏体组成,只是衍射谱中母相衍射线条减少,同时 10M 马氏体的衍射线条增加。当 Y 原子数分数为 1% 时,试验合金的室温组织由 10M 马氏体和 14M 马氏体组成,并且 10M 马氏体的衍射线条减少,而 14M 马氏体衍射线条增加,这说明稀土元素 Y 的加入使 Ni-Mn-Sn 合金相变温度升高,与前面 DSC 的结果是一致的。

4.3.2　Ni-Mn-Sn-Y 合金的显微组织

图 4.34 为铸态 $Ni_{50}Mn_{37}Sn_{13-x}Y_x$($x=0$, 0.2, 0.5, 1)合金的光学显微组织。如图 4.34 (a)、(b)所示,未加入 Y 时,合金的晶粒较大,当 Y 原子数分数由 0 增加到 3% 时,合金的晶粒尺寸明显减小,平均晶粒尺寸分别为 80 μm 和 12.5 μm。很明显,Y 的掺杂使 Ni-Mn-Sn 合金晶粒得到显著细化,而且 Y 原子数分数越高,细化效果越明显。

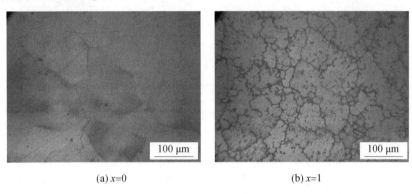

(a) $x=0$　　　　　　　　　　　　　　(b) $x=1$

图 4.34　铸态 $Ni_{50}Mn_{37}Sn_{13-x}Y_x$ 合金的光学显微组织

图 4.35 为均匀化处理后 $Ni_{50}Mn_{37}Sn_{13-x}Y_x$ 合金的背散射电子相。背散射电子相可以研究稀土 Y 在合金中的分布。如图 4.35 所示,Y 掺杂改变了合金的显微组织。未添加稀土元素 Y 时,$Ni_{50}Mn_{37}Sn_{13}$ 合金为单相固溶体组织。加入稀土元素 Y 后,$Ni_{50}Mn_{37}Sn_{13-x}Y_x$ 合金的显微组织发生了显著改变,在其背散射电子像中可以明显看到 Ni-Mn-Sn-Y 合金的显微组织由灰色的基体和白色的第二相组成。Y 原子数分数在 0.2% 时,第二相呈球状弥散分布;随着 Y 原子数分数的增加,第二相的体积分数逐渐增加,并倾向于沿晶界分布,如图 4.35(c)、(d)所示。当 Y 原子数分数达到 1% 时,沿晶界分布的第二相相互连接在一起,形成网状结构,并且在局部区域出现共晶组织形貌。这些结果与在光学显微镜下得到的合金的显微组织相一致。

表 4.6 为利用能谱分析所测的 $Ni_{50}Mn_{37}Sn_{13-x}Y_x$ 合金基体和第二相成分。由表可见,未加稀土元素 Y 时,固溶体由 Ni、Mn、Sn 三种元素组成,原子数分数分别

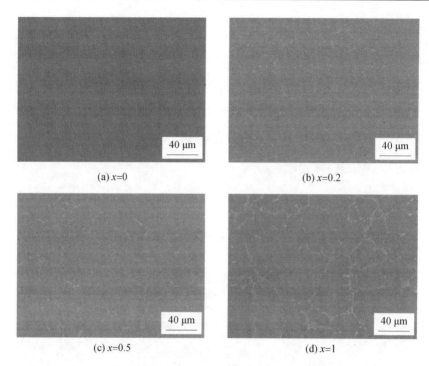

图4.35　均匀化处理后 $Ni_{50}Mn_{37}Sn_{13-x}Y_x$ 合金的背散射电子像

为 49.03%、37.04%、13.93%。当加入稀土元素 Y 后,基体中 Ni、Mn、Sn 三种元素的原子数分数发生了变化,Ni、Mn 元素原子数分数逐渐减少,Sn 元素含量逐渐增多。当加入稀土元素 Y 后,白色第二相中 Y、(Ni+Mn)、Sn 原子比约为 1∶4∶1。

表4.6　$Ni_{50}Mn_{37}Sn_{13-x}Y_x$ 合金的能谱分析结果(原子数分数)　　　　　　%

Y 加入量 (原子数分数)	基体				白色相			
	Ni	Mn	Sn	Y	Ni	Mn	Sn	Y
0	49.03	37.04	13.93	—	—	—	—	—
0.2	48.05	38.10	13.85	—	44.06	29.28	17.75	8.92
0.5	47.53	38.51	13.96	—	41.17	27.05	15.43	16.35
1	47.23	37.68	15.09	—	44.57	23.09	17.30	15.03

4.3.3　Ni-Mn-Sn-Y 合金的性能

1. Ni-Mn-Sn-Y 合金的磁性能分析

图4.36 为室温下 Ni-Mn-Sn-Y 合金的磁化曲线,由图可知,Ni-Mn-Sn 三元

合金为铁磁性,矫顽力为 62.5 A/m,饱和磁化强度为 26.1(A·m²)/kg;当 Y 原子数分数为 0.2% 时,其磁滞回线表现出铁磁性,矫顽力为 62.5 A/m,饱和磁化强度为 25.3(A·m²)/kg;当 Y 原子数分数为 0.5% 时,矫顽力为 65.5 A/m,饱和磁化强度为 13.5(A·m²)/kg;当 Y 原子数分数为 1% 时,Ni-Mn-Sn-Y 合金在磁场中仍表现为铁磁性,其矫顽力 77.3 A/m,饱和磁化强度为 2.8(A·m²)/kg。因此,当 Y 原子数分数不超过 0.5% 时,随 Y 原子数分数增加,Ni-Mn-Sn-Y 合金的矫顽力几乎不变,但是当 Y 的原子数分数超过 0.5% 后,矫顽力随 Y 原子数分数继续增大而增大。但是 Ni-Mn-Sn 合金在磁场中的饱和磁化强度随 Y 原子数分数的降低而逐渐降低。

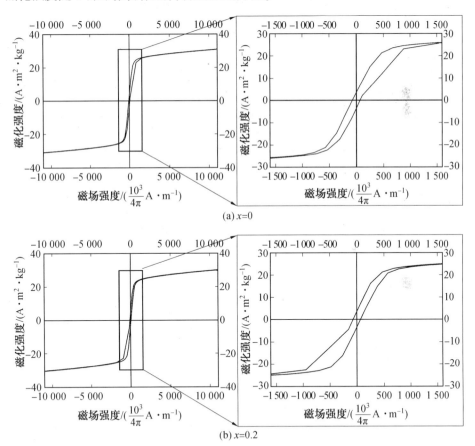

图 4.36 室温下 $Ni_{50}Mn_{37}Sn_{13-x}Y_x$ 合金的磁化曲线

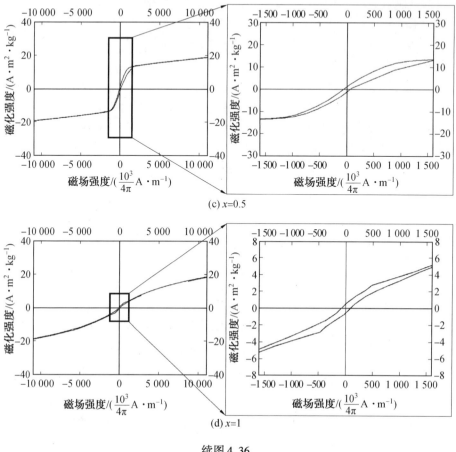

(c) x=0.5

(d) x=1

续图 4.36

2. Ni-Mn-Sn-Y 合金的力学性能

图 4.37 为 $Ni_{50}Mn_{37}Sn_{13-x}Y_x$ 合金的硬度与 Y 原子数分数关系曲线。由图可见,当未加入稀土元素 Y 时,合金的硬度为 71.3HRB,当 Y 原子数分数为 0.2%时,试验合金的硬度为 76 HRB,当 Y 原子数分数为 0.5%时,合金的硬度为 83.3 HRB,当 Y 原子数分数为 1%时,合金的硬度为 84 HRB。合金硬度随 Y 原子数分数的这种变化趋势与 Y 在 Ni-Mn-Sn 合金中的存在有关。稀土元素加入量很少时,稀土元素基本都固溶到合金基体中,对合金有固溶强化作用。由于稀土 Y 的固溶度很小,当稀土加入量继续增大时,稀土元素以富 Y 的第二相的形式从基体中析出,而且加入稀土 Y 有显著的晶粒细化效果,所以 Y 的加入对合金有显著的细晶强化作用。这导致 Y 的原子数分数为 1%时,合金的硬度达 84 HRB。

图 4.38 为热处理后的 $Ni_{50}Mn_{37}Sn_{13-x}Y_x$ 合金室温压缩的应力-应变曲线。由图可看出,当 Y 原子数分数为 0 时,Ni-Mn-Sn 合金的断裂时的抗压强度为

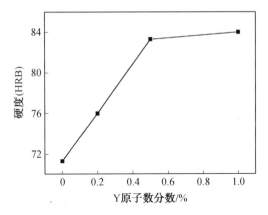

图 4.37　$Ni_{50}Mn_{37}Sn_{13-x}Y_x$ 合金硬度与 Y 原子数分数关系曲线

291 MPa，应变量为 6.75%。随着 Y 原子数分数的增加试样合金断裂时抗压强度也随之增大。Y 的原子数分数为 1% 时，应变量达到最大值 22.8%。当 Y 的原子数分数为 1% 时，合金的抗压强度已达到 1 080 MPa。

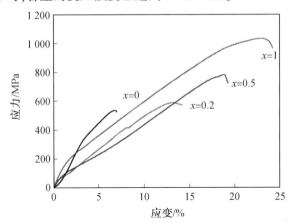

图 4.38　热处理后的 $Ni_{50}Mn_{37}Sn_{13-x}Y_x$ 合金室温压缩的应力–应变曲线

图 4.39 为 Y 加入量对 $Ni_{50}Mn_{37}Sn_{13-x}Y_x$ 合金抗压强度和压缩应变的影响。由图可知，向 Ni-Mn-Sn 合金加入稀土 Y 后，试验合金的抗压强度升高，随 Y 加入量增加而逐渐增大。对试验合金的压缩应变而言，当 Y 的原子数分数从 0.2% 逐渐增大到 1% 时，合金的压缩断裂应变显著增大。未加稀土 Y 时，Ni-Mn-Sn 合金的断裂应变为 6.71%，当 Y 原子数分数为 0.2% 时，断裂应变达 13.2%。当 Y 原子数分数为 1% 时，其压缩断裂应变达 22.8%。分析结果可知，Y 加入量对 Ni-Mn-Sn 合金的抗压强度与压缩断裂应变具有显著影响。当 Y 原子数分数低于 0.2% 时，合金的硬度与抗压强度增大较少，这是因为 Y 加入量少时，晶粒细化效果很不明显，这时稀土 Y 的作用主要是固溶强化与净化晶界。当 Y 加入量继

续增大,由于稀土元素 Y 在 Ni-Mn-Sn 合金中的固溶度非常小,过多的稀土 Y 以第二相的形式从基体中沉淀析出,起到显著的细晶强化作用,而且第二相体积分数随 Y 加入量增大而增多,且第二相主要分布在晶界处,有效阻碍了位错移动,因此显著提高了合金的抗压强度。

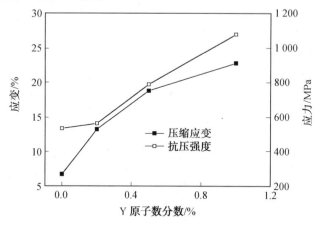

图 4.39　Y 加入量对 $Ni_{50}Mn_{37}Sn_{13-x}Y_x$ 合金抗压强度和压缩应变的影响

图 4.40 为 $Ni_{50}Mn_{37}Sn_{13}$ 合金在室温下压缩的宏观断口形貌。由图可见,合金断口有明显沿晶界断裂的痕迹,具有明显的沿晶断裂的特征,说明 $Ni_{50}Mn_{37}Sn_{13-x}Y_x$ 合金的断裂方式主要是沿晶断裂,属于典型的脆性断裂。图 4.40(b)是 $Ni_{50}Mn_{37}Sn_{13-x}Y_x$ 合金在室温下压缩的断口形貌。从图中可以看出虽然有沿晶断裂的特征,但合金的断口处上部分区域出现了明显的撕裂棱。当稀土 Y 加入量继续增加时,合金断口图像中韧性撕裂棱占的比例明显增大,如图 4.40(d)所示。这是因为加入稀土元素 Y 后,试验合金的晶粒明显得到细化,晶粒个数增多。在压缩断裂时,裂纹不易在晶界处形成,因此合金的断裂呈现解离断裂的形貌,然后裂纹穿过晶界从一个晶粒扩展到另一个晶粒,断裂方式转变为穿晶断裂。

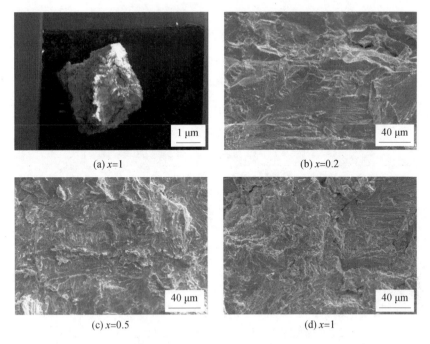

(a) *x*=1　　　　　　　　　　　(b) *x*=0.2

(c) *x*=0.5　　　　　　　　　　(d) *x*=1

图 4.40　$Ni_{50}Mn_{37}Sn_{13-x}Y_x$ 合金在室温下压缩的宏观断口形貌

第5章　形状记忆合金的高温氧化

5.1　Ti-Ni 基合金的高温氧化

5.1.1　Ti-Ni 二元合金的高温氧化

选择三种不同成分的 Ti-Ni 二元合金,分别是 $Ti_{49.3}Ni_{50.7}$ 合金、$Ti_{50}Ni_{50}$ 合金与 $Ti_{51}Ni_{49}$ 合金,利用不连续称重法研究了它们在 600 ℃、700 ℃ 和 900 ℃ 的恒温氧化行为,即用一个试样进行不同时间的氧化,在不同时间点进行测量,从而获得增重与时间的动力学曲线,数据是三个平行试验的平均值,试样规格为 20 mm× 10 mm×2 mm。在试验开始前,对试验合金进行表面处理,表面用 1 000# 砂纸打磨,通过无水乙醇超声波清洗、烘干处理后进行氧化试验。在氧化之前,对试样的尺寸及质量重新测量。氧化试验采用温入炉,即先将电阻炉升到所需的温度,当电阻炉达到所设定的温度后,将置于坩埚中的试样放在电阻炉中进行氧化。当试样在电阻炉的时间分别达到 1 h、3 h、5 h、8 h、10 h、12 h、15 h、20 h 后取出试样进行测重。为了观察氧化膜的截面形貌,将氧化后的试样进行化学镀 Ni,然后烘干进行研磨抛光。

1. Ti-Ni 二元合金恒温氧化动力学分析

图 5.1 为 600 ℃ 时 $Ti_{49.3}Ni_{50.7}$ 合金、$Ti_{50}Ni_{50}$ 合金和 $Ti_{51}Ni_{49}$ 合金的恒温氧化动力学曲线,由图可见,600 ℃ 恒温氧化时,这三种合金在 1 h 内氧化增重最大,然后随氧化时间增加,氧化增重继续增加,但是增幅变缓。在这三种成分的 Ti-Ni 合金中,$Ti_{49.3}Ni_{50.7}$ 合金单位面积氧化增重最少,$Ti_{51}Ni_{49}$ 合金单位面积增重最多,$Ti_{50}Ni_{50}$ 合金单位面积氧化增重在二者之间。

图 5.2 和图 5.3 分别为 700 ℃ 和 900 ℃ 时 $Ti_{49.3}Ni_{50.7}$ 合金、$Ti_{50}Ni_{50}$ 合金和 $Ti_{51}Ni_{49}$ 合金恒温氧化 20 h 的动力学曲线。与图 5.1 比较可见,700 ℃ 和 900 ℃ 氧化时,这三种成分 Ti-Ni 合金的氧化增重动力学曲线与 600 ℃ 的恒温氧化动力学曲线变化趋势一致,只是氧化温度越高,单位面积的氧化增重越大;氧化温度相同时,在氧化过程中 $Ti_{51}Ni_{49}$ 合金单位面积增重最多,$Ti_{50}Ni_{50}$ 合金次之,$Ti_{49.3}Ni_{50.7}$ 合金最少。

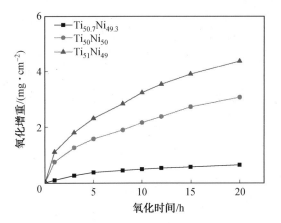

图 5.1　Ti-Ni 合金 600 ℃恒温氧化动力学曲线

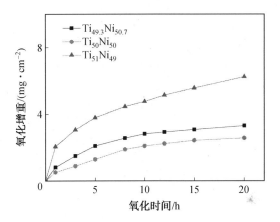

图 5.2　Ti-Ni 合金 700 ℃恒温氧化动力学曲线

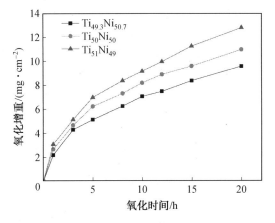

图 5.3　Ti-Ni 合金 900 ℃恒温氧化动力学曲线

图 5.4 ~ 5.6 是这三种试验合金在 600 ℃、700 ℃、900 ℃ 氧化的 $(\Delta m/S)^2$ 与 t 关系及拟合曲线,在 600 ℃、700 ℃、900 ℃ 氧化的 $(\Delta m/S)^2$ 与 t 拟合后均遵从线性关系,这表明其氧化动力学符合抛物线氧化规律,即氧化膜的生长由扩散控制。各线性拟合的斜率即为各合金在每个温度下的氧化速率常数 k_p。由图 5.4 ~ 5.6 拟合的 k_p 值见表 5.1。从表 5.1 可见,三种成分的合金在相同温度进行恒温氧化时,其 k_p 值的大小依次为 $k_p(\mathrm{Ti_{51}Ni_{49}}) > k_p(\mathrm{Ti_{50}Ni_{50}}) > k_p(\mathrm{Ti_{49.3}Ni_{50.7}})$。

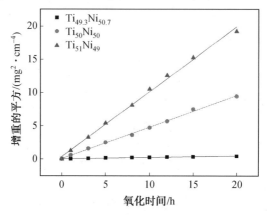

图 5.4　Ti-Ni 合金 600 ℃ 氧化的 $(\Delta m/S)^2$ 与 t 关系

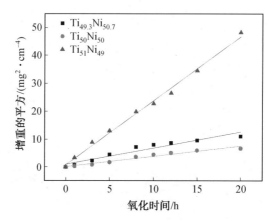

图 5.5　Ti-Ni 合金 700 ℃ 氧化的 $(\Delta m/S)^2$ 与 t 关系

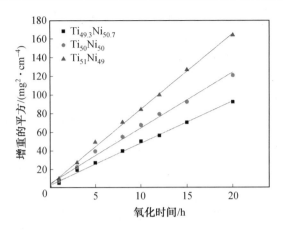

图 5.6　Ti–Ni 合金 900 ℃氧化的$(\Delta m/S)^2$ 与 t 关系

表 5.1　Ti–Ni 合金在 600 ℃、700 ℃和 900 ℃氧化的氧化速率 k_p

合金	k_p /$(mg^2 \cdot mm^{-4} \cdot h^{-1})$		
	600 ℃	700 ℃	900 ℃
$Ti_{49.3}Ni_{50.7}$	0.02	0.37	4.54
$Ti_{50}Ni_{50}$	0.48	0.89	6.01
$Ti_{51}Ni_{49}$	0.98	2.30	8.17

Ti–Ni 合金的氧化速率是由氧和合金中的元素两者进行扩散所控制,可表示为

$$\left(\frac{\Delta m}{S}\right)^2 = k_p \cdot t \tag{5.1}$$

式中　Δm——氧化增重,mg;

　　　S——氧化面积,mm^2;

　　　k_p——氧化速率,$mg^2/(mm^4 \cdot h)$;

　　　t——时间,h。

通过式(5.1),可以计算氧化速率 k_p。

阿伦尼乌斯(Arrhenius)方程为化学反应速率与温度之间的关系式,不仅适用于所有基本化学反应,而且对于复杂反应中的任一基础反应都适用,本书中 Ti–Ni合金的氧化同样也遵循该方程,即

$$k_p = k_0 e^{-\frac{Q}{RT}} \tag{5.2}$$

式中　k_p——温度 T 时的反应速率常数;

　　　k_0——反应的特征常数;

　　　Q——化学反应激活能;

R——气体摩尔常数;

T——绝对温度。

将上述的 Arrhenius 方程的指数形式换成自然对数形式,则有

$$\ln k_{\mathrm{p}} = \ln k_0 - \frac{Q}{RT} \tag{5.3}$$

将表 5.1 的各 k_{p} 值带入式(5.3),建立 $\ln k_{\mathrm{p}} - \dfrac{1}{T}$ 关系,如图 5.7 所示,从而获得氧化激活能 Q,见表 5.2。

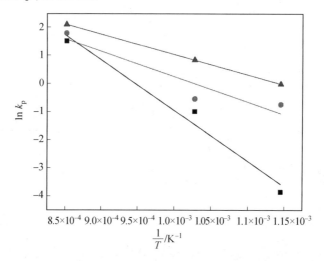

图 5.7   Ti-Ni 合金的氧化反应速率与温度的关系

表 5.2   Ti-Ni 合金在 600 ℃、700 ℃ 和 900 ℃ 的氧化激活能 Q

Ti-Ni 合金	Ti$_{49.3}$Ni$_{50.7}$	Ti$_{50}$Ni$_{50}$	Ti$_{51}$Ni$_{49}$
氧化激活能 $Q/(\mathrm{kJ \cdot mol^{-1}})$	60.362	75.146	150.001

2. Ti-Ni 二元合金恒温氧化微观组织结构

图 5.8 ~ 5.10 分别为 Ti$_{49.3}$Ni$_{50.7}$ 合金、Ti$_{50}$Ni$_{50}$ 合金与 Ti$_{51}$Ni$_{49}$ 合金在 600 ℃、700 ℃ 和 900 ℃ 恒温氧化 20 h 后的 XRD 曲线。通过对图 5.8 ~ 5.10 的衍射曲线标定可知,这三种成分的 Ti-Ni 合金在 600 ℃、700 ℃ 和 900 ℃ 分别恒温氧化 20 h 后,其氧化膜主要是 TiO$_2$ 和少量的 NiTiO$_3$ 相,在 XRD 曲线上还看到 Ni$_3$Ti 相的衍射峰(Ni$_3$Ti 的形成见下文分析)。此外,在图 5.8 中 700 ℃、图 5.9 中 700 ℃、图 5.10 中 700 ℃ 和 600 ℃ 中观测到了 Ni 的衍射峰。根据 Ti-Ni 合金二元相图,Ti 元素在面心立方结构的 Ni 具有一定的固溶度。因此,作者认为 XRD 曲线上的 Ni 峰应该是固溶 Ti 的 Ni 固溶体,而不是纯 Ni,所以可标记为 Ni(Ti)。

　　由 XRD 标定结果可知,Ti-Ni 二元合金在恒温氧化过程中形成了金红石型 TiO_2、Ni_3Ti、$NiTiO_3$ 和 $Ni(Ti)$ 等物相。

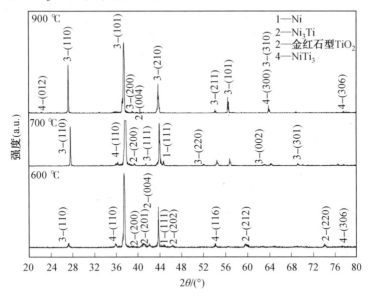

图 5.8　$Ti_{49.3}Ni_{50.7}$ 不同温度氧化后的 XRD 曲线

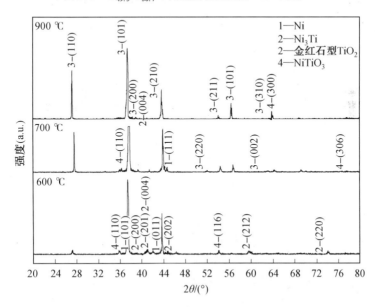

图 5.9　$Ti_{50}Ni_{50}$ 合金不同温度氧化后的 XRD 曲线

　　三种成分的 Ti-Ni 合金在 600 ℃ 进行恒温氧化时,表面基本不变色,氧化过程中没有掉皮现象,说明 Ti-Ni 合金在 600 ℃ 下具有较好的抗氧化性。但是,当

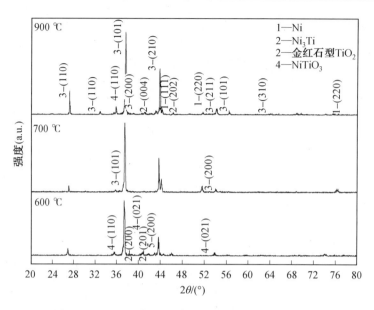

图 5.10　$Ti_{51}Ni_{49}$ 合金不同温度氧化后的 XRD 曲线

温度升高到 700 ℃,氧化膜变成淡黄色,并且出现了少许掉皮现象。当温度升高到 900 ℃时,试样表面的氧化膜颜色变得更深,呈深黄色,而且出现了氧化膜大面积开裂脱落的现象,剥落后的试样表面继续被空气中的氧气氧化,所以 900 ℃时三种合金氧化相对严重。

图 5.11 为 $Ti_{49.3}Ni_{50.7}$ 合金在 600 ℃、700 ℃和 900 ℃氧化后的表面形貌。600 ℃氧化时,由于温度较低,氧化膜主要是圆形的 TiO_2 颗粒。由图还可以看出,随着氧化温度的升高,氧化膜的表面形貌发生明显变化,TiO_2 球状颗粒逐渐转变为球状与片状混合,当氧化温度达 900 ℃时,很多片状的 TiO_2 重叠在一起。

$Ti_{50}Ni_{50}$ 合金与 $Ti_{51}Ni_{49}$ 合金氧化后的表面形貌与 $Ti_{49.3}Ni_{50.7}$ 合金相似,只是在氧化膜表面生成的 TiO_2 相更多。

图 5.12 为 $Ti_{50}Ni_{50}$ 合金在 600 ℃、700 ℃、900 ℃恒温氧化后氧化膜的截面形貌及能谱线扫描。由图可见,$Ti_{50}Ni_{50}$ 合金氧化后在基体与氧化膜间形成了一个扩散过渡层,氧化温度越高,扩散层与基体间的界面越清晰,$Ti_{50}Ni_{50}$ 合金氧化膜的截面形态发生明显变化。其中,600 ℃氧化时,从外向内,分别是镀 Ni 层、氧化层、过渡层、基体,黑色的氧化层厚度约 5 μm,过渡层即比基体颜色稍亮的层,厚度为 1~2 μm,相对较薄;当氧化温度为 700 ℃时,合金氧化程度加剧,氧化膜的厚度显著增大,厚度约 44 μm,扩散层厚度约 10 μm,与 600 ℃的氧化层相比,700 ℃的氧化层形貌发生显著变化,可分为致密的外氧化层和疏松的内氧化层,两者之间没有明显的界面,但是在二者的结合处有一些空洞出现;900 ℃氧化时,

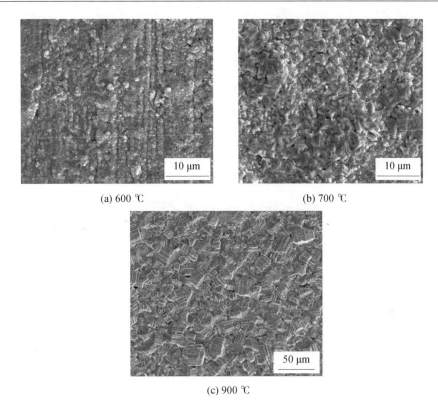

(a) 600 ℃　　　　　　　　　(b) 700 ℃

(c) 900 ℃

图 5.11　$Ti_{49.3}Ni_{50.7}$ 合金在 600 ℃、700 ℃和 900 ℃氧化后的表面形貌

氧化层与基体之间的扩散层与 700 ℃氧化后相比几乎没有变化,厚度仍约 10 μm,但是合金氧化层的厚度继续显著增大,氧化层厚度约 75 μm,且氧化层形貌继续发生变化,致密的外氧化层中出现了垂直于界面生长的灰白微区,而且在外氧化层与镀镍层间有平行于氧化膜的裂纹出现;外氧化层与内氧化层间没有明显的界面,但有一些细小的空洞存在。随着氧化温度升高,外氧化层与内氧化层的厚度均增加,但是疏松的内氧化层的生长速度明显大于外氧化层的生长速度。因此,氧化温度越高,氧化越严重,氧化层厚度越厚,且氧化膜致密性越差。

　　根据图 5.12 的能谱线扫描和图 5.9 氧化后的 XRD 图谱可知,在图 5.12(b) 和(c)氧化膜混合层中的白色颗粒显示出高镍含量,即 Ni(Ti)相。所以,对于 $Ti_{50}Ni_{50}$ 合金,600 ℃氧化时,氧化膜由 TiO_2 和 Ni(Ti)组成,扩散层为 Ni_3Ti 层; 700 ℃氧化时,其混合内层中的白亮相也为 Ni(Ti),黑色相为 TiO_2,其外氧化层为 TiO_2 层,疏松的内氧化层为 TiO_2 和 Ni(Ti)的混合物,扩散层为 Ni_3Ti 层;900 ℃ 氧化时外氧化层为锐钛矿型 TiO_2 和 $NiTiO_3$,疏松内氧化层为 TiO_2 和 Ni(Ti)的混合物,扩散层为 Ni_3Ti 层。

　　图 5.13 为 $Ti_{49.3}Ni_{50.7}$、$Ti_{50}Ni_{50}$ 和 $Ti_{51}Ni_{49}$ 合金在氧化温度为 700 ℃时氧化膜

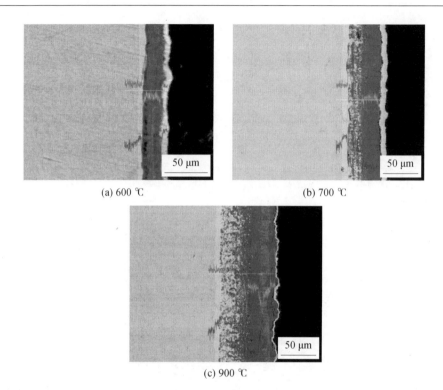

(a) 600 ℃　　　　　　　　　　　　(b) 700 ℃

(c) 900 ℃

图 5.12　$Ti_{50}Ni_{50}$ 合金在 600 ℃、700 ℃、900 ℃恒温氧化后氧化膜的截面形貌及能谱线扫描

的截面形貌及能谱线扫描。由图可见,在相同温度氧化时,随 Ti—Ni 合金中 Ti 含量增加,氧化层厚度增大,且疏松的内氧化层厚度也显著增大,氧化层中的空洞也增多。这说明 Ti 含量越低,氧化层越致密,且 Ti—Ni 合金的氧化层与基体结合越牢固。

因此,经分析知 Ti—Ni 二元合金的氧化过程可描述如下:由图 5.8 ~ 5.10 的 XRD 可知,对于 Ti—Ni 合金分别在 600 ℃、700 ℃和 900 ℃进行恒温氧化时,氧化膜中仅形成少量的 $NiTiO_3$。这说明尽管 Ti—Ni 合金中含有大量 Ni 元素,但可能是因为钛元素与氧元素之间的亲和力远大于镍元素与氧元素的亲和力,也就是说相同条件下钛比较容易氧化,而镍更难氧化。因此,在氧化开始时,合金中的 Ti 元素首先被氧化形成金红石型 TiO_2 晶核,而合金中的 Ni 元素保持不变。当金红石晶核在垂直和水平方向上生长时,将形成金红石层,同时靠近金红石层出现了富 Ni 层。在这个过程中,Ti 元素向外扩散,而氧向内扩散。由于 Ti 元素在金红石中的扩散速度大于氧在金红石中的扩散速度,Ni 元素与 Ti 元素的相互扩散也遵循柯肯达尔效应,这将导致金红石层的向外生长和 Ni(Ti) 的向内生长。一旦二氧化钛氧化层达到一定厚度,氧气通过外部氧化皮向内扩散开始对氧化膜的生长产生影响。当氧扩散到 Ni(Ti) 相时,由于氧气压力较低,合金中的 Ti 元

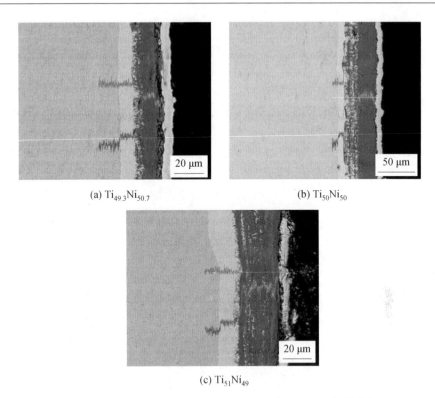

(a) Ti$_{49.3}$Ni$_{50.7}$　　　　　　　　　　(b) Ti$_{50}$Ni$_{50}$

(c) Ti$_{51}$Ni$_{49}$

图 5.13　不同成分 Ti-Ni 合金 700 ℃氧化的截面组织及能谱线扫描

素将被氧化形成 TiO$_2$ 颗粒。这导致 Ni(Ti) 和 TiO$_2$ 的混合层形成。同时,氧化层中 Ni 氧化可能会形成 NiO,温度越高,Ni 氧化得越多,即生成的 NiO 越多,而 NiO 与 TiO$_2$ 发生反应导致 NiTiO$_3$ 的形成。Ti 的向外扩散和 Ni 的向内扩散导致在氧化膜的外层与内层、内部/金属界面形成一些小空洞。相反,外层中 TiO$_2$ 颗粒的粗化和烧结产生了额外空位,然而这些氧化膜与气体交界处的空位是不可能被 TiO$_2$ 颗粒所占据。因为 Ti 向外扩散形成 TiO$_2$ 颗粒可能会迅速填充这些空隙,若 TiO$_2$ 颗粒不能全部填充这些空隙,在氧化膜的外层也将留下空洞,在扩散过程中这些空洞将是裂纹萌生的源头,进而形成一些裂纹。

5.1.2　Ti-Ni-Y 合金的高温氧化

1. Ti$_{50-x/2}$Ni$_{50-x/2}$Y$_x$合金恒温氧化动力学分析

向等原子比 Ti-Ni 合金中加入不同原子数分数的 Ti$_{50-x/2}$Ni$_{50-x/2}$Y$_x$($x=0,0.5,$ 1,5)合金由真空电弧炉熔炼制备。然后将合金切成 10 mm×15 mm×2 mm 的试样,在 700 ℃进行恒温氧化,采用不连续称重法进行动力学分析,结果如图 5.14、图 5.15 所示。

　　在试验过程中,所有合金均未发生氧化皮剥落的现象。图 5.14 为 $Ti_{50-x/2}Ni_{50-x/2}Y_x$ 合金 700 ℃恒温氧化动力学曲线。在试验过程中,所有合金均未发生氧化皮的剥落。从图 5.14 可以发现,在前 5 h 的短暂瞬态氧化阶段,特别是在 1 h 内所有合金氧化增重都很大,Y 加入量为 1% 和 5% 的合金质量增重显著高于为加入量 0.5% 和 1% 的合金,且 Y 加入量为 5% 的合金增重最多。因此,氧化膜在这一阶段发生了连续生长。然后随氧化时间延长,Y 加入量为 0.5% 和 1% 时合金氧化增重仍然很低,因此没有出现显著的质量增加。而 Y 加入量为 1% 和 5% 的合金氧化增重显著增加,尤其是后者。图 5.15 为 $Ti_{50-x/2}Ni_{50-x/2}Y_x$ 合金 700 ℃恒温氧化的 $(\Delta m/S)^2$ 与 t 关系及拟合曲线。由图可见,各合金氧化的 $(\Delta m/S)^2$ 与 t 拟合后满足两段线性关系,氧化动力学曲线遵守抛物线规律。8 h 内的线性斜率均高于 8～20 h 的线性斜率,说明合金氧化开始速度大,在合金的表面未形成保护性氧化膜,8 h 后氧化速度减小,应该是有新的氧化物生成,逐渐形成了保护性氧化膜。在整个氧化过程中,Y 加入量为 0.5% 和 1% 的合金氧化增重速率显著低于不加入 Y 和加入量为 5% 的合金,特别是加入量为 5% 的合金。因此,加入 0.5% 和 1% 的 Y 可以提高 Ti-Ni 合金的抗氧化性,而添加更多的 Y(5%)则会降低抗氧化性。在本研究中,加入 1% 的 Y 时合金在试验的四种合金中具有最好的抗氧化性,这可以从氧化皮的横截面形貌进一步证实。

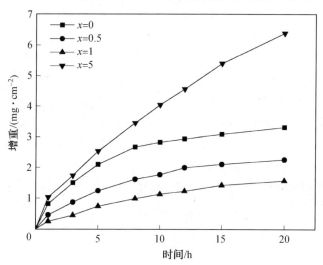

图 5.14　$Ti_{50-x/2}Ni_{50-x/2}Y_x$ 合金 700 ℃恒温氧化动力学曲线

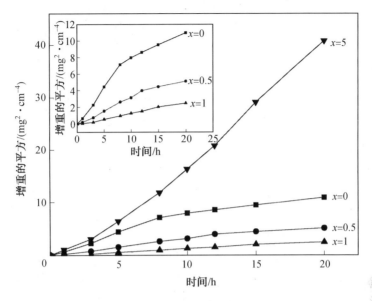

图 5.15　$Ti_{50-x/2}Ni_{50-x/2}Y_x$ 合金 700 ℃恒温氧化的 $(\Delta m/S)^2$ 与 t 关系及拟合曲线

2. $Ti_{50-x/2}Ni_{50-x/2}Y_x$ 合金氧化膜微观组织结构

图 5.16 为 $Ti_{50-x/2}Ni_{50-x/2}Y_x$ 合金在 700 ℃恒温氧化 20 h 后的 X 射线衍射谱。由图可见,$x=0$ 时 $Ti_{50}Ni_{50}$ 合金 700 ℃恒温氧化 20 h 后形成了金红石型 TiO_2 和少量 Ti-NiO$_3$ 的混合物,添加 0.5% 和 1.0% Y 后 TiNiO$_3$ 的峰强度显著降低,衍射谱图上出现了 Y_2O_3 的衍射峰,但峰强度较低。当 Y 原子数分数达到 5% 时,Ti-NiO$_3$ 和 Y_2O_3 相的峰值强度均显著增加。

为了研究 Y 的加入对 $Ti_{50}Ni_{50}$ 合金氧化性能的影响,观察了 Ti-Ni-Y 合金700 ℃恒温氧化 20 h 后氧化膜的表面形貌与截面形貌。图 5.17 为 Ti-Ni-Y 合金氧化后的表面形貌。由图 5.17 可见,Ti-Ni 二元合金和加入 Y 的 Ti-Ni-Y 三元合金氧化膜的表面形貌非常相似,只是由于 Y 的添加使氧化物的颗粒变得更细小。

图 5.18 为 $Ti_{50-x/2}Ni_{50-x/2}Y_x$ 合金 700 ℃恒温氧化 20 h 的截面图和能谱线扫描。由图可见,所有合金的氧化膜中 Ti 元素和 O 元素含量都很高。在图 5.18 (a)$x=0$ 合金氧化膜混合层中的白色颗粒显示出高镍含量,根据前文分析知其为 Ni(Ti)固溶体。图 5.18(d)表明 $x=5$ 时合金白亮相区域中不同元素的分布,在图 5.18(d)中区域 1 为富镍和贫钛;在图 5.18(d)中区域 2Y、O 元素含量高、钛和镍含量低。结合图 5.16 的 XRD 结果,可以判定图 5.18 的外层为 TiO_2 层和 Ni$_3$Ti 分解区。对于未加稀土 Y 的 $Ti_{50}Ni_{50}$ 合金,其混合内层中的白亮相为 Ni,黑色相为 TiO_2。因此,在混合内层中黑色的是 TiO_2 相,白亮色为 Ni(Ti)相。而图

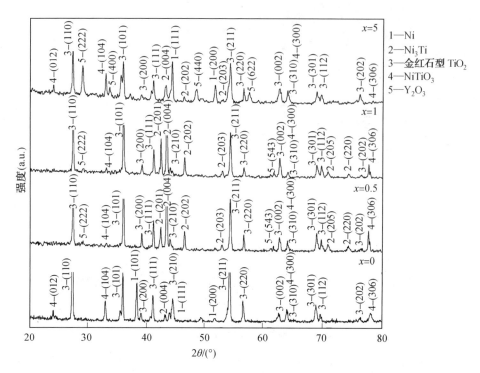

图 5.16　$Ti_{50-x/2}Ni_{50-x/2}Y_x$ 合金 700 ℃恒温氧化的 X 射线衍射谱图

5.18(d)中 $Ti_{47.5}Ni_{47.5}Y_5$ 合金的氧化膜中,区域 1 和区域 2 中的白亮相是 Ni 和 Y_2O_3。结果表明,随着 Y 加入量的增加,高温氧化过程中形成的氧化膜结构发生了变化。对于纯 Ti-Ni 合金,形成双层结构:TiO_2 外层和疏松的(TiO_2+Ni)混合内层。然而,加入稀土元素 Y 后,当 Y 原子数分数分别为 0.5%和 1%时,氧化膜中没有观察到疏松的(TiO_2+Ni)混合内层,只形成了单一的纯 TiO_2 氧化膜。Y 加入量的进一步增加将导致形成网状 TiO_2 层,在其中弥散分布着大量 Ni(Ti) 和 Y_2O_3相。因此,Ti-Ni-Y 合金氧化后的截面形貌随 Y 加入量的不同而不同。不添加 Y 的 Ti-Ni 合二元金的氧化膜由较纯的黑外层(TiO_2层)、混合内层(TiO_2/Ni(Ti)层)和纯亮内层(Ni_3Ti 层)组成,氧化膜厚度约 27 μm,在外层与混合内层界面附近的外层 TiO_2 层中观察到了大的空洞。另外,内层含有许多小的孔洞和/或一些均匀分布的孔隙,特别是在内部/金属界面附近。然而,当 Y 原子数分数为 0.5%和 1%时,其氧化膜由外层 TiO_2 层和内部 Ni_3Ti 层组成,且层厚度逐渐减小。在三元 Ti-Ni-Y 合金中,在原来 YNi 相的位置留下大量的微孔(图 5.18(c))。因此,可以认为,抛光过程中,这些孔隙是由于部分富 Y 相被拔出而形成的,由此造成富 Y 相与金属基体之间相对疏松的界面。Peng 等研究弥散分布 CeO_2 纳米颗粒与 Ni 共沉积时曾报道有相似的结果。当 Y 原子数分数达到 5%时,氧化膜呈网

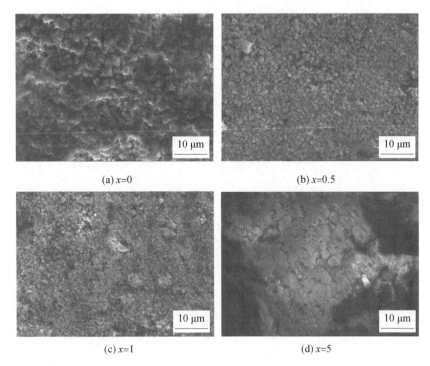

(a) $x=0$　　　　　　　　　　　(b) $x=0.5$

(c) $x=1$　　　　　　　　　　　(d) $x=5$

图 5.17　$Ti_{50-x/2}Ni5_{0-x/2}Y_x$ 合金 700 ℃恒温氧化表面形貌

状结构,白亮相面积也显著增大,如图 5.18(d)所示。

　　根据图 5.16 所示恒温氧化后的 XRD 谱图知,Ti-Ni-Y 合金 700 ℃恒温氧化后在其表面生成 TiNiO$_3$ 相,而 NiTiO$_3$ 的形成是由于 NiO 与 TiO$_2$ 发生反应的结果,尤其是氧化速率较高的 $Ti_{50}Ni_{50}$ 和 $Ti_{47.5}Ni_{47.5}Y_5$。上述结果表明,向 Ti-Ni 合金添加原子数分数为 0.5% Y 和 1.0% Y 后显著阻碍 NiTiO$_3$ 的形成,并导致形成具有较低氧化速率的纯 TiO$_2$,这表明添加原子数分数为 0.5% 和 1.0% 的 Y 显著阻止了 Ti 向 TiO$_2$ 氧化层的向外扩散,与图 5.14 的结果是一致的。图 5.14 显示 $x=0$ 和 $x=5$ 时 $Ti_{50-x/2}Ni_{50-x/2}Y_x$ 合金具有较高的氧化速率,这是由于 Ti-Ni 合金的快速分解引起的,即 Ti-Ni 基体在一定范围内迅速分解为 Ni(Ti) 和 Ni$_3$Ti 相。

　　一般来说,添加对氧有较高亲和力的稀土或稀土氧化物,如 Y、Ce、La 等,可以增强选择性氧化,降低 NiO、Cr$_2$O$_3$ 和 Al$_2$O$_3$ 的生长速率。这种现象在 1937 年被首次报道,被称为反应元素效应(REE)。迄今为止,人们已经提出了各种理论来解释稀土元素的作用机制,但仍然存在争议,因为不同氧化物/稀土体系的机理可能不同。稀土元素加入到 Ti-Ni 合金中形成了沿晶界分布的 YNi 相。在氧化初期,TiO$_2$ 和 Y$_2$O$_3$ 分别在 Ti-Ni 合金晶界成核,合金表面形成富 Y 颗粒。氧化皮上的 TiO$_2$ 快速生长并吞噬 Y$_2$O$_3$ 氧化物颗粒,因此通过 TiO$_2$ 核在瞬态氧化过程中

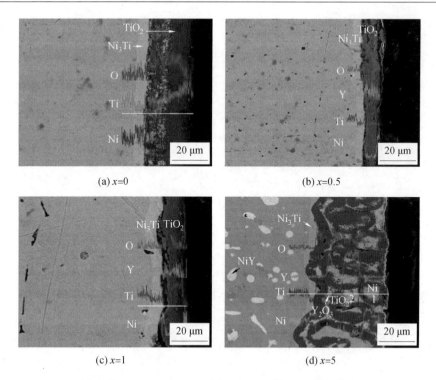

图 5.18　Ti$_{50-x/2}$Ni$_{50-x/2}$Y$_x$合金 700 ℃恒温氧化截面形貌

的横向生长而愈合,从而形成连续的没有 Y$_2$O$_3$颗粒的外部 TiO$_2$ 氧化皮。在过渡氧化阶段之后,在金属–氧化膜–气体系统中建立了氧浓度梯度。根据 Pint 提出的"动态分离理论",Y 开始对氧化膜起作用。从添加的 Y 或其氧化物中分离出来的 Y 离子首先进入金属/氧化皮界面,然后通过氧化皮晶界进入气体/氧化膜界面。当 Y 离子浓度达到某一临界值时,Y 离子的扩散将阻碍 Ti 元素向外扩散,从而导致主要由氧的向内扩散控制的氧化皮生长。研究发现,Ni 沿 NiO 晶界的主要向外扩散被晶界上分离的 La、Y 和 Ce 离子有效抑制。这导致了结晶率的降低和精细晶体结构的形成。在氧化过程中,随着氧化时间的增加,越来越多的 Y$_2$O$_3$颗粒进入 TiO$_2$氧化物中溶解,产生的 Y 离子偏析到氧化物晶界,从而抑制了晶界的 Y 浓度。此外,Y$_2$O$_3$在氧化物晶界的"钉扎效应"和"固溶拖曳"效应导致了细小氧化物晶粒的形成,如图 5.16 所示,这从另一方面证明晶界上的 Y 离子发生了偏析,Ti 的向外扩散在一定程度上受到 Y 离子偏析的阻碍。此外,从图 5.17(d)可以看出,Y 的原子数分数为 5%时氧化膜生长主要受 O 元素的向内扩散控制。通过以上分析,可以发现 Y 的加入阻碍了 Ti–Ni 合金氧化过程中 Ti 的向外扩散,改变了 Ti 的氧化生长机制,即从无 RE 时 Ti 的向外扩散转变为氧的向内扩散。这导致氧化膜的生长速率降低,这是因为氧元素的向内扩散远低于 Ti

元素的向外扩散。同时,氧化膜/金属基体的界面和氧化膜内的空隙动力学和 Ti-Ni 合金中的 Ti 元素浓度降低反过来阻碍了 Ni(Ti) 和 TiO$_2$ 混合层的形成,如图 5.18(b)和(c)所示。在这种情况下,在氧化过程中合金表面形成了一层更薄、更致密的 TiO$_2$ 氧化膜。然而,当 Y 原子数分数增加到 5% 时,由于 Ti-Ni 合金中析出的富 Y 相变成了快速氧化的第二相。这导致沿着该相形成了渗入合金的一个氧化物通道。Y$_2$O$_3$ 氧化物的形成破坏了保护性 TiO$_2$ 氧化膜的连续性。因此,在原来的 TiO$_2$ 层下面形成了一个新的 TiO$_2$ 层。在此过程中,Ti 的快速降解也导致 Ni(Ti) 的形成。结果形成具有 Ni(Ti) 和 Y$_2$O$_3$ 相分散的网状 TiO$_2$ 氧化层(图 5.18(d))。

作者还将 Ti$_{50-x/2}$Ni$_{50-x/2}$Y$_x$ 合金进行固体粉末法渗铝处理,研究发现等原子比 Ti-Ni 合金渗铝后得到的渗铝层为双层结构,由外层 TiAl$_3$ 和内层 NiAl$_3$ 构成,渗铝涂层的生长主要由 Al 的内扩散控制。当 Y 原子数分数低于 1% 时,稀土元素 Y 的添加促进 TiAl$_3$ 外层的生长,抑制 NiAl$_3$ 内层的生长。另外,还研究了渗铝改性的 Ti$_{50-x/2}$Ni$_{50-x/2}$Y$_x$ 合金在 700 ℃ 的恒温氧化性能,与没有渗铝的 Ti$_{50-x/2}$Ni$_{50-x/2}$Y$_x$ 合金 700 ℃ 的氧化相比,添加原子数分数为 0.5% 的 Y 能明显降低渗铝涂层的氧化速度,但添加原子数分数为 1% 和 5% 的 Y 却加速了涂层的氧化。

5.2 Ti–Zr 基合金的高温氧化

5.2.1 Ti–Zr–Y 形状记忆合金的高温氧化

本节以 Ti$_{70}$Zr$_{30}$ 为研究对象,加入原子数分数为 1% 的稀土元素 Y 来取代 Zr,即为 Ti$_{70}$Zr$_{29}$Y$_1$ 合金,试验合金由真空电弧炉熔炼制得,然后采用线切割加工成尺寸为 10 mm×10 mm×2 mm 的试样,并用丙酮清洗后封入真空度为 10^{-3}Pa 的石英管中,在 900 ℃ 保温 30 min 实现成分均匀化。

1. Ti–Zr–Y 合金的显微组织结构

图 5.19 为 Ti–Zr–Y 合金铸态的光学显微组织。由图可以看出,铸态 Ti$_{70}$Zr$_{30}$ 合金晶粒粗大,晶内分布着具有一定取向的马氏体,平均晶粒尺寸为 200 ~ 500 μm;加入稀土 Y 后,Ti–Zr–Y 三元合金的晶粒明显细小,铸态 Ti$_{70}$Zr$_{29}$Y$_1$ 合金的平均晶粒尺寸为 50~100 μm,为铸态 Ti$_{70}$Zr$_{30}$ 合金晶粒尺寸的 1/4 ~ 1/2,这说明稀土元素 Y 显著细化了 Ti–Zr 合金的铸态组织。

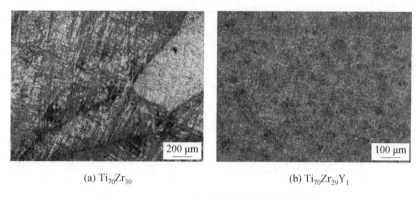

(a) $Ti_{70}Zr_{30}$　　　　　　　　　　　(b) $Ti_{70}Zr_{29}Y_1$

图 5.19　Ti-Zr-Y 合金铸态的光学显微组织

图 5.20 为 900 ℃下 30 min 固溶处理后 Ti-Zr-Y 合金的光学显微组织。由于在热处理过程中合金晶粒继续长大,在放大倍数为 100 倍下 $Ti_{70}Zr_{30}$ 合金的显微组织中观察不到晶界,说明晶粒十分粗大。未加 Y 的 $Ti_{70}Zr_{30}$ 合金呈单一固溶体形式,没有第二相存在。而 $Ti_{70}Zr_{29}Y_1$ 合金经过热处理后,晶粒与铸态相比也有一定程度长大,平均晶粒尺寸为 200~350 μm。由图 5.20(b)还可以看出,在晶内弥散分布黑色颗粒,这可能是加入 Y 后形成的新相。

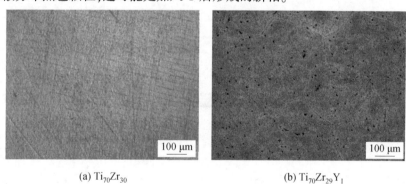

(a) $Ti_{70}Zr_{30}$　　　　　　　　　　　(b) $Ti_{70}Zr_{29}Y_1$

图 5.20　固溶处理后 Ti-Zr-Y 合金的光学显微组织

为了研究稀土 Y 在 Ti-Zr 合金中的存在形式,利用扫描电镜对热处理后的 $Ti_{70}Zr_{30-x}Y_x$ 合金进行背散射电子像,如图 5.21 所示。由图 5.21(a)可知,未加 Y 的 $Ti_{70}Zr_{30}$ 合金室温下为单一固溶体组织。由图 5.21(b)可知,加入 Y 后有很多的白色小颗粒生成,合金组织中晶粒明显细化。图 5.21(c)是图 5.21(b)中白亮颗粒的能谱,可见白亮颗粒就是加入的稀土元素 Y。

图 5.22 为固溶处理后 Ti-Zr-Y 合金的 XRD 图谱。通过标定可知,这两种合金室温均为 α′ 相马氏体相,合金在室温均处于马氏体状态。

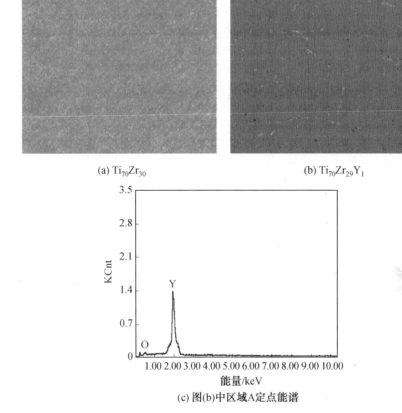

(a) Ti$_{70}$Zr$_{30}$　　　　　　　　　　　　　(b) Ti$_{70}$Zr$_{29}$Y$_1$

(c) 图(b)中区域A定点能谱

图 5.21　固溶处理态 Ti–Zr–Y 合金的背散射电子像

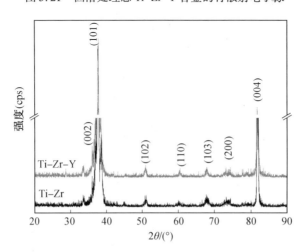

图 5.22　热处理后 Ti–Zr–Y 合金的 XRD 图谱

2. Ti-Zr-Y 合金的高温氧化

将固溶处理后的 Ti-Zr-Y 合金试样进行研磨,然后超声波清洗、烘干,利用游标卡尺测量试样尺寸,长、宽、高分别测量 3 次后取平均值。利用不连续称重法对 Ti-Zr-Y 合金进行 600 ℃恒温氧化 1 h、3 h、5 h、8 h 和 10 h,分别进行称重,称重时将试样和坩埚一起称重,然后绘制氧化动力学曲线。氧化后,为了防止在磨制试样过程中氧化皮脱落,对氧化后的试样进行化学镀镍处理。

图 5.23 为 Ti-Zr-Y 合金 600 ℃恒温氧化 10 h 的 XRD 曲线。由图 5.23(a)可见,对 $Ti_{70}Zr_{30}$ 合金而言,其氧化膜主要由 TiO_2 和 $(TiZr)O_2$ 相组成,由图 5.23(b)可见,加入稀土 Y 后,$Ti_{70}Zr_{29}Y_1$ 合金在 600 ℃恒温氧化 10 h 后,除 TiO_2 和 $(TiZr)O_2$ 相外,氧化膜中还生成了 YTi_2O_6 相。

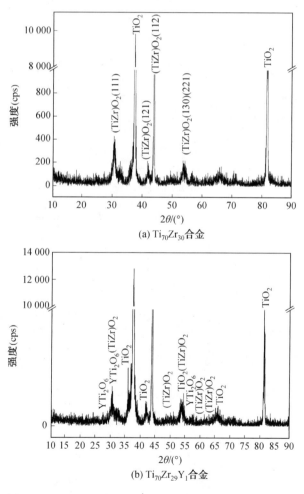

(a) $Ti_{70}Zr_{30}$ 合金

(b) $Ti_{70}Zr_{29}Y_1$ 合金

图 5.23　Ti-Zr-Y 合金 600 ℃恒温氧化 10 h 的 XRD 曲线

图 5.24 为 $Ti_{70}Zr_{30}$ 合金和 $Ti_{70}Zr_{29}Y_1$ 合金 600 ℃恒温氧化后的表面形貌。由图 5.24(a)可以看出,$Ti_{70}Zr_{30}$ 合金氧化膜表面比较粗糙,有很多裂纹和空洞,而且氧化膜不完整,致密性很差。由图 5.24(b)可见,$Ti_{70}Zr_{29}Y_1$ 合金在 600 ℃恒温氧化后氧化膜表面较 $Ti_{70}Zr_{30}$ 合金平整,氧化膜表面仍有裂纹存在,与图 5.24(a)比较可见,氧化膜表面有一些细小的球状颗粒。在试验中发现 $Ti_{70}Zr_{30}$ 合金在恒温氧化过程中氧化膜的颜色从银灰色转变为黄色,而且有大量的氧化皮剥落;而 $Ti_{70}Zr_{29}Y_1$ 合金在恒温氧化后基本没有氧化皮剥落。

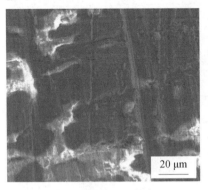

(a) $Ti_{70}Zr_{30}$　　　　　　　　　　(b) $Ti_{70}Zr_{29}Y_1$

图 5.24　$Ti_{70}Zr_{30}$ 和 $Ti_{70}Zr_{29}Y_1$ 合金 600 ℃恒温氧化后的表面形貌

图 5.25 为 600 ℃恒温氧化 10 h 后 $Ti_{70}Zr_{30}$ 和 $Ti_{70}Zr_{29}Y_1$ 合金氧化层横截面微观组织与能谱线扫描。从图 5.25(a)中可以看出,600 ℃恒温氧化 10 h 后,$Ti_{70}Zr_{30}$ 合金的氧化膜厚度约为 50 μm,氧化膜与基体合金界面明显,界面不平整,在氧化膜内部有很多平行于界面的裂纹,基本已经贯穿了氧化膜,在氧化膜中还有一些空洞;由图 5.25(b)可见,$Ti_{70}Zr_{29}Y_1$ 合金的氧化膜比较厚,厚度约为130 μm,加入稀土 Y 后,氧化膜与基体的界面也比较明显,虽然也有空洞出现,但

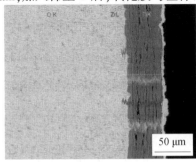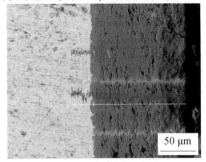

(a) $Ti_{70}Zr_{30}$　　　　　　　　　　(b) $Ti_{70}Zr_{29}Y_1$

图 5.25　$Ti_{70}Zr_{30}$ 和 $Ti_{70}Zr_{29}Y_1$ 合金氧化层横截面微观组织与能谱线扫描

是Ti$_{70}$Zr$_{29}$Y$_1$合金的氧化膜中几乎没有平行于界面的贯穿的长裂纹,只是在氧化膜内有大量的短的裂纹存在,这说明稀土元素 Y 的加入阻碍了裂纹的扩展,提高了氧化膜的致密性。

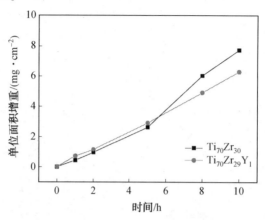

图 5.26　Ti$_{70}$Zr$_{30}$和 Ti$_{70}$Zr$_{29}$Y$_1$合金 600 ℃恒温氧化的动力学曲线

图 5.26 为 Ti$_{70}$Zr$_{30}$和 Ti$_{70}$Zr$_{29}$Y$_1$合金 600 ℃恒温氧化的动力学曲线,由图可知,随氧化时间的增加,合金的单位面积增重增加,即 Ti-Zr-Y 合金在氧化过程中氧化速度几乎是恒定的。氧化时间不超过 5 h 时,Ti-Zr 合金的氧化增重低于Ti-Zr-Y 合金,但是 5 h 后,Ti-Zr-Y 合金的氧化增重大于 Ti-Zr 二元合金。这说明加入稀土元素 Y 后在一定程度上提高了 Ti-Zr 合金的抗氧化能力。

图 5.27 为 Ti$_{70}$Zr$_{30}$和 Ti$_{70}$Zr$_{29}$Y$_1$ 合金 600 ℃恒温氧化的($\Delta m/S$)^{2}与 t 关系,进行线性拟合的斜率即为合金在每个温度下的氧化速率常数 k_p, k_p 的具体数值见表5.3。由图5.27可知,这两种合金在 600 ℃下的($\Delta m/S$)^{2}与 t 都满足两段线性关系,氧化动力学曲线满足抛物线规律。由表 5.3 可知,600 ℃氧化 1 h,Ti$_{70}$Zr$_{30}$合金的氧化速率常数 k_p 小于 Ti$_{70}$Zr$_{29}$Y$_1$合金,然后随氧化时间增加,Ti$_{70}$Zr$_{30}$合金的氧化速率常数 k_p 反而大于Ti$_{70}$Zr$_{29}$Y$_1$合金,说明 Ti$_{70}$Zr$_{29}$Y$_1$合金开始阶段氧化速度大,然后氧化速度减小;而 Ti$_{70}$Zr$_{30}$合金开始阶段氧化速度也大,随后氧化速度虽然也减小,但仍大于 Ti$_{70}$Zr$_{29}$Y$_1$合金的氧化速度。说明 600 ℃恒温氧化时 Ti$_{70}$Zr$_{30}$合金表面未形成保护膜。

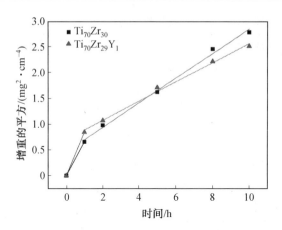

图 5.27　$Ti_{70}Zr_{30}$ 和 $Ti_{70}Zr_{29}Y_1$ 合金 600 ℃恒温氧化的 $(\Delta m/S)^2$ 与 t 关系

表 5.3　Ti–Zr–Y 合金 600 ℃恒温氧化的 k_p

合金	$k_p /(mg^2 \cdot mm^{-4})$	
	0 ~ 1 h	1 ~ 10 h
$Ti_{70}Zr_{30}$	0.651 2	0.238 44
$Ti_{70}Zr_{29}Y_1$	0.843 15	0.186 18

由图 5.25 的氧化层截面形貌可知 $Ti_{70}Zr_{30}$ 合金的氧化膜内有许多几乎贯穿的裂纹,如果形成贯穿的裂纹,那么氧化膜将发生脱落,在试验过程中发现 $Ti_{70}Zr_{30}$ 合金的氧化膜有脱落现象,这与 $Ti_{70}Zr_{30}$ 合金的氧化膜厚度较 $Ti_{70}Zr_{29}Y_1$ 合金薄是一致的,因为形成的氧化膜没有保护性。在前 5 h 内 $Ti_{70}Zr_{29}Y_1$ 合金氧化增重大于 $Ti_{70}Zr_{30}$ 合金,原因是稀土元素具有细化晶粒的作用,使 $Ti_{70}Zr_{29}Y_1$ 合金的晶粒尺寸显著小于 $Ti_{70}Zr_{30}$ 合金,由于晶粒变小导致 $Ti_{70}Zr_{29}Y_1$ 合金内部晶界数量增大,这些晶界为 Ti 和 Zr 氧化时氧元素的扩散提供了通道,因此 $Ti_{70}Zr_{29}Y_1$ 合金单位面积增重高于 $Ti_{70}Zr_{30}$ 合金。而当氧化时间增加到 5 ~ 10 h 时,$Ti_{70}Zr_{30}$ 合金的氧化速度反而高于 $Ti_{70}Zr_{29}Y_1$ 合金,可解释如下:由于稀土元素 Y 是对氧具有较高亲和力的元素,加入后会产生反应元素效应,降低氧化物的生长速率。在 Ti–Zr 合金中加入稀土元素 Y 后,氧化时生成 Y_2O_3 氧化物颗粒,在氧化初期,TiO_2 和 Y_2O_3 分别在 Ti–Zr 合金晶界成核,合金表面形成富 Y 颗粒。氧化膜中的 TiO_2 快速生长并吞噬 Y_2O_3 氧化物颗粒形成 YTi_2O_6,因此通过 TiO_2 核在瞬态氧化过程中的横向生长而愈合,从而形成连续的没有 Y_2O_3 颗粒的外部 TiO_2 氧化膜。在过渡氧化阶段之后,在金属–氧化膜–气体系统中建立了氧浓度梯度。根据动态分离理论,Y 开始在尺度上起作用。通过溶解从添加的 Y 或其氧化物中分离出来

的 Y 离子首先进入金属/氧化膜界面,然后通过氧化膜晶界进入气体/氧化膜界面。当 Y 离子浓度达到某一临界值时,Y 离子的扩散将阻碍 Ti 元素向外扩散,从而导致主要由氧的向内扩散控制的氧化皮生长。在氧化过程中,随着氧化时间的增加,越来越多的 Y_2O_3 颗粒进入 TiO_2 氧化物中溶解,产生的 Y 离子偏析到氧化物晶界,从而降低了晶界的 Y 浓度。此外,Y_2O_3 在氧化物晶界上还产生"钉扎效应"和"固溶拖曳"效应,导致了细小氧化物晶粒的形成,这从另一方面证明晶界上的 Y 离子发生了偏析,Ti 的向外扩散在一定程度上受到 Y 离子偏析的阻碍。Y 的加入阻碍了 Ti-Zr 合金氧化过程中 Ti 的向外扩散,改变了 Ti 的氧化生长机制,从无 Y 时 Ti 的向外扩散转变为氧的向内扩散,导致氧化膜的生长速率降低,这是因为氧元素的向内扩散远低于 Ti 元素的向外扩散,而且 Y_2O_3 颗粒的存在还阻碍了在氧化膜中形成贯穿裂纹,提高了氧化膜的结合力和致密性。

5.2.2　Ti-Zr-Ta 合金的高温氧化

1. Ti-Zr-Ta 合金的微观组织结构

试验所用的 $Ti_{70}Zr_{30-x}Ta_x(x=0,5,10,15)$ 合金是由质量分数为 99.995% 的高纯钛,质量分数为 99.95% 的钽丝和质量分数为 99.95% 的锆利用非自耗高真空电弧熔炼炉熔炼制备,线切割后进行 900 ℃ 保温 2 h 的固溶处理,再切割成 10 mm×10 mm×2 mm 的试样,进行表面预磨、无水乙醇超声波、烘干处理后进行氧化试验。在氧化之前,对试样的尺寸及质量重新测量。恒温氧化温度为 450 ℃,总氧化时间为 50 h,每隔 5 h 连坩埚一起取出称重,除以试样表面积,绘制氧化动力学曲线。

图 5.28 为 900 ℃ 固溶处理后的 $Ti_{70}Zr_{30-x}Ta_x$ 合金的光学显微组织,由图可见,经过 900 ℃ 固溶处理后四种含 Ta 量不同的 Ti-Zr-Ta 合金的组织为单一的针状马氏体,其中 $Ti_{70}Zr_{30}$ 合金的平均晶粒尺寸为 500～900 μm,$Ti_{70}Zr_{25}Ta_5$ 合金的平均晶粒尺寸为 200～500 μm;而当 Ta 原子数分数继续增加到 10% 时,如图 5.28(c) 所示,晶粒平均尺寸为 100～200 μm;当 Ta 的原子数分数进一步增加到 15% 时,如图 5.28(d) 所示,随着 Ta 原子数分数的进一步增加晶粒减小依旧不明显,晶粒平均尺寸为 80～170 μm。这说明第三组元 Ta 的加入可以有效地减小合金的晶粒尺寸,但是当 Ta 原子数分数增大到超过 15% 时,Ti-Zr-Ta 合金的晶粒尺寸几乎不再减小。

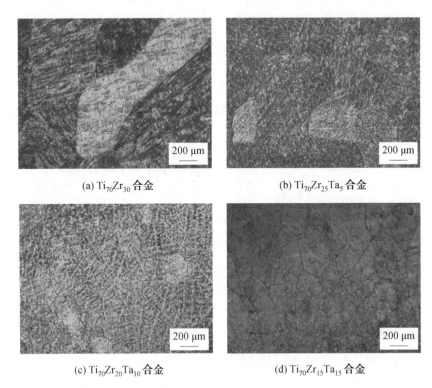

(a) $Ti_{70}Zr_{30}$ 合金　　　　　(b) $Ti_{70}Zr_{25}Ta_5$ 合金

(c) $Ti_{70}Zr_{20}Ta_{10}$ 合金　　　　　(d) $Ti_{70}Zr_{15}Ta_{15}$ 合金

图 5.28　900 ℃固溶处理后的 $Ti_{70}Zr_{30-x}Ta_x$ 合金的光学显微组织

图 5.29 为固溶态 $Ti_{70}Zr_{30-x}Ta_x$ 合金的室温 X 射线衍射谱。通过分析对比 X 射线衍射谱,研究固溶态的四种不同 Ta 含量的 Ti-Zr-Ta 合金的相组成。通过对图 5.29 的标定可知,不同 Ta 含量的 Ti-Zr-Ta 合金的主要衍射峰为$(100)\alpha'$、$(002)\alpha'$、$(101)\alpha''$、$(102)\alpha''$、$(110)\alpha''$、$(103)\alpha''$、$(112)\alpha''$、$(100)\alpha''$、$(020)\alpha''$和$(111)\alpha''$。对比观察发现,当 Ta 原子数分数低于 10% 时,合金试样为六方结构 α'马氏体相($hcp\alpha'$相),随着 Ta 原子数分数的增加,试样的衍射峰向右移动,晶胞体积减小,这是由于随着 Ta 原子数分数的增加,Zr 含量逐渐减少,而 Zr 的原子半径大于 Ta 的原子半径。当 Ta 的原子数分数为 10% 及以上时,合金试样呈正交结构 α''马氏体相。这说明第三组元 Ta 的加入使合金由六方结构 α'马氏体相转变为正交结构 α''马氏体相。

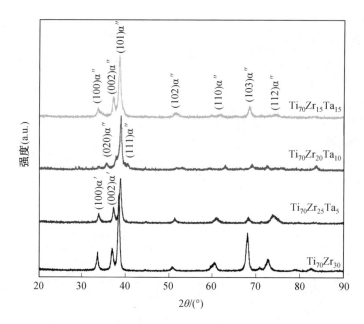

图 5.29　固溶态 $Ti_{70}Zr_{30-x}Ta_x$ 合金的室温 X 射线衍射谱

2. $Ti_{70}Zr_{30-x}Ta_x$ 合金恒温氧化行为

图 5.30 为 450 ℃恒温氧化后 $Ti_{70}Zr_{30-x}Ta_x$ 合金的 X 射线衍射谱,如图所示,不同 Ta 含量的 Ti-Zr-Ta 合金恒温氧化后的主要衍射峰为 $(002)\alpha'$、$(101)\alpha'$、$(020)\alpha''$、$(111)\alpha''$、$(111)TiO_2$、$(220)TiO_2$、$(113)TiO_2$ 和 $(201)Ta_2O_5$。未加 Ta 时,$Ti_{70}Zr_{30}$ 合金 450 ℃恒温氧化后基体为六方结构 α' 马氏体相(hcp-α' 相),氧化膜主要为 TiO_2。加入 Ta 后,氧化层的物相仍以 TiO_2 为主,但是随着 Ta 含量的增加,氧化膜中有 Ta_2O_5 生成。

$Ti_{70}Zr_{30-x}Ta_x$ 合金在 450 ℃恒温氧化后试样表面生成了一层致密的黑亮氧化层,并且氧化层没有发生开裂或者剥落现象。图 5.31 为 450 ℃恒温氧化 50 h 后 $Ti_{70}Zr_{30}$ 合金在扫描电子显微镜下不同倍数的表面形貌。由图可见,$Ti_{70}Zr_{30}$ 合金的氧化膜表面较为平整,几乎看不到有裂纹出现,说明氧化膜从表面看比较致密。但是在图 5.31(a)中可以看见一些清晰的划痕,这些划痕是在制备试样时用砂纸打磨造成的,而恒温氧化 50 h 后,这些划痕并没有被生成的氧化物所覆盖,这一方面说明 450 ℃恒温氧化时生成的氧化膜较薄,另一方面也是试样预处理时砂纸太粗。由图 5.31(b)可见,氧化物是沿着划痕呈条形连续生长的,表明这些较大的划痕造成了应力集中,导致能量集中在划痕处,所以氧化物优先在划痕处形核长大。

图 5.32 为 450 ℃恒温氧化 50 h 后 $Ti_{70}Zr_{25}Ta_5$ 合金在扫描电子显微镜下不同

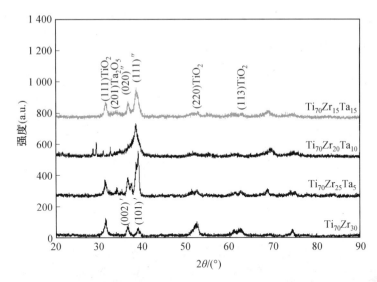

图 5.30　450 ℃恒温氧化后 $Ti_{70}Zr_{30-x}Ta_x$ 合金的 X 射线衍射谱

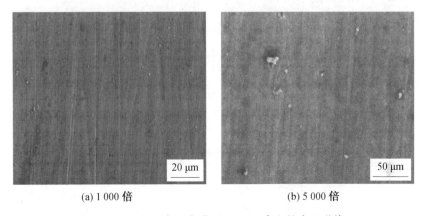

(a) 1 000 倍　　　　　　　　　　　　　(b) 5 000 倍

图 5.31　450 ℃恒温氧化后 $Ti_{70}Zr_{30}$ 合金的表面形貌

倍数的表面形貌。由图可见,其表面形貌与 $Ti_{70}Zr_{30}$ 合金的氧化膜表面形貌相似,氧化物同样沿着划痕呈条形连续生长,但是相比之下,$Ti_{70}Zr_{25}Ta_5$ 合金的条状氧化物明显减少,并且在划痕上生长出来的氧化物颗粒的平均尺寸也明显减小。这说明第三组元 Ta 的加入使合金的氧化得到了抑制。

　　图 5.33 与图 5.34 分别为 450 ℃恒温氧化后 $Ti_{70}Zr_{20}Ta_{10}$ 合金与 $Ti_{70}Zr_{15}Ta_{15}$ 合金在扫描电子显微镜下不同倍数的表面形貌。由图可见,$Ti_{70}Zr_{20}Ta_{10}$ 合金和 $Ti_{70}Zr_{15}Ta_{15}$ 合金氧化膜的表面形貌与 $Ti_{70}Zr_{20}Ta_{10}$ 合金类似,只是在划痕处生长出来的颗粒状氧化物的平均尺寸随 Ta 含量增加继续减小,但是减小的不明显。这说明虽然第三组元 Ta 的加入对合金的氧化有抑制作用,但是这种抑制作用是有限的。

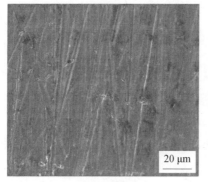

(a) 1 000 倍　　　　　　　　(b) 5 000 倍

图 5.32　450 ℃恒温氧化后 $Ti_{70}Zr_{25}Ta_5$ 合金的表面形貌

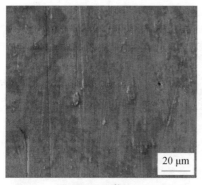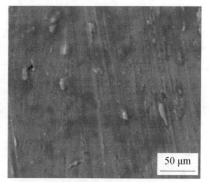

(a) 1 000 倍　　　　　　　　(b) 5 000 倍

图 5.33　450 ℃恒温氧化后 $Ti_{70}Zr_{20}Ta_{10}$ 合金的表面形貌

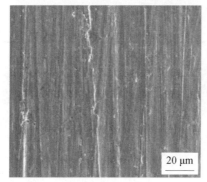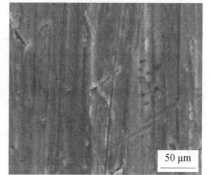

(a) 1 000 倍　　　　　　　　(b) 5 000 倍

图 5.34　450 ℃恒温氧化后 $Ti_{70}Zr_{15}Ta_{15}$ 合金的表面形貌

图 5.35 为 450 ℃恒温氧化后 $Ti_{70}Zr_{30-x}Ta_x$ 合金的截面形貌。由图可见,氧化温度低时,$Ti_{70}Zr_{30}$ 合金的氧化膜与基体结合比较好,在图 5.35(a)中可以看到从右向左颜色明显发生变化,其中左侧颜色最浅的部分为基体组织,黑色的为树脂镶嵌层,与黑色层相邻的深灰色为氧化膜,在深灰色与亮白色基体之间的部分为过渡层。加入 Ta 后,$Ti_{70}Zr_{30-x}Ta_x$ 合金的截面发生变化,对比图 5.35(a)和(b)发现,$Ti_{70}Zr_{25}Ta_5$ 合金的过渡层明显变薄,从 7 μm 左右减小到 2 μm 左右,氧化层的颜色发生变化,不再是单一的深灰色。对比图 5.35(b)和(c)发现,当 Ta 原子数分数增加到 10% 时,随着 Ta 原子数分数的增加,其氧化层逐渐变薄,由 10 μm 左右减小到 7 μm 左右,与之前相比减小的程度小了很多;当 Ta 原子数分数继续增加到 15% 时,如图 5.35(d)所示,其氧化层也逐渐变薄,由 7 μm 左右减小到 5 μm 左右,减小也不明显。在 Ti–Ta–Zr 合金中,Ti 的原子序数为 22,Zr 的原子序数为 40,Ta 的原子序数为 73,因此根据背散射电子成像原理可知,氧化膜中白色颗粒中 Ta 元素含量要远远高于 Ti 元素与 Zr 元素,推测白色微粒应该是 Ta 的氧化物,结合图 5.30 的 $Ti_{70}Zr_{30-x}Ta_x$ 合金氧化后的 XRD 图谱知应为 Ta_2O_5 相。

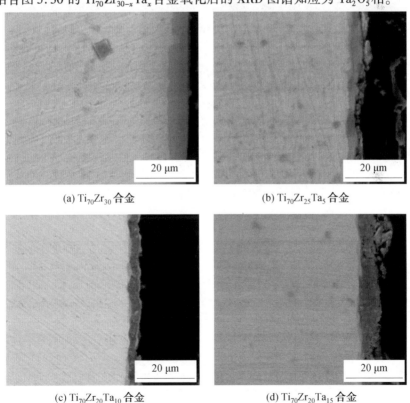

(a) $Ti_{70}Zr_{30}$ 合金　　　　　　　　　　(b) $Ti_{70}Zr_{25}Ta_5$ 合金

(c) $Ti_{70}Zr_{20}Ta_{10}$ 合金　　　　　　　　(d) $Ti_{70}Zr_{20}Ta_{15}$ 合金

图 5.35　450 ℃恒温氧化后 $Ti_{70}Zr_{30-x}Ta_x$ 合金的截面形貌

　　图 5.36 为 450 ℃恒温氧化后 $Ti_{70}Zr_{15}Ta_{15}$ 合金的截面及能谱线扫描。由图可见,沿着图中白色进行能谱线扫描时,氧元素主要分布在氧化膜中,而基体中原本就有的 Zr 元素、Ta 元素和 Ti 元素的变化规律则是 Ti 含量从过渡层开始呈逐渐下降趋势,Zr 元素在过渡层中含量低于其在基体与氧化膜中的含量;Ta 元素在过渡层和氧化膜中的含量略高于其在基体中的含量。

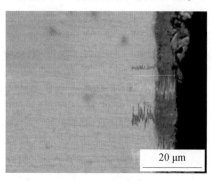

图 5.36　450 ℃恒温氧化后 $Ti_{70}Zr_{15}Ta_{15}$ 合金的截面及能谱线扫描

　　图 5.37 为 $Ti_{70}Zr_{30-x}Ta_x$ 合金 450 ℃恒温氧化 50 h 的氧化动力学曲线。由图可知,随着恒温氧化时间的延长,4 种试验合金的氧化物逐渐增多,氧化膜逐渐变厚,导致氧化增重逐渐增加,并且氧化初期的氧化速率都较快,然后随着氧化时间的增长,氧化增重逐渐变少,最终趋于平稳。从图中还能明显看出,不同 Ta 含量的 Ti-Zr-Ta 合金单位面积内的氧化增重速率也不相同,其中 $Ti_{70}Zr_{30}$ 合金在氧化过程中的氧化增重最大,随着 Ta 含量的增加,合金的氧化增重速率逐渐减小。在相同的氧化时间内,Ta 含量增加,氧化增重减少,这表明在 Ti-Zr-Ta 合金中 Ta

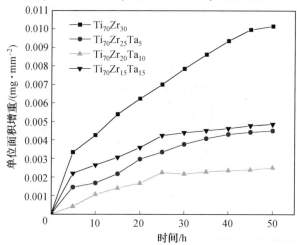

图 5.37　$Ti_{70}Zr_{30-x}Ta_x$ 合金 450 ℃恒温氧化 50 h 的氧化动力学曲线

的加入降低了合金的氧化增重,提高了 Ti–Zr 合金的抗氧化能力。

图 5.38 为 $Ti_{70}Zr_{30-x}Ta_x$ 合金 450 ℃ 恒温氧化的 $(\Delta m/S)^2$ 与 t 关系。由图可见,$Ti_{70}Zr_{30-x}Ta_x$ 合金氧化膜的 $(\Delta m/S)^2$ 与 t 的关系曲线呈线性,说明 $Ti_{70}Zr_{30-x}Ta_x$ 合金在 450 ℃ 恒温氧化时遵循抛物线规律。对图 5.38 进行线性拟合的斜率即为不同成分的 $Ti_{70}Zr_{30-x}Ta_x$ 合金在 450 ℃ 时的氧化速率常数 k_p,k_p 的具体数值见表 5.4。由表 5.4 可见,$Ti_{70}Zr_{30}$ 合金的氧化速率 k_p 为 2.162 16×10⁻⁶ mg²/mm⁴,加入第三组元 Ta 后,$Ti_{70}Zr_{25}Ta_5$、$Ti_{70}Zr_{20}Ta_{10}$ 和 $Ti_{70}Zr_{15}Ta_{15}$ 合金的 k_p 值比 $Ti_{70}Zr_{30}$ 合金降低了一个数量级,这表明 Ta 元素具有增强合金抗氧化性能的作用。

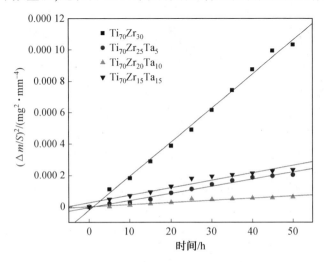

图 5.38　$Ti_{70}Zr_{30-x}Ta_x$ 合金 450 ℃恒温氧化的 $(\Delta m/S)^2$ 与 t 关系

表 5.4　$Ti_{70}Zr_{30-x}Ta_x$ 合金 450 ℃恒温氧化后的 k_p 值

合金	$Ti_{70}Zr_{30}$	$Ti_{70}Zr_{25}Ta_5$	$Ti_{70}Zr_{20}Ta_{10}$	$Ti_{70}Zr_{15}Ta_{15}$
k_p /(mg² · mm⁻⁴)	2.162 16×10⁻⁶	4.524 59×10⁻⁷	1.376 04×10⁻⁷	4.758 76×10⁻⁷

第6章 形状记忆合金的表面改性

6.1 Ti-Ni 合金表面钨离子注入改性

本节研究钨离子注入对 Ti-Ni 合金微观组织与性能的影响,选用 Ni 原子数分数为 50.9% 的 Ti-Ni 合金冷轧板材,控制合金中的杂质含量达到医用合金标准,试验合金的化学成分见表 6.1。

表 6.1 试验合金的化学成分

元素	Ni	C	H	O	Fe	杂质总量	Ti
原子数分数/%	50.9	0.032	0.003	0.045	0.040	0.100	余量

试验用板材的加工工艺:铸锭表面清理→均匀化退火→开坯锻造→热轧→喷砂→冷轧,最终板材厚度分别为 1 mm 和 0.5 mm,利用电火花线切割制备成 12 mm×12 mm 和 50 mm×0.5 mm 的试样,然后利用碳化硅砂纸进行磨制、抛光、超声波清洗,采用 MEVVA-80 离子注入源注入金属钨。

所有试样均经机械抛光处理,抛光后试样经分析纯丙酮、乙醇介质超声波振荡清洗 20 min,干燥后立即装入真空室。在进行 W 离子注入之前,对基体进行 Ar^+ 溅射清洗,以去除试样表面可能存在的吸附气体和氧化膜等杂质污染,提高薄膜的质量。Ar^+ 溅射的具体参数见表 6.2。

表 6.2 Ar^+ 溅射的具体参数

参数	溅射电压	真空度	功率	电流	气体流量	时间
数值	8 kV	$2.5×10^{-1}$ Pa	500 W	2 A	$1.44×10^{-3}$ m³/h	30 min

离子注入设备型号:MEVVA80-10,注入时的脉冲频率为 20 Hz,真空度为 $2.67×10^{-4}$ Pa,离子注入温度<150 ℃,注入时间为 1 h。具体制备工艺参数见表 6.3。

表6.3　W 离子注入工艺参数

编号	注入电压/kV	注入电流/mA	注入剂量/($\times 10^{17}$ cm^{-2})
Ti-Ni	0	0	0
40-4-1.5	40	4	1.5
40-4-2.5	40	4	2.5
40-4-5.0	40	4	5.0
45-4-1.5	45	4	1.5
35-4-1.5	35	4	1.5
40-2-1.5	40	2	1.5

6.1.1　W 离子注入对 Ti-Ni 合金微观组织结构的影响

1. Ti-Ni 合金表面 W 离子注入后的表面与截面形貌

图 6.1 为机械抛光 Ti-Ni 合金的三维形貌。由图可以看出,机械抛光的 Ti-Ni 合金表面有许多柱状突起;图 6.2 为注入剂量和注入电流相同时不同注入电压注入 W 后 Ti-Ni 合金的三维形貌,图 6.3 为注入电压与注入电流相同、注入剂量不同时注 W 改性 Ti-Ni 合金的三维形貌,图 6.4 为注入电流不同时注 W 改性 Ti-Ni 合金的表面三维形貌。由图 6.2 ~ 6.4 可以看出,与机械抛光的 Ti-Ni 合金相比,Ti-Ni 合金表面进行离子注 W 后其表面形貌有了显著改变。随注入电压的增大,注钨层比较平坦,有部分胞状凸起;当注入电压进一步增大,表面纳米胞状颗粒增多,但是纳米胞的高度相差不大,之后随注入电压继续增大,纳米胞相互长大成明显沟槽。由图 6.3 可知,随着注入剂量的增大,注钨后的 Ti-Ni 合金表面形貌改变最为明显,试样表面除形成明显沟槽外,还有孔洞出现。由图 6.4 可知,注入电流增大时,注钨改性 Ti-Ni 合金表面的纳米胞状颗粒也逐渐长大,并连接为沟槽。对比图 6.2 ~ 6.4 还可以看出,在注入电压、注入电流和注入剂量

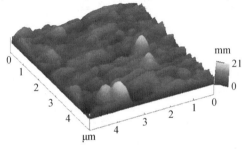

图 6.1　机械抛光 Ti-Ni 合金的三维形貌

三个因素中,注入电流对表面形貌的影响最弱,注入剂量和注入电压对注钨 Ti-Ni 合金的表面形貌影响较显著。

　　图 6.5 为 Ti-Ni 合金 W 离子注入前后的表面粗糙度均方根柱状图。由图 6.5(a) 可知,随注入剂量增大,表面粗糙度增大,除了注入剂量为 $1.5×10^{17}$ ions/cm² 的粗糙度低于机械抛光 Ti-Ni 合金外,其他两组均高于机械抛光的 Ti-Ni 合金;图 6.5(b) 为注入电压对注钨 Ti-Ni 合金表面粗糙度均方根的影响,由图可知,随注入电压增大,W 离子注入层的粗糙度均方根也逐渐增大,只有当注入电压为 45 kV 时注钨 Ti-Ni 合金的表面粗糙度才高于机械抛光的 Ti-Ni 合金;由图 6.5(c) 可知,随注入电流增大,表面粗糙度也随之增大。但均低于机械抛光 Ti-Ni 合金的表面粗糙度。因此,离子注钨对 Ti-Ni 合金的表面粗糙度的影响受注入工艺影响比较显著。

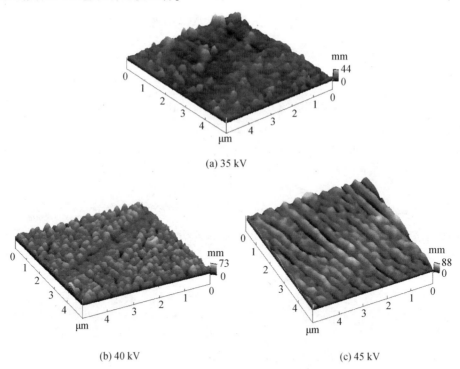

(a) 35 kV

(b) 40 kV　　　　　　　　　　　　(c) 45 kV

图 6.2　注入电流 4 mA、注入剂量 $2.5×10^{17}$ ions/cm² 时注入电压对注钨 Ti-Ni 合金表面三维形貌的影响

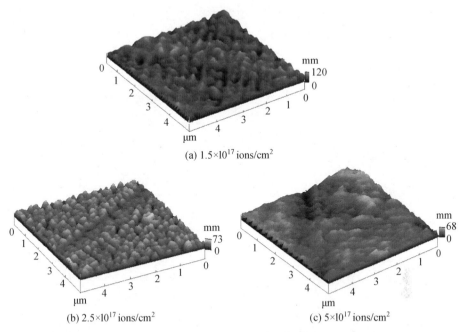

图 6.3　注入电压 40 kV、注入电流 4 mA 时注入剂量对注钨 Ti-Ni 合金表面三维形貌的影响

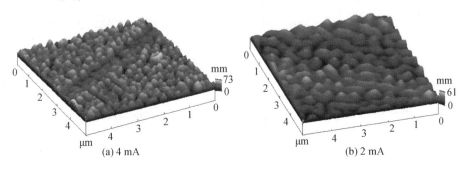

图 6.4　注入电压 40 kV、注入剂量 2.5×10^{17} cm^{-2} 时注入电流对注钨 Ti-Ni 合金表面三维形貌的影响

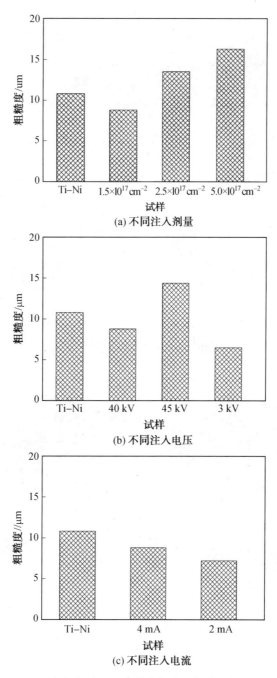

(a) 不同注入剂量

(b) 不同注入电压

(c) 不同注入电流

图 6.5 Ti–Ni 合金 W 离子注入前后的表面粗糙度均方根柱状图

2. 注钨 Ti–Ni 合金表面 XPS 分析

图 6.6 为经过 Ar⁺ 剥蚀不同时间后 Ti–Ni 合金的 XPS 谱图。从图中可以看出，Ti–Ni 合金表面经过 Ar⁺ 剥蚀 1 min 后，其表面成分主要由钛和氧两种元素组成，另外含有微量的碳。

Ti–Ni 合金试样暴露于空气中时，空气中的氧和水在表面产生化学吸附，由于化学亲和能 ΔG^0 不同，Ti 元素与 O 元素之间的亲和力远大于 Ni 元素与 O 元素的亲和力，Ti 元素容易被氧化成 TiO_2，而 Ni 则不易与氧发生反应形成 NiO，甚至已经形成的 NiO 大部分也会被向外扩散的 Ti 还原，并使 Ni 在氧化物与金属界面上浓缩，形成 Ni_3Ti，阻碍了 Ti–Ni 合金的进一步氧化，在 Ti–Ni 合金表面最终生成很薄的 TiO_2 钝化膜，该钝化膜具有良好抗腐蚀性能和生物相容性。表面存在 C 元素主要是由于试样暴露于空气中表面吸附的污染物造成的。

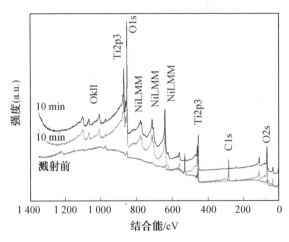

图 6.6　经 Ar⁺ 剥蚀不同时间后 Ti–Ni 合金的 XPS 谱图

从图 6.6 还可以看出，当用 Ar 离子对基体表层剥蚀 10 min 后，XPS 谱图上只出现了对应于钛和镍两种元素的谱峰，氧元素谱峰消失，表明钛的氧化物只存在于 Ti–Ni 合金的表面。

图 6.7 为注入电压 40 kV、注入电流 4 mA、注入剂量 2.5×10^{17} ions/cm² 制备的注钨 Ti–Ni 合金表面和经 Ar⁺ 剥蚀 3 min、6 min、9 min、12 min 后表面的 XPS 谱图。从图中薄膜表面的谱图可以看到存在分别对应于 O1s、C1s、W4f、Ti2p 及 Ni2p 的峰位。表明试样的表面吸附着大量的 C、O 元素，而 W 元素的含量相对较小。随着 Ar⁺ 剥蚀试样时间从 3 min 增加到 9 min，剥蚀深度随之增大，谱线上 C、O 元素的含量慢慢减少，W 的含量逐渐增多。在剥蚀 12 min 后，试样表面的 C、O 元素的含量比剥蚀 9 min 后高，原因是在制备 W 薄膜之前，Ti–Ni 基体表面有 TiO_2 膜层及微量的碳化物。未经剥蚀的试样表面 C、O 元素含量较多的主要原因

是试样在制备和测量的过程中的真空系统或密封部件的有机污染而造成的。

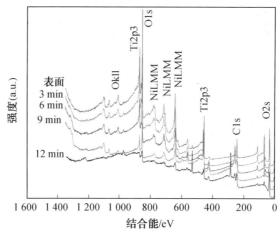

图 6.7　注钨改性 Ti-Ni 合金不同剥蚀时间后的 XPS 谱图

依据 XPS 表面分析理论,当金属原子被氧化时的主要特征是其特征峰所对应的结合能会偏移于该金属元素 XPS 标准卡上特征峰位置的结合能,而氧化价态越高,结合能越高,化学位移也越大。金属原子被氧化后,内层电子的结合能会增大,然而当氧元素与金属元素化合后,它的内层 1s 电子的结合能会降低。标准 XPS 参考书中 W 原子对应的 4f 电子主峰位置对应的结合能为 32.3 V,而 O 原子 1s 电子主峰位置的结合能为 532.0 V。图 6.8 为注钨 Ti-Ni 合金表面及经 Ar^+ 剥蚀 3 min、6 min、9 min、12 min 后其表面 W 元素和氧元素的 XPS 谱图。从图中可看出,图 6.8(a)中的双峰为 $W4f_{7/2}$ 和 $W4f_{5/2}$,结合能分别为 34 eV 和 32.9 eV。未经剥蚀前,W 元素各电子轨道的结合能都比其标准 XPS 上的结合能高。当 Ar^+ 剥蚀 12 min 后,对应轨道的电子结合能几乎不偏离其标准特征峰的结合能。表明在沉积过程中,从内向外 W 元素从非氧化态向氧化态转变。

当溅射剥离时间为 3 min,W4f 的图谱上在 32.09 eV 和 34.16 eV 位置出现了分别对应于 $W4f_{7/2}$ 和 $W4f_{5/2}$ 两个谱峰。这两个峰的结合能相差 2.7 eV,$W4f_{7/2}$ 和 $W4f_{5/2}$ 的面积比为 1.3~1.4,$W4f_{7/2}$ 的结合能与金属 W 的结合能相差 4.4 eV,该谱峰为 6 价 W 离子的谱峰。O1s 的图谱上在 530.7 eV 位置上出现了谱峰,表明此时钨的存在形式为 WO_3。

随着溅射剥离时间的增加,W4f 的双峰变宽,而且 $W4f_{7/2}$ 和 $W4f_{5/2}$ 的结合能从高变低。这表明在次外的 W 以 W 的低价氧化物式存在。W 的氧化物有 2 种形式:WO_3 和 WO_2。试样经过 6 min 和 9 min 溅射剥离后,在 22.9 eV 和 23.76 eV 结合能位置出现了对应于 $W4f_{7/2}$ 和 $W4f_{5/2}$ 的双峰,是典型的金属 W 谱峰,表明经过 6 min 溅射后到达了纯金属 W 注入区域。从谱峰随溅射周期变化的测定结果

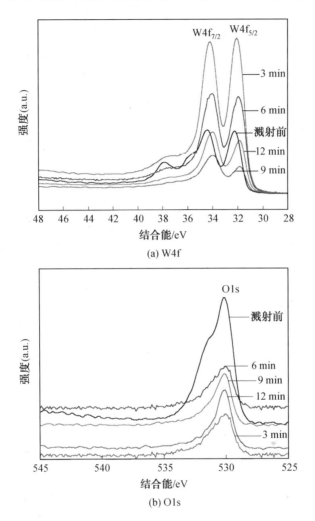

图 6.8　注钨 Ti-Ni 合金表面 Ar⁺ 剥蚀不同时间后 W4f 和 O1s 元素的 XPS 谱图

可知,Ti-Ni 合金 W 离子注入区成分从外至内依次为:高价钨的氧化物(WO_3)、低价钨的氧化物混合物和纯钨。

3. Ti-Ni 合金表面 W 离子注入后的 X 射线衍射分析

利用布鲁克公司的 D8 Advanced 型 X 射线衍射仪对离子注入 W 前后的 Ti-Ni合金进行 X 射线小角掠射,扫描范围为 10°～90°,掠射角为 2°,步长为 0.03,Cu 靶 K_α 衍射,波长为 0.154 18 nm。

因选择的合金基材是含 Ni 原子数分数为 50.9% 的 Ti-Ni 合金,该合金室温处于母相状态。图 6.9 为不同注入电压、不同注入剂量和不同注入电流条件下注钨 Ti-Ni 合金的 X 射线小角掠射图。通过对 X 射线衍射图的标定可知,不同工艺离子注钨后 Ti-Ni 合金中仍然主要是 Ti-Ni 母相和 TiNi₃相。此外,在 X 射线衍射图上还有一些强度很弱的峰,应该是注入的 W 元素的衍射峰。

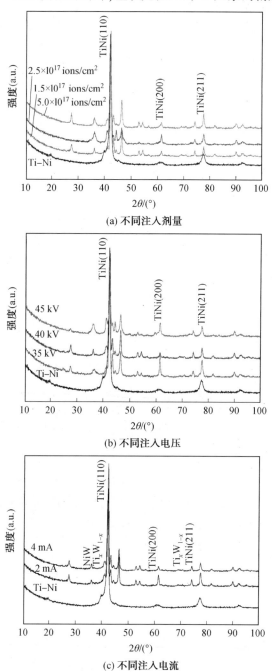

(a) 不同注入剂量

(b) 不同注入电压

(c) 不同注入电流

图 6.9　不同工艺参数注钨 Ti-Ni 合金的 X 射线小角衍射图

表 6.4 为根据图 6.9 计算得到 Ti-Ni 合金注钨前后 B2 母相的点阵参数。由表可知,机械抛光的 Ti-Ni 合金 B2 母相的点阵参数 a 为 0.300 964 nm,而对 Ti-Ni 合金进行离子注钨后,表层 Ti-Ni 合金 B2 母相的点阵参数 a 均有不同程度的增大,这是因为 W 原子半径过大,当 W 原子固溶到 B2 母相的晶格中引起了明显的点阵畸变。

表 6.4　Ti-Ni 合金离子注钨改性前后 B2 母相点阵参数

试样	40-4-1.5	40-4-2.5	40-4-5.0	45-4-1.5	35-4-1.5	40-2-1.5	Ti-Ni
a/nm	0.301 289	0.301 426	0.301 590	0.301 520	0.301 552	0.301 519	0.300 964

4. Ti-Ni 合金表面 W 离子注入后的界面微观组织

图 6.10 为不同工艺注 W 后的 Ti-Ni 合金在扫描电子显微镜(SEM)下的背散射电子像。由图可见,从外向内,试样的横截面分为三层:最外层的暗区,次外层的亮区和灰色的基体,层与层之间结合面较为光滑。随着注入剂量的增大,白亮层的厚度变化不大,但致密度变差,且与灰暗层间的界面也随着离子注入剂量的增大越来越不平整。随着注入电压增大,白亮层致密度先增大后降低,注入电压为 45 kV 时,注入层的致密性最差。随注入电流密度增大,注入层厚度增加,致密度无明显区别。根据背散射电子成像原理和 XPS 的结果可知,黑色区域为 W 离子注入过程中溅射出的 Ti 与 O 形成的 TiO_2 区域,厚度为 1 ~ 2 μm,白色区域为富 W 区域。

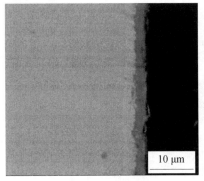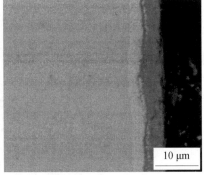

(a) 40 kV-4 mA-1.5×10¹⁷ ions/cm²　　　(b) 40 kV-4 mA-2.5×10¹⁷ ions/cm²

图 6.10　不同工艺注钨 Ti-Ni 合金扫描电镜下的背散射电子像

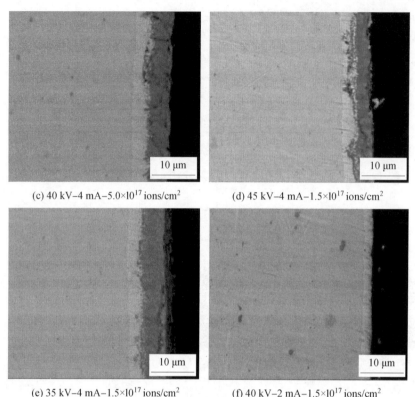

(c) 40 kV–4 mA–5.0×10^{17} ions/cm^2 (d) 45 kV–4 mA–1.5×10^{17} ions/cm^2

(e) 35 kV–4 mA–1.5×10^{17} ions/cm^2 (f) 40 kV–2 mA–1.5×10^{17} ions/cm^2

续图 6.10

为了研究离子注钨后 Ti–Ni 合金表面的微观组织,对注 W 改性的 Ti–Ni 合金利用美国 FEI 公司 Heliosnanolab 600 聚焦离子束(FIB)双束系统进行高分辨电镜试样制备加工,制备后的试样如图 6.11 所示。

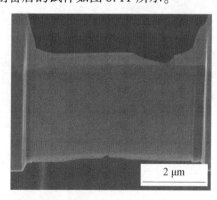

图 6.11　注入电压 45 kV、注入电流 4 mA、注入剂量 1.5×10^{17} cm^{-2} 组试样利用 FIB 双束制备的
HRTEM 试样

　　图 6.12 为注入电压 45 kV、注入电流 4 mA、注入剂量 2.5×10^{17} ions/cm² 的 Ti-Ni 合金的低倍高分辨电镜像。图中两个箭头之间的区域就是 W 离子注入层，厚度为 50~60 nm。从图中可以看出，W 离子注入层在高分辨电镜下与基体界面清晰，界面较平整，但是注入层中存在孔洞等缺陷，比较疏松，致密性较差，与该工艺制备的试样的 SEM 照片所观察的结果一致。

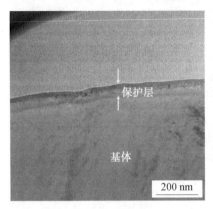

(a) 界面明场像

(b) 界面高分辨像

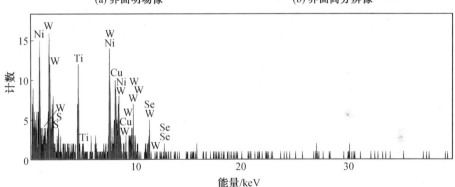

(c) 界面的能谱图

图 6.12　注入电压 45 kV、注入电流 4 mA、注入剂量 2.5×10^{17} ions/cm² 试样的低倍 HRTEM 照片

　　图 6.13 为注入电压 45 kV、注入电流 4 mA、注入剂量 2.5×10^{17} cm^{-2} 的 Ti-Ni 合金的高倍高分辨电镜像。由图 6.13(c) 中的电子衍射斑知 B 区为非精区，由图 6.13(b) 和 (d) 知 A 区为晶区与非晶区混合区，C 区为结晶区。因此，注钨改性 Ti-Ni 合金的 W 离子注入层由非晶区和结晶区组成。其中，非晶区是由于高能入射的离子溅射形成的损伤区，而 W 元素主要分布在非晶区中。

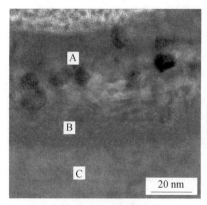

(a) 注入层的放大像

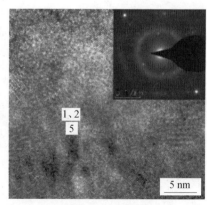

(b) 图(a)中A与B区界面处放大及相应的
电子衍射斑

(c) 图(a)中B区放大及相应的衍射斑

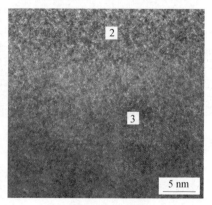

(d) 图(a)中C区放大

图 6.13　注入电压 45 kV、注入电流 4 mA、注入剂量 2.5×10^{17} cm^{-2} 注钨 Ti-Ni
合金的高倍 HRTEM 照片及衍射斑

6.1.2　W 离子注入对 Ti-Ni 合金腐蚀行为的影响

1. 腐蚀行为试验方法

Ti-Ni 合金的腐蚀性能、生物医学性能与其表面处理状态密切相关。大量研究证实,Ti-Ni 合金需要经过适当的表面处理后才可以用作人体植入材料,目前医用 Ti-Ni 主要的表面处理方法是钝化处理,即在合金表层形成一定厚度的氧化膜,以阻隔金属态 Ti、Ni 原子与生物组织之间发生反应。

作为植入人体的医用金属材料,必须满足耐蚀性的要求。对于血管内金属支架,因其所接触的环境为血液,血液是一种复杂的腐蚀介质,包含水、血红蛋白、含氮化合物及多种无机盐,而支架的金属细丝直径只有 0.05 ~ 0.2 mm,如果发生腐蚀,则会影响力学性能,缩短使用寿命,造成生理环境的破坏,导致凝血和血栓的形成。因此对 Ti-Ni 合金的抗腐蚀性能提出了更高的要求。Ti-Ni 合金的腐蚀形式主要是点蚀,在腐蚀过程中会伴有 Ni 离子的溶出,通过表面注入钨离子可以有效提高 Ti-Ni 合金的抗腐蚀性能,抑制 Ni 离子溶出,从而改善 Ti-Ni 合金的生物相容性。本节系统研究了离子注钨对 Ti-Ni 合金腐蚀行为的影响规律,探讨注钨 Ti-Ni 合金的腐蚀机制。

采用荷兰 Eco Chemie 公司的 AUTOLAB PGSTA302 型电化学工作站对离子注钨前后 Ti-Ni 合金进行动电位极化(扫描速率为 0.5 mV/s)和电化学阻抗谱的测试(测试信号为幅值 10 mV 正弦波,测量频率为 100 kHz ~ 0.01 Hz)。数据由计算机采集处理,参比电极为饱和甘汞电极,辅助电极为 Pt 电极。将试样浸入 pH 为 7.4 的 Hank's 溶液中,在开路状态下放置 30 min 后开始电化学阻抗和动电位极化的测量。

2. 注钨 Ti-Ni 合金的开路电位

开路电位(也称自然腐蚀电位)是不受外加极化条件下的稳定电位,这一参数反映了材料的热力学特征及电极的表面状态。根据电化学原理,E_{OCP} 值越负,腐蚀倾向性越大;E_{OCP} 值越正,腐蚀倾向性越小。本研究中的 OCP 值是做动电位极化试验前,试样在开路电位状态下 30 min 的数值。

表 6.5 为不同注钨工艺制备的注钨 Ti-Ni 合金在开路电位状态下 30 min 的数值,以 Ti-Ni 合金作为对照。从表中可以看出,注钨后 Ti-Ni 合金的开路电位值都比二元 Ti-Ni 合金的高,说明 W 离子的注入降低了 Ti-Ni 合金表面的腐蚀倾向性,提高了其耐腐蚀性;随着注入剂量的增大,注钨后 Ti-Ni 合金的开路电位值先减小后增大,说明注钨改性的 Ti-Ni 合金的腐蚀倾向性先升高后降低;随着注入气压的增大,注钨后 Ti-Ni 合金的开路电位值降低,导致注钨 Ti-Ni 合金的腐蚀倾向性增大;随注入电流的增大,注钨后 Ti-Ni 合金的开路电位值升高,导致注钨后 Ti-Ni 合金的腐蚀倾向性降低,在 6 组不同工艺注钨改性的 Ti-Ni 合金中,注入电压 40 kV、注入电流 4 mA、注入剂量 1.5×10^{17} ions/cm^2 的工艺得到 Ti-Ni 合金的开路电位值最高。

表 6.5　Ti-Ni 合金注钨前后在 Hank's 溶液中浸泡 30 min 后的开路电位值

试样	Ti-Ni	40-4-1.5	40-4-2.5	40-4-5.0	45-4-1.5	35-4-1.5	40-2-1.5
开路电位/V	-0.356	-0.023	-0.212	-0.103	-0.232	-0.025	-0.276

3. 注钨 Ti-Ni 合金的电化学阻抗谱分析

电化学阻抗谱是用一个角频率为 ω 的小振幅正弦波电流信号对一个稳定的电极系统进行扰动,相应的电极电位就做出角频率为 ω 的正弦波响应,从被测电极与参比电极之间输出一个角频率为 ω 的电压信号,此时电极系统的频率响应函数就是电化学阻抗。电化学阻抗谱分析可以在很宽的测试信号频率范围内对涂层进行测量,同时由于它采用小振幅的正弦波扰动信号,测量时不会使涂层体系发生较大的改变。因此,电化学阻抗谱分析成为研究涂层性能与涂层破坏过程的一种重要的电化学方法,在 20 世纪 80 年代,开始大量用电化学阻抗谱分析评价涂层性能。本研究采用电化学阻抗谱来测试不同工艺条件注钨 Ti-Ni 合金的极化阻抗,为解释不同工艺条件下注钨 Ti-Ni 合金的腐蚀行为的差别提供依据。

　　图 6.14 为 Ti-Ni 合金的电化学阻抗波特(Bode)图。图 6.15 为不同剂量注钨 Ti-Ni 合金在 Hank's 溶液中的电化学阻抗谱图。从图 6.15 中可以明显看出,注钨 Ti-Ni 在相同的频率下阻抗比 Ti-Ni 合金的高,相位角都在很宽的频率范围内,接近 80°。

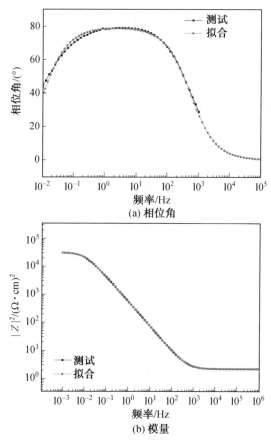

(a) 相位角

(b) 模量

图 6.14　机械抛光注钨 Ti-Ni 合金在 Hank's 溶液中的波特图

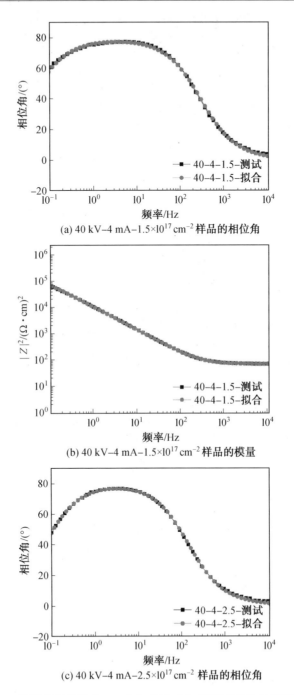

(a) 40 kV–4 mA–1.5×10¹⁷ cm⁻² 样品的相位角

(b) 40 kV–4 mA–1.5×10¹⁷ cm⁻² 样品的模量

(c) 40 kV–4 mA–2.5×10¹⁷ cm⁻² 样品的相位角

图 6.15　不同剂量注钨 Ti–Ni 合金在 Hank's 溶液中的电化学阻抗谱图

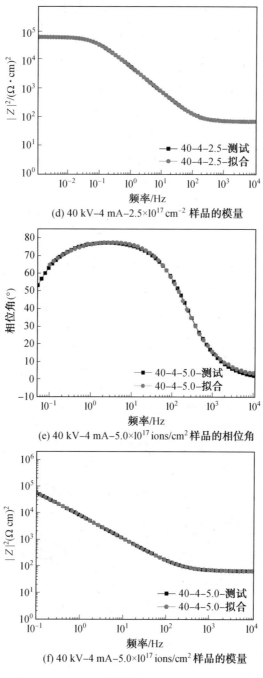

(d) 40 kV-4 mA-2.5×10¹⁷ cm⁻² 样品的模量

(e) 40 kV-4 mA-5.0×10¹⁷ ions/cm² 样品的相位角

(f) 40 kV-4 mA-5.0×10¹⁷ ions/cm² 样品的模量

续图 6.15

　　分析电极系统的结构,建立等效电路是进行电化学阻抗谱数据分析的关键。由图 6.14 和图 6.15 可以看出,相位角仅有一个峰值,表明电化学阻抗谱有一个时间常数,这说明该电极系统的等效电路中仅包含一个由电阻和电容并联组成的复合元件(RC),这与复合元件频响特征的阻抗复平面图相对应。若从试验过程中电极系统的构成考虑,注钨 Ti-Ni 合金电极系统置于电解槽中,参比电极的鲁金毛细管口到工作电极之间充满电解质溶液,对电极系统的阻抗有一定的作用,定义为溶液电阻 R_S,而工作电极(注钨 Ti-Ni 合金)与电解质溶液两相之间存在一个双电层,CPE_W 表示双电层电容,R_W 表示电极反应时电荷穿过双电层时电荷转移电阻。因此,注钨 Ti-Ni 合金电化学阻抗谱拟合的等效电路如图 6.16 所示。由于电极与电解质溶液之间界面双电层电容的频响特性与纯电容并不一致,而有或大或小的偏离,因而在电极系统的等效电路中,常用等效电路元件——常相位角元件(CPE)表示固体电极的双电层电容。其阻抗为 $Z_{CPE} = 1/[Y_0(j\omega)]^n$。其中,$Y_0$ 是常数;ω 是相位角频率;n 是无量纲常数($0 < n < 1$);$j = \sqrt{-1}$。当 $n = 0$ 时代表阻抗;当 $n = 1$ 时代表纯电容;当 $0 < n < 1$ 变化时,代表电双层电容产生弥散效应。

图 6.16　注钨 Ti-Ni 合金电化学阻抗谱拟合的等效电路

　　确定了注钨 Ti-Ni 合金在电解质溶液中电极过程的等效电路后,应用 ZViw 电化学阻抗谱解析软件进行阻抗谱数据拟合。注钨前后 Ti-Ni 合金的拟合曲线如图 6.15 所示。从图中可以看出,拟合曲线与测试曲线吻合较好,拟合的数据见表 6.6。极化阻抗 R_{pol} 是溶液电阻 R_s 和注 W 层阻抗 R_{ct} 之和,由于 $R_{ct} \gg R_s$,所以极化阻抗值就是注钨层阻抗。从表中可以明显看出,注钨 Ti-Ni 的 R_{pol} 比 Ti-Ni 合金的 R_{pol} 高近一个数量级。根据 Stern-Geary 方程 $i_{corr} = B/R_{pol}$(B 为常数)可知,腐蚀速度与极化阻抗成反比,极化阻抗越大,耐腐蚀性越好。

表 6.6　离子注钨对 Ti-Ni 合金的交流阻抗谱拟合参数的影响

试样	$R_s/(\Omega \cdot cm^{-2})$	$CPE_W/(F \cdot cm^{-2})$	n	$R_W/(\Omega \cdot cm^{-2})$	$R_{pol}/(\Omega \cdot cm^{-2})$
Ti-Ni	2.17	4.44×10^{-4}	0.883	32 117	32 117
40-4-1.5	68.96	1.82×10^{-5}	0.883	196 630	196 630
40-4-2.5	72.46	9.08×10^{-5}	0.889	185 335	185 335
40-4-5.0	64.08	2.44×10^{-5}	0.88	202 450	202 450

4. 注钨 Ti-Ni 合金的动电位极化

开路电位的检测结果表明,注钨 Ti-Ni 合金在 Hank's 溶液中的腐蚀行为受制备工艺的影响,为了进一步研究注钨 Ti-Ni 合金的抗腐蚀性能,利用动电位极化技术测试注钨 Ti-Ni 合金在 Hank's 溶液中的动电位极化曲线。图 6.17 和图 6.18 分别是机械抛光的 Ti-Ni 合金和不同工艺注钨的 Ti-Ni 合金在 Hank's 溶液中的极化曲线。

由图 6.17 可知,机械抛光的 Ti-Ni 合金的击穿电位 E_{brk} 约为 0.73 V,当外电位超过 E_{brk} 后,腐蚀电流密度随外电位升高而快速增加。对比图 6.17 与图 6.18 可知,注 W 的 Ti-Ni 合金其极化曲线形状与 Ti-Ni 不同,由于有 W 离子注入层的存在,注 W 的 Ti-Ni 合金在电化学腐蚀时发生明显的钝化,然后随电压增大,W 离子层最终被破坏,注钨改性的 Ti-Ni 合金在之后的极化过程与机械抛光的 Ti-Ni 合金一样。当注入剂量为 $5×10^{17}$ ions/cm² 时,极化曲线形状明显,与其他合金试样不同,试样经阳极活化后很快被击穿,发生点蚀。

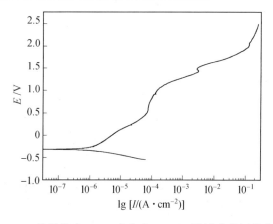

图 6.17　机械抛光 Ti-Ni 合金在 Hank's 溶液中的极化曲线

表 6.7 为根据图 6.17 和图 6.18 计算出的 Ti-Ni 合金注钨前后的自腐蚀电位 E_{corr}、自腐蚀电流密度、击穿电位 E_{brk} 和钝化电流密度 I_p 值。一般而言,根据动电位极化曲线判断材料的腐蚀行为是依据从该曲线中得到的几个参数,即自腐蚀电位 E_{corr}、自腐蚀电流密度 I_{corr}、击穿电位 E_{brk} 和钝化电流密度 I_p。众所周知,当自腐蚀电位和击穿电位越高,自腐蚀电流密度和钝化电流密度越低,相应的材料耐腐蚀性就越高。

由表 6.7 可知,对 Ti-Ni 合金进行 W 离子注入改性后,随注入剂量增大,试验合金自腐蚀电位 E_{corr} 和击穿电位 E_{brk} 先升高后降低,自腐蚀电流密度 I_{corr} 和钝化电流密度 I_p 先降低后升高,说明合金的耐蚀性随注入剂量增大先升高后降低;随注入电压升高,注钨 Ti-Ni 合金自腐蚀电位 E_{corr} 和击穿电位 E_{brk} 逐渐降低,自腐

蚀电流密度 I_{corr} 和钝化电流密度 I_p 先降低后升高,说明注钨的 Ti-Ni 合金耐蚀性随注入电压增大逐渐降低;随注入电流密度增大,注钨 Ti-Ni 合金的自腐蚀电位 E_{corr} 和击穿电位 E_{brk} 逐渐升高,自腐蚀电流密度 I_{corr} 和钝化电流密度 I_p 逐渐降低,说明注钨的 Ti-Ni 合金耐蚀性随注入电流密度增大逐渐提高。此外,注钨 Ti-Ni 合金的自腐蚀电位 E_{corr}、自腐蚀电流密度 I_{corr}、击穿电位 E_{brk} 和钝化电流密度 I_p 均比机械抛光的 Ti-Ni 合金低,说明离子注 W 能够提高 Ti-Ni 合金的耐腐蚀性。

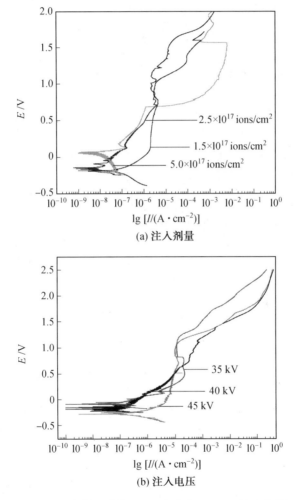

图 6.18　不同注入参数的注钨 Ti-Ni 合金在 Hank's 溶液中的极化曲线

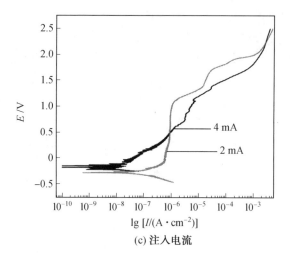

(c) 注入电流

续图 6.18

表 6.7 由图 6.18 极化曲线计算的有关电化学参数

试样	E_{corr}/V	$I_{corr}/(A \cdot cm^{-2})$	E_{brk}/V	$I_p/(A \cdot cm^{-2})$
Ti-Ni	-0.315	1.17×10^{-6}	0.73	7.2×10^{-6}
40-4-1.5	-0.151	9.7×10^{-8}	1.06	1.17×10^{-7}
40-4-2.5	-0.251	1.17×10^{-7}	1.13	4.03×10^{-7}
40-4-5.0	-0.135	4.85×10^{-7}	0.51	8.36×10^{-7}
45-4-1.5	-0.273	8.7×10^{-8}	1.10	9.36×10^{-7}
35-4-1.5	-0.098	4.22×10^{-8}	1.22	1.26×10^{-7}
40-2-1.5	-0.282	1.18×10^{-7}	1.05	9.22×10^{-7}

5. 注钨 Ti-Ni 合金在 Hank's 溶液中的 Ni^{2+} 析出

将试样未注入钨离子的面用环氧树脂密封,与模拟液接触的面积为 1 cm²,每组 3 块,浸泡于 500 mL 的 Hank's 溶液中,每隔 7 天用德国耶拿的 AAS ZEEnit700 型原子吸收光谱测定 Ni 离子的质量浓度,从而计算浸泡试样的 Ni 离子析出量,如图 6.19 所示。

由图 6.19 (a) 可见,随注入剂量增大,在浸泡时间不超过 8 周时,注钨改性 Ti-Ni 合金中的 Ni 离子析出量远低于机械抛光 Ti-Ni 合金,然后随浸泡时间延长,注入剂量为 1.5×10^{17} ions/cm² 和 2.5×10^{17} ions/cm² 的 Ti-Ni 合金 Ni 离子析出量略有增大,但注入剂量为 5.0×10^{17} ions/cm² 的 Ti-Ni 合金 Ni 离子析出量迅速增多,到第 12 周时,几乎接近于机械抛光的 Ti-Ni 合金中 Ni 离子析出量;随注入电压升高,Hank's 溶液中的 Ni 离子质量浓度在 8 周时间内增长缓慢,然后随时间延长,Ni 离子浓度增加较快;由图6.19(b)可见,随钨离子注入电压升高,注钨改性 Ti-Ni 合金的 Ni 离子析出量变化趋势与不同 W 离子注入剂量的 Ti-Ni 合金相似,但是注入电压为 45 kV 的试样在浸泡时间为 10 周时 Ni 离子的析出量超过 Ti-Ni合金,之后随浸泡时间继续增加,Ni 离子的析出量略有增加;由图6.19(c)可见,随电流密度增加,注钨改性的 Ti-Ni 合金的 Ni 离子析出量降低。总而言之,在浸泡时间不超过 60 天时,注钨改性 Ti-Ni 合金的 Ni 离子析出量均低于 Ti-Ni合金,且注入工艺为 40-4-1.5 的合金在 12 周的浸泡过程中 Ni 离子的析出量最低。

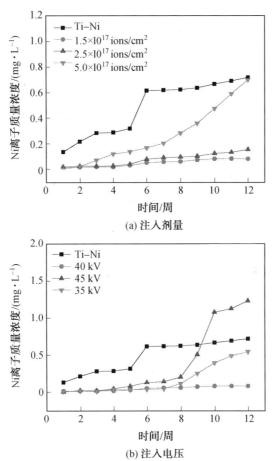

(a) 注入剂量

(b) 注入电压

图 6.19　不同工艺注钨 Ti-Ni 合金浸泡在 Hank's 溶液中的 Ni 离子质量浓度与时间曲线

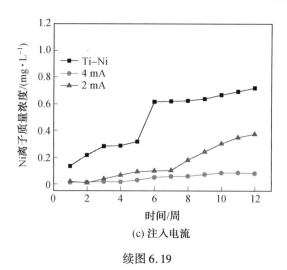

(c) 注入电流

续图 6.19

　　注钨改性 Ti-Ni 合金在浸泡过程中的 Ni 离子析出呈现如此趋势与其表面形貌和截面形貌有关。由前面 AFM 三维形貌和表面粗糙度分析可知,注入电压为 45 kV 的试样表面形成的纳米胞最大,形成的沟槽比较宽,且粗糙度最大。

6. 注钨 Ti-Ni 合金耐蚀机理分析

　　图 6.20 为机械抛光 Ti-Ni 合金电化学极化后的腐蚀形貌。由图可见,Ti-Ni 合金在电化学极化过程中发生了明显的点蚀腐蚀。

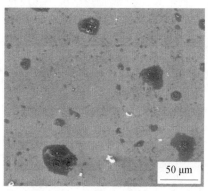

图 6.20　机械抛光 Ti-Ni 合金电化学极化后的腐蚀形貌

　　图 6.21 为不同工艺注钨 Ti-Ni 合金电化学极化后的腐蚀形貌。由图可见,对 Ti-Ni 合金进行 W 离子注入改性,注入工艺为 40-4-1.5 和 40-2-1.5 时在电化学极化过程中开始发生均匀腐蚀,当注入层都均匀腐蚀后,Ti-Ni 基体继续发生点蚀;而其他注入工艺的合金可以看到明显的合金电化学极化后的腐蚀形貌。

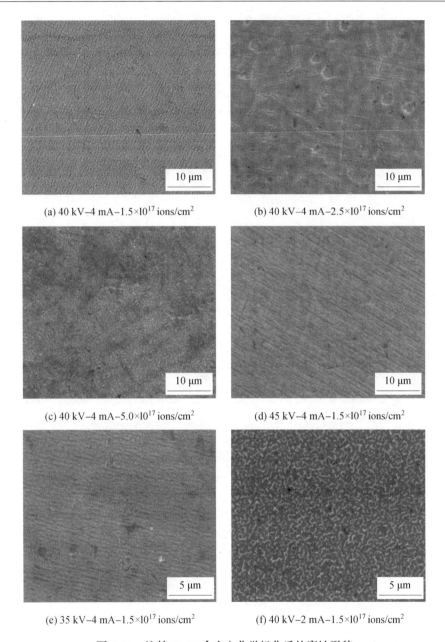

(a) 40 kV–4 mA–1.5×10^{17} ions/cm^2

(b) 40 kV–4 mA–2.5×10^{17} ions/cm^2

(c) 40 kV–4 mA–5.0×10^{17} ions/cm^2

(d) 45 kV–4 mA–1.5×10^{17} ions/cm^2

(e) 35 kV–4 mA–1.5×10^{17} ions/cm^2

(f) 40 kV–2 mA–1.5×10^{17} ions/cm^2

图 6.21　注钨 Ti–Ni 合金电化学极化后的腐蚀形貌

图 6.22 为不同注钨 Ti–Ni 合金在 Hank's 溶液中浸泡 12 周后的腐蚀形貌。图 6.22（a）和（b）中没有观察到点蚀坑存在,说明这两个注钨工艺制备的试样发生了均匀腐蚀;而图 6.22（b）、（c）和（d）均能观察到点蚀坑,说明它们在浸泡过程中发生点蚀。

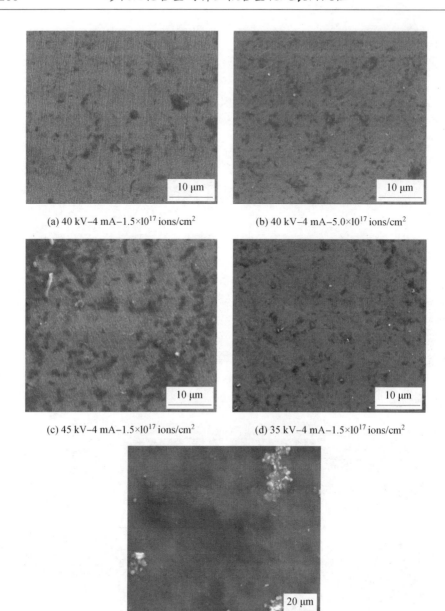

(a) 40 kV–4 mA–1.5×10^{17} ions/cm^2 (b) 40 kV–4 mA–5.0×10^{17} ions/cm^2

(c) 45 kV–4 mA–1.5×10^{17} ions/cm^2 (d) 35 kV–4 mA–1.5×10^{17} ions/cm^2

(e) 40 kV–2 mA–1.5×10^{17} ions/cm^2

图 6.22　注钨 Ti–Ni 合金在 Hank's 溶液中浸泡 12 周后的腐蚀形貌

　　考察表面改性层能否提高基体的耐腐蚀性,首先要考虑该膜层本身是否具有良好的化学惰性,此外还要考虑该膜层的质量,因为膜中的空洞或者缺陷都能为腐蚀提供通道;同时还要考虑膜与基体的结合力,没有好的结合力,膜层易脱落。考虑上述因素并结合本试验结果分析离子注钨提高 Ti–Ni 合金表面的耐腐蚀性能的主要原因如下：金属钨本身具有良好的耐腐蚀性，因为钨具有很好的化学惰性；从图 6.10 注钨改性 Ti-Ni 合金截面形貌可以看出注入层没有空洞。而且离子注入层与基体属于冶金结合，结合力很好。因此，根据注入工艺的不同，注钨改性 Ti-Ni 合金存在两种腐蚀形式，其一为均匀腐蚀，其二为以点腐蚀为主的局部腐蚀。

（1）均匀腐蚀。

注入电压为 40 kV、注入电流为 4 mA、注入剂量为 1.5×10^{17} ions/cm² 和注入电压为 40 kV、注入电流为 2 mA、注入剂量为 1.5×10^{17} ions/cm² 的合金均发生了均匀腐蚀，浸泡后试样表面没有典型的点蚀坑。之所以如此，是因为在上述情况下得到的注入层致密，不存在贯穿注入层的针孔和凹坑，注钨 Ti-Ni 合金的腐蚀就是注入层本身的腐蚀。

注钨改性 Ti-Ni 合金均匀腐蚀机理推测：当把注钨改性的 Ti-Ni 合金放入 Hank's 溶液中后，W 离子注入层作为阻挡层使溶液不能直接接触 Ti-Ni 合金基体，注钨的 Ti-Ni 合金表面会发生钨的氧化膜生成和溶解反应。起初，这种反应对镀层表面形貌没有很大影响，但随着时间的推移，镀层表面不均匀程度会由于溶液的作用而加剧，出现较为明显的凹坑和突起，导致表面粗糙度增大。由于腐蚀介质中存在溶解的氧，氧参与钨氧化物的形成，此时氧化物的形成是电化学反应。其中，钨/钨的氧化物作为阳极，钨的氧化物/溶液作为阴极形成腐蚀电池。注钨 Ti-Ni 合金均匀腐蚀示意图如图 6.23 所示。

阳极反应：

$$W \longrightarrow W^{6+} + 6e^-$$

阴极反应：

$$O_2 + 6e^- \longrightarrow 3O^{2-}$$

总反应式：

$$2W + 3O_2 \longrightarrow 2WO_3$$

（2）以点腐蚀为主的局部腐蚀。

不论是电化学极化还是化学浸泡试验，都发现注钨工艺为 40-4-1.5、40-4-2.5、40-4-5.0 和 35-4-1.5 的试样表面存在点腐蚀坑，说明这几种工艺注钨 Ti-Ni 合金表面发生了点腐蚀。离子注入虽然能够形成较为致密的钨离子注入层，但由于是高能离子溅射，注入层中会存在空位等缺陷，缺陷密度与注入工艺密切相关，当注入层很薄或者不够致密时，不可避免地存在贯穿离子注入层的针孔和凹坑，这种缺陷的存在使 Hank's 溶液通过浸润或毛细作用抵达 Ti-Ni 合金基体，造成基体的腐蚀。此时注钨层由于电位较正，作为阴极，Ti-Ni 合金基体电位较负,作为阳极,发生阳极溶解。

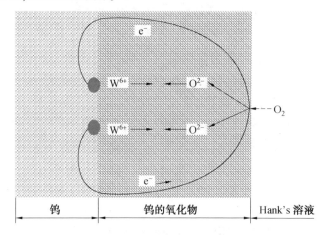

图 6.23　注钨 Ti–Ni 合金均匀腐蚀示意图

6.1.3　W 离子注入对 Ti–Ni 合金力学性能的影响

图 6.24 为 W 离子注入前后 Ti–Ni 合金室温拉伸的应力–应变曲线。由图可知,W 离子注入后,拉伸应力–应变曲线的形状发生明显改变。Ti–Ni 合金在 W 离子注入前,拉伸曲线存在较长的屈服平台,相应于 Ti–Ni 合金的超弹性效应,而注 W 后,屈服平台的长度发生明显变化。从图 6.24(a)可以看出,随注入电压升高,注钨改性 Ti–Ni 合金的抗拉强度明显高于未改性的 Ti–Ni 合金,而延伸率略低于未改性的 Ti–Ni 合金,且随注入电压升高,屈服强度降低,抗拉强度升高;从图 6.24(b)可知,随注入剂量增大,W 离子注入所引起的固溶强化效果更为显著,合金的抗拉强度显著高于未改性的 Ti–Ni 合金,而延伸率略有下降;从图 6.24(c)可知,注入电流对抗拉强度、屈服应力和延伸率的影响较弱,没有注入剂量和注入电压的变化所带来的影响显著。

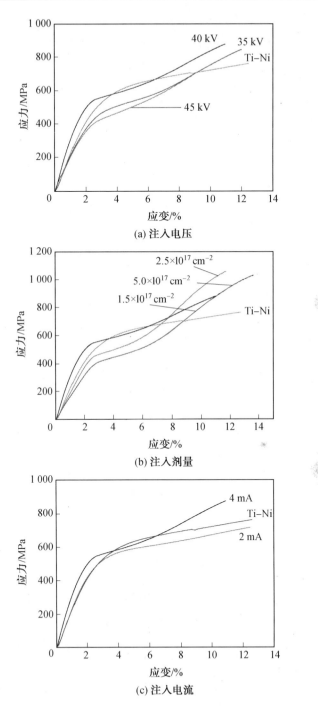

(a) 注入电压

(b) 注入剂量

(c) 注入电流

图 6.24　Ti-Ni 合金注钨改性前后室温拉伸的应力-应变曲线

　　图 6.25 为 Ti-Ni 合金的纳米硬度和弹性模量曲线,由图 6.25 可知,Ti-Ni 二元合金的纳米硬度约为 5.80 GPa,弹性模量约为 70 GPa。

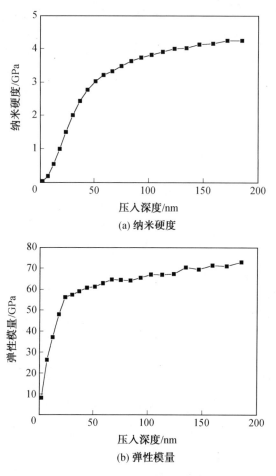

(a) 纳米硬度

(b) 弹性模量

图 6.25　Ti-Ni 合金的纳米硬度和弹性模量曲线

　　图 6.26 和图 6.27 分别是离子注 W 改性后 Ti-Ni 合金的纳米硬度和弹性模量曲线。与图 6.25 比较可知,无论是否有 W 离子注入,合金的纳米硬度在初试阶段都是随压入深度增加而迅速升高,但是当压入深度不超过 80 nm 时,注 W 改性的 Ti-Ni 合金的纳米硬度的升高幅度远大于未注 W 的 Ti-Ni 合金。然而随压入深度的继续增加,注 W 改性的 Ti-Ni 合金的纳米硬度值趋于稳定值。随 W 离子注入剂量增大和注入电压升高,注钨改性 Ti-Ni 合金的纳米硬度值均先升高后降低,呈相似的变化趋势;随注入电流增大,注钨改性 Ti-Ni 合金的纳米硬度降低。

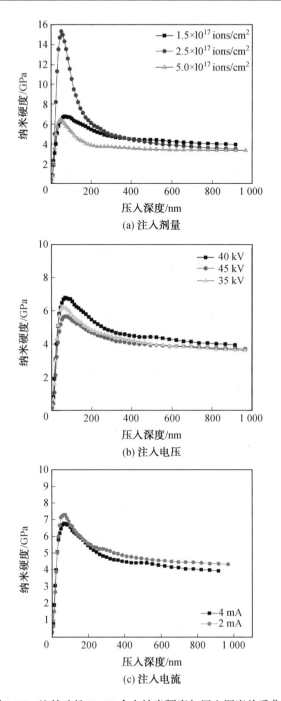

(a) 注入剂量

(b) 注入电压

(c) 注入电流

图 6.26　注钨改性 Ti–Ni 合金纳米硬度与压入深度关系曲线

图 6.27 为注钨改性 Ti-Ni 合金弹性模量与压入深度关系曲线,随压入深度增加,合金的弹性模量逐渐升高,当达到一定值后,压入深度继续增加,而弹性模量趋于一个定值。随 W 离子注入剂量增大和注入电压升高,注钨改性 Ti-Ni 合金的弹性模量均先升高后降低,呈相似的变化趋势,但注入剂量对弹性模量的影响明显强于注入电压的影响;随注入电流增大,合金的弹性模量略有降低。总而言之,只有注入工艺为 40 kV、4 mA、2.5×10^{17} ions/cm² 的合金的弹性模量值远高于其他工艺制备的注钨改性 Ti-Ni 合金,约为 123 GPa,其他注钨改性 Ti-Ni 合金的弹性模量均低于 90 GPa。

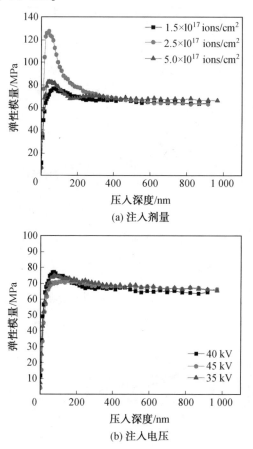

(a) 注入剂量

(b) 注入电压

图 6.27 注钨改性 Ti-Ni 合金弹性模量与压入深度关系曲线

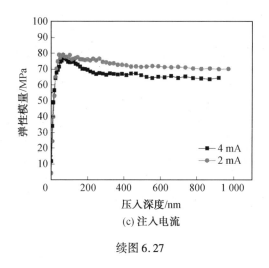

(c) 注入电流

续图 6.27

6.2　Ti-Ni 合金表面磁控溅射镀钨

基体材料为北京某公司生产的 1 mm 厚的 $Ti_{49.1}Ni_{50.9}$ 合金冷轧板,在磁控溅射前使用电火花线切割将板材切割成 10 mm×10 mm×1 mm 的正方形试样,然后利用砂纸进行粗磨、细磨和抛光,最后用去离子水清洗,利用磁控溅射技术在 $Ti_{49.1}Ni_{50.9}$ 合金表面溅射 W 膜层,具体工艺见表 6.8,本书以溅射功率来代表该组试验合金。

表 6.8　TiNi 合金表面磁控溅射 W 工艺参数

试样	氩气工作压强/Pa	溅射功率/W	溅射时间/min	靶材
1	$1.33×10^{-4}$	50	60	钨靶(厚度 5 mm、直径 50 mm)
2	$1.33×10^{-4}$	75	60	钨靶(厚度 5 mm、直径 50 mm)
3	$1.33×10^{-4}$	100	60	钨靶(厚度 5 mm、直径 50 mm)
4	$1.33×10^{-4}$	150	60	钨靶(厚度 5 mm、直径 50 mm)
5	$1.33×10^{-4}$	200	60	钨靶(厚度 5 mm、直径 50 mm)

6.2.1　表面 W 膜微观组织结构分析

1. 溅射功率对 W 薄膜微观形貌的影响

抛光态 Ti-Ni 合金及不同溅射功率下制备 W 薄膜试样的 AFM 表面形貌如

图 6.28 所示,可以看到抛光后 Ti–Ni 合金表面光滑。

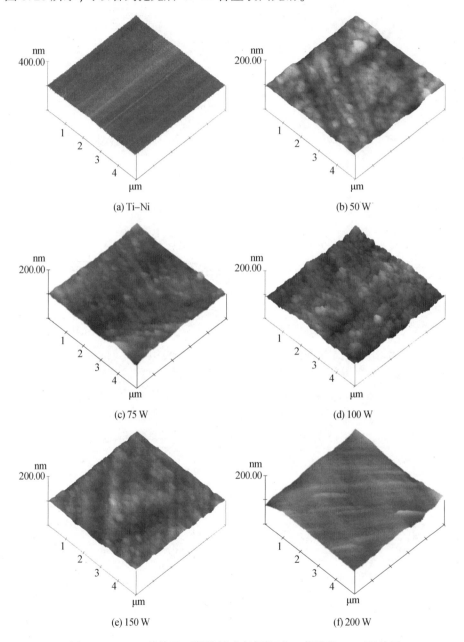

(a) Ti–Ni

(b) 50 W

(c) 75 W

(d) 100 W

(e) 150 W

(f) 200 W

图 6.28　Ti–Ni 基体及不同溅射功率条件下 W 薄膜的 AFM 形貌图

　　总体而言,通过磁控溅射技术所制备得到的 W 薄膜致密性较好,颗粒大小较为均匀,其中 100 W 试样的表面颗粒最为致密。从 50 W 到 100 W,试样表面颗粒大小有所下降,而后随着溅射功率的进一步增大,试样表面颗粒又开始变大。衡量薄膜质量的一个重要标准是其表面粗糙度,试样的平均粗糙度及均方根粗糙度随溅射功率的变化如图 6.29 所示,显然,均方根粗糙度和平均粗糙度都是随着功率的增大而呈现先减小后增大的趋势,其中溅射 100 W 条件下试样的粗糙度最小,表面最为平整。W 薄膜厚度随溅射功率的变化如图 6.30 所示,薄膜厚度随溅射功率的增大呈现先增大后减小的趋势,100 W 条件下 W 薄膜的厚度最大。一般情况下,在薄膜的沉积过程中包括原子的沉积与吸附、表面扩散以及体扩散 3 个过程。当溅射功率过小时,溅射出来的粒子能量较低,在基底的迁移能力较差,导致晶粒生长不完全,还会出现颗粒团聚现象。随着溅射功率的增大,入射离子的能量增大,从而使撞击出来的沉积粒子具备更高的能量,对提高薄膜与基体的结合强度有利,但是过高的溅射功率会使得薄膜在生长过程中原子没有足够的时间进行表面迁移,比较容易出现缺陷。在薄膜沉积的过程中,入射的 W 原子最先被基底或薄膜表面所吸附。如果这些 W 原子具备足够的能量,它们就会在薄膜或基底表面进行扩散。除了少数会脱离吸附的 W 原子外,大部分被吸附的 W 原子将会到达正在生长的薄膜表面上某些低能位置。随着溅射功率的增大,从靶材中溅射出来的 W 原子就会增多,沉积速率也随之增大。合适的溅射功率,有利于钨薄膜的成核和生长。过大的溅射功率会导致沉积速率过快,粒子来不及进行充分的扩散,堆积较为混乱而形成较大的颗粒,影响薄膜的粗糙度。显然,在 100 W 溅射功率条件下制备的 W 薄膜质量最好。

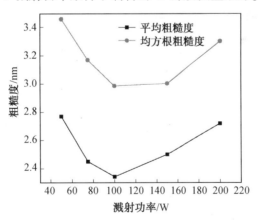

图 6.29　W 薄膜粗糙度随溅射功率的变化

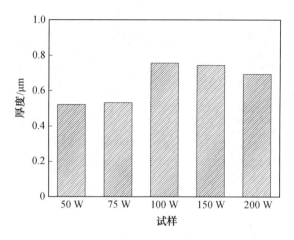

图 6.30　W 薄膜厚度随溅射功率的变化

2.薄膜的物相分析

图 6.31 为不同溅射功率条件下 W 薄膜的 XRD 谱图。从图中可以看到,75 W、100 W、150 W、200 W 试样均在 $2\theta=35.52°$、$2\theta=40.26°$ 及 $2\theta=42.47°$ 附近出现了三个较为明显的衍射峰。依次对应 W(200)、W(110) 及 TiNi(110)。此外,在 $2\theta=77.48°$ 附近出现了相对较弱的 TiNi(211) 衍射峰。150 W 及 200 W 试样在 $2\theta=75.58°$ 附近出现了 NiW(106) 的衍射峰。而 50 W 试样在对应的位置出现强度很大的 TiNi(110) 衍射峰外,W(110) 的衍射峰很弱。当溅射功率太小时,电离产生的 Ar^+ 获得的能量就会比较低,所以从靶材溅射出来的粒子到达衬底表面时所具有的能量很小,不可以获得很高的表面迁移率,此时生长的 W 薄膜的结

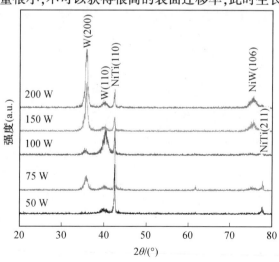

图 6.31　不同溅射功率条件下 W 薄膜的 XRD 谱图

晶质量较差;而当溅射功率过大时,薄膜的沉积速率过快,就会导致先沉积的粒子还没来得及在基片表面进行充分的扩散就被后续粒子所覆盖,影响薄膜的结晶质量;还有一个导致结晶质量变差的因素可能是过高的溅射功率条件下得到的高能粒子对薄膜表面产生二次溅射效应。出现第二相 NiW 相的主要原因是当溅射功率达到一定程度时,溅射出来 W 原子的能量足够大,从基体轰击出的 Ni 离子和 W 原子结合形成 NiW。

3. 薄膜的 XPS 分析

图 6.32 为 150 W 溅射功率制备的 W 薄膜的表面和经 Ar^+ 剥蚀 3 min、6 min、9 min、12 min 后表面的 XPS 全谱图。从图中薄膜表面的谱图可以看到存在分别对应于 O1s、C1s、W4f、Ti2p 及 Ni2p 的峰位。各阶段试样的表面元素原子数分数见表 6.9,表明试样的表面吸附着大量的 C、O 元素,而 W 元素的含量相对较少。随着 Ar^+ 剥蚀试样时间从 3 min 增加到 9 min,剥蚀深度随之增大,谱线上 C、O 元素的含量慢慢减少,W 的含量逐渐增多。在剥蚀 12 min 后,试样表面的 C、O 元素的含量比剥蚀 9 min 后要多些,原因是在制备 W 薄膜之前,Ti-Ni 基体表面有 TiO_2 膜层及微量的碳化物。未经剥蚀的试样表面 C、O 元素含量较多的主要原因是试样在制备和测量的过程中的真空系统或密封部件的有机污染而造成的。

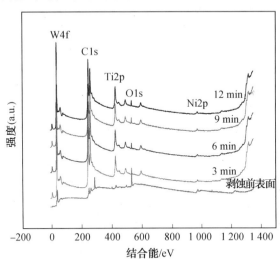

图 6.32　经 Ar^+ 剥蚀不同时间后 W 薄膜的 XPS 全谱图

依据 XPS 表面分析理论,当金属原子被氧化时的主要特征是其特征峰所对应的结合能会偏移于该金属元素 XPS 标准卡上特征峰位置的结合能,而氧化价态越高,结合能越高,化学位移也越大。金属原子被氧化后,内层电子的结合能会增大,然而当氧元素与金属元素化合后,内层 1s 电子的结合能就会降低。标准

XPS 卡片中 W 原子对应的 4f 电子主峰位置对应的结合能为 32.3 V,而 O 原子 1s 电子主峰位置的结合能为 531.0 V。图 6.33 为 W 薄膜表面及经 Ar$^+$剥蚀 3 min、6 min、9 min、12 min 后其表面 W 元素的 XPS 谱图。从图中可以看出,未经剥蚀前,W 元素各电子轨道的结合能都比其标准 XPS 上的结合能高。当 Ar$^+$剥蚀 12 min 后,对应轨道的电子结合能几乎不偏离其标准特征峰的结合能。表明在沉积过程中,W 元素从非氧化态向氧化态转变。

表 6.9　溅射功率为 150 W 时 W 膜层不同时间刻蚀后的元素含量(原子数分数)　%

剥蚀时间	W4f	O1s	C1s	Ti2p	Ni2p
0 min	9.03	30.82	59.18	0.39	0.58
3 min	65.57	20.35	11.96	1	1.12
6 min	68.25	20.08	10.4	0.65	0.62
9 min	69.11	19.30	10.14	0.75	0.7
12 min	66.86	19.47	12.19	0.75	0.73

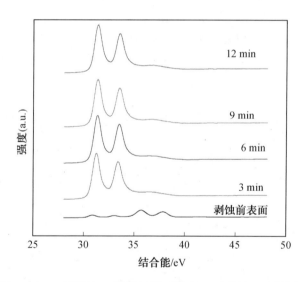

图 6.33　W 薄膜经 Ar$^+$剥蚀不同时间后 W 元素的 XPS 谱图

6.2.2　耐蚀性研究

1. 溅射功率对 Ni^{2+}析出量的影响

图 6.34 为不同溅射功率制备的试验合金在 Hank's 溶液中进行化学浸泡时单位面积的镍离子析出量随时间的变化曲线,从图中可以看出,当第 6 周结束时,Ni^{2+}析出量从大到小排列为 150 W>200 W>75 W>Ti-Ni>100 W。Ti-Ni 合金

基体表面能够形成一层致密的 TiO$_2$ 薄膜,对基体起到较好的保护作用。由微观组织结构分析可知,100 W 条件下的 W 薄膜致密性最好,质量最佳,能较好地阻止溶液直接与基体接触。相对来说,其他试样的 W 薄膜粗糙度较大,薄膜表面有不同程度的缺陷,导致溶液容易接触到基体发生腐蚀而析出 Ni^{2+}。

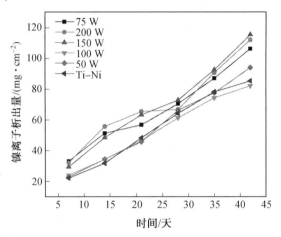

图 6.34　单位面积镍离子析出量随时间的变化曲线

2. 电化学腐蚀研究

表 6.10 是不同溅射功率制备 W 薄膜试样的开路电位,从表中可以看出,50 W 试样开路电位为 -0.314 V,比抛光态 Ti-Ni 合金要高,其余 4 个溅射功率试样的开路电位非常接近,且比抛光态 Ti-Ni 合金低。说明溅射功率 50 W 的 Ti-Ni合金诱发腐蚀要比其余试样困难。

表 6.10　不同溅射功率制备 W 薄膜试样的开路电位

试验合金	Ti-Ni	50 W	75 W	100 W	150 W	200 W
开路电位/V	-0.356	-0.314	-0.494	-0.495	-0.493	-0.508

图 6.35 为 Ti-Ni 合金及不同溅射功率制备 W 薄膜试样的极化曲线,表 6.11对应图 6.35 中各试样极化过程的电化学参数。通过对比自腐蚀电位可知,除了在 50 W 溅射功率下制备 W 薄膜试样的自腐蚀电位和 Ti-Ni 基体的自腐蚀电位一样之外,其余试样的自腐蚀电位都比抛光态 Ti-Ni 合金低,说明其余 4 个试样都比抛光态 Ti-Ni 基体更易于发生腐蚀。对各试样的自腐蚀电流密度进行比较可见,Ti-Ni 基体的自腐蚀电流密度最小,100 W 试样的自腐蚀电流密度取对数为 2.90×10^{-6} A/cm^2,比其他功率下制备 W 薄膜试样都小,而且和 Ti-Ni 基体的自腐蚀电流密度比较接近。说明此工艺下 W 薄膜的试样与 Ti-Ni 基体的腐蚀速率相差不大。此外,各个薄膜试样的钝化电流密度都比 Ti-Ni 合金基体小,且

100 W 试样的钝化电流密度最小,所以在此功率下制备的 W 薄膜可以很好地增强 Ti-Ni 合金在 Hank's 溶液中的保护性和钝态稳定性,能有效地防止腐蚀溶解。除了 150 W 试样外,各个 W 薄膜试样的钝化区大小都比较接近,而且都比 Ti-Ni 基体的钝化区宽。从击穿电位来看,150 W 试样的击穿电位为 0.379 V,明显比其他试样低,说明该功率制备的 W 薄膜局部出现了微裂纹,从而导致其抗局部点蚀能力降低。其余 W 薄膜试样的击穿电位都比 Ti-Ni 合金基体大,在 100 W 功率下制备的试样击穿电位最大,即该试样的耐局部腐蚀能力最强。

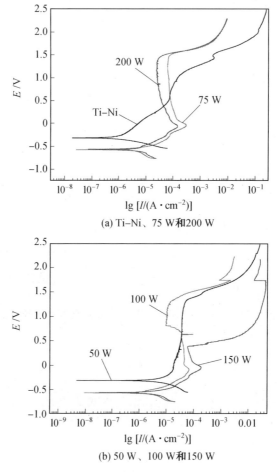

(a) Ti-Ni、75 W 和 200 W

(b) 50 W、100 W 和 150 W

图 6.35　Ti-Ni 合金及不同溅射功率制备 W 薄膜试样的阳极极化曲线

表 6.11　不同功率制备 W 薄膜试样的电化学参数

试样	E_{corr}/V	$I_{corr}/(A \cdot cm^{-2})$	$I_p/(A \cdot cm^{-2})$	E_b/V
Ti–Ni	−0.320	1.17×10^{-6}	8.84×10^{-5}	0.992
50 W	−0.320	7.88×10^{-6}	3.67×10^{-5}	1.311
75 W	−0.564	6.08×10^{-6}	7.63×10^{-5}	1.421
100 W	−0.570	2.90×10^{-6}	3.64×10^{-5}	1.480
150 W	−0.570	6.09×10^{-6}	7.10×10^{-5}	0.379
200 W	−0.572	5.53×10^{-6}	3.13×10^{-5}	1.362

各试样电化学腐蚀后的扫描电镜照片如图 6.36 所示,Ti–Ni 试样的表面出现了大量的蚀坑,150 W 试样的表面有面积较大的点蚀坑,50 W、200 W 试样表面出现了少量的点蚀坑,而 75 W 和 100 W 试样表面几乎没有出现点蚀孔,表明 150 W 试样的抗局部腐蚀能力最差,75 W 和 100 W 试样则以均匀腐蚀为主。W 薄膜的耐蚀性与其均匀的致密性有着非常密切的关系,当溅射功率过小时,所得到的薄膜不够致密。当溅射功率为 100 W 时,增强了轰击离子的能量使得薄膜的缺陷减少,当溅射功率为 150 W 及 200 W 时,过高的溅射能量又会对 W 薄膜造成轰击损伤,导致薄膜的致密性降低,使薄膜的内应力增大,因而其耐蚀性也随之下降。

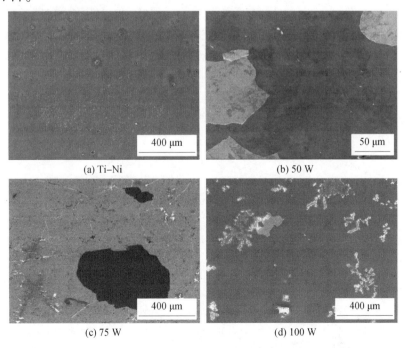

(a) Ti–Ni　　　　　　　　　　(b) 50 W

(c) 75 W　　　　　　　　　　(d) 100 W

图 6.36　不同溅射功率制备 W 薄膜试样电化学腐蚀后的扫描电镜照片

(e) 150 W (f) 200 W

续图 6.36

　　结合前面的化学腐蚀试验,综合比较可知溅射功率为 100 W 的合金试样的抗腐蚀综合能力较好。

6.3　Ti-Ni 合金表面化学镀

　　化学镀镍由于其优良的性能而得到广泛应用,但某些特殊领域对所用的材料要求有更高的耐烛性、耐磨性和耐热性,而普通的 Ni-P 合金镀层已不能满足其要求。化学镀 Ni-W-P 是在化学沉积 Ni-P 的基础上,向化学镀液中添加钨酸盐获得的。通过 W 的加入可获得更加优良的结合力、硬度、耐烛性、耐磨性,从而更有效地强化镀层。对 Ti-Ni 二元合金进行了 Ni-W-P 化学镀,基体材料选用钛镍合金($Ti_{49}Ni_{51}$ 合金),利用线切割加工成 10 mm×10 mm×1 mm 的试样,在施镀前对基材进行碱洗、酸洗、敏化、活化与还原处理,然后放入镀液进行化学镀。镀液的成分及条件见表 6.12,分别改变镀液中硫酸镍、钨酸钠的浓度和施镀温度,采用单因素变量法研究这三种因素变化后 Ni-W-P 化学镀层微观组织与性能的变化。

表 6.12　Ti-Ni 合金表面 Ni-W-P 化学镀工艺镀液成分及条件

成分及条件	数值
硫酸镍/($g \cdot L^{-1}$)	20 ~ 30
钨酸钠/($g \cdot L^{-1}$)	25 ~ 35
次亚磷酸钠/($g \cdot L^{-1}$)	25 ~ 30
柠檬酸钠/($g \cdot L^{-1}$)	100
硫酸铵/($g \cdot L^{-1}$)	30
乳酸/($ml \cdot L^{-1}$)	15

续表 6.12

成分及条件	数值
乙酸钠/(g · L⁻¹)	10
pH	8.5 ~ 9
温度/℃	85 ~ 95
时间/h	2

6.3.1　化学镀 Ni-W-P 镀层显微结构组织分析

图 6.37、图 6.38 和 6.39 分别为不同钨酸钠质量浓度、不同硫酸镍质量浓度和不同施镀温度下 Ti-Ni 合金表面 Ni-W-P 镀层表面形貌。由图 6.37 可见,Ni-W-P 镀层表面分布了许多尺寸较小、排列致密的胞状物,这是由于基体表面有许多具有活性的形核中心,它们诱发镍微晶团优先沉积,随后又促使磷沉积,形成磷在镍中的固溶体或镍磷化合物。当钨酸钠质量浓度为 25 g/L 时,Ni-W-P 化学镀层由胞状颗粒沉积形成,胞状颗粒大小不匀;当钨酸钠质量浓度为 30 g/L 时,由于镀液中钨酸钠质量浓度增大,形成镀层的沉积速率增大,胞状颗粒尺寸较图 6.37(a)明显减小,且颗粒大小较均匀;当钨酸钠质量浓度为 35 g/L 时,胞状颗粒的尺寸与图 6.37(b)相差不大,因此,钨酸钠质量浓度增大使 Ni-W-P 化学镀层沉积速度增大。由图 6.37 可知,当钨酸钠质量浓度为 35 g/L 时,Ni-W-P 镀层表面平整、均匀,没有明显孔隙缺陷。由图 6.38 可知,硫酸镍质量浓度为 20 g/L 时,镀层表面有较多孔洞,硫酸镍质量浓度为 30 g/L 时,镀层形貌平整均匀,没有孔洞缺陷,镀覆效果良好。由图 6.39 可知,Ni-W-P 的镀层形貌为胞状,当施镀温度为 95 ℃时,镀层表面最为平整、均匀,覆盖基体的效果更好。

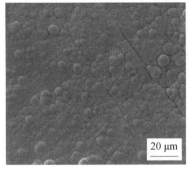
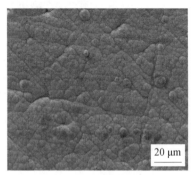

(a) 25 g/L　　　　　　　　　　　(b) 30 g/L

图 6.37　不同钨酸钠质量浓度下 Ni-W-P 镀层表面形貌

(c) 35 g/L

续图 6.37

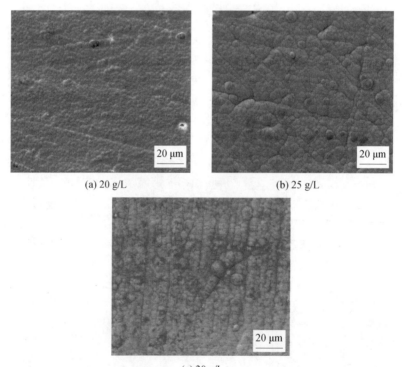

(a) 20 g/L　　　　　　　　　　　　(b) 25 g/L

(c) 30 g/L

图 6.38　不同硫酸镍质量浓度下的 Ni–W–P 镀层表面形貌

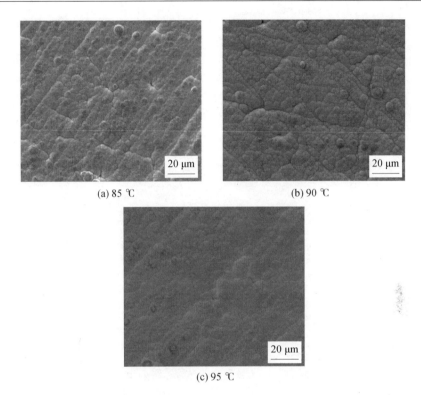

(a) 85 ℃　　　　　　　　　(b) 90 ℃

(c) 95 ℃

图 6.39　不同施镀温度下 Ni–W–P 镀层表面形貌

1. 化学镀 Ni–W–P 镀层的截面形貌

图 6.40、图 6.41 分别为不同施镀温度和不同钨酸钠质量浓度下 Ni–W–P 镀层的截面图形貌。从图 6.40 可知,随施镀温度升高,Ni–W–P 镀层厚度增大,85 ℃施镀时,镀层厚度约为 45 μm,90 ℃时镀层厚度约为 50 μm,95 ℃时镀层厚度约为 64 μm,且镀层与基体的界面处结合越来越好,镀层更加均匀;由图 6.41 可以看出,随钨酸钠质量浓度增加,镀层厚度略有增加,镀层也更加均匀。从图中的能谱线扫描可知,镀层中主要存在的元素是 Ni、W 和 P,几乎没有 Ti 元素。Ni、W 和 P 三种元素在膜层内部方向上含量变化不大,分布比较均匀,说明化学镀镍过程进行得比较稳定,膜层均匀生长。由镀层截面形貌图可以看出镀层结合良好。各个镀层的截面组织都均匀致密,没有气孔,镀层均匀地镀覆在基体表面,镀层与基体间没有任何起皮现象。说明 Ni–W–P 镀层的致密性良好。

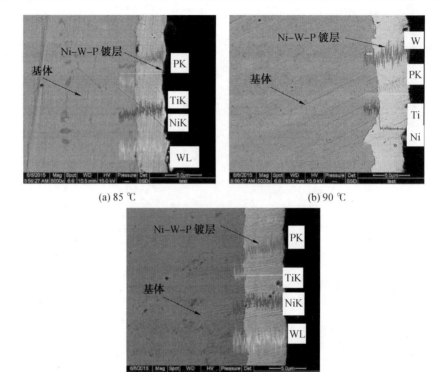

图 6.40　不同施镀温度下 Ni–W–P 镀层的截面形貌

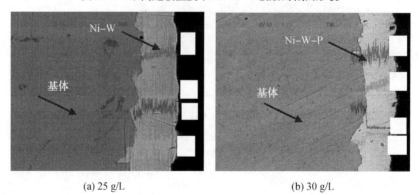

图 6.41　不同钨酸钠质量浓度下 Ni–W–P 镀层的截面形貌

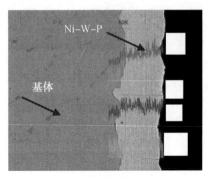

(c) 35 g/L

续图 6.41

2. Ni–W–P 化学镀层的 XRD 物相分析

图 6.42 ~ 6.44 为不同工艺参数下 Ni–W–P 镀层的 XRD 衍射图,由图可知,化学镀层为晶态镀层,主要由 NiP 和 NiW 等组成,几乎看不到 Ti–Ni 合金基体的衍射峰,说明化学镀层致密性比较好。由图 6.40 与图 6.41 可知,化学镀层的厚度在 40 ~ 55 μm 之间,镀层内没有裂纹存在,镀层与基体结合良好。

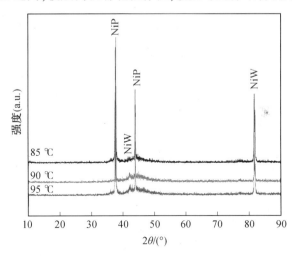

图 6.42　不同施镀温度下 Ni–W–P 镀层的 XRD 衍射图

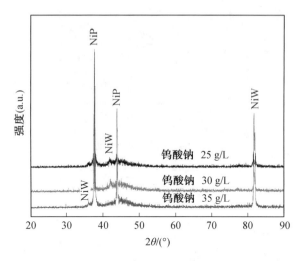

图 6.43　不同钨酸钠质量浓度下 Ni-W-P 镀层的 XRD 衍射图

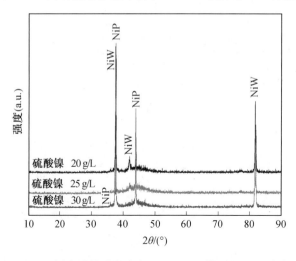

图 6.44　不同硫酸镍质量浓度下 Ni-W-P 镀层的 XRD 衍射图

　　图 6.45 ~ 6.47 分别为施镀温度、钨酸钠质量浓度和硫酸镍质量浓度对 Ni-W-P 化学镀层沉积速率的影响。由图 6.45 可知,随着施镀温度的增高沉积速率增大,当施镀温度上升到 90 ℃时,沉积速率达到最大值,随着施镀温度的继续上升沉积速率下降,95 ℃时的沉积速率高于 85 ℃的沉积速率。与施镀温度对沉积速率的影响类似,即随着钨酸钠质量浓度或硫酸镍质量浓度的增高化学镀层的沉积速率增大,当钨酸钠质量浓度上升到 30 g/L 时,沉积速率达到最大值,随着钨酸钠质量浓度的继续上升沉积速率下降(图 6.46)。由图 6.47 可知,随着硫酸镍质量浓度升高沉积速率增大,当硫酸镍质量浓度上升到 25 g/L 时,沉积速度达到最大值,之后随着硫酸镍质量浓度的继续上升沉积速率下降。

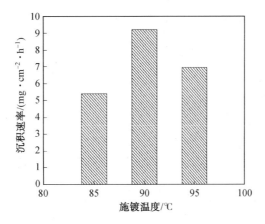

图 6.45　施镀温度对 Ni–W–P 镀层沉积速率的影响

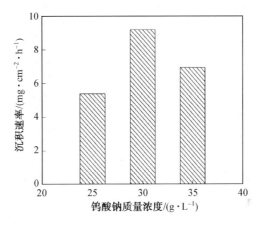

图 6.46　钨酸钠质量浓度对 Ni–W–P 镀层沉积速率的影响

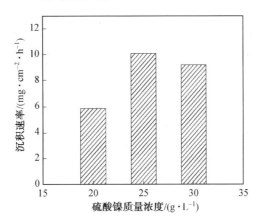

图 6.47　硫酸镍质量浓度对 Ni–W–P 镀层沉积速率的影响

6.3.2　Ni–W–P 化学镀层性能

图 6.48 ~ 6.50 分别为施镀温度、钨酸钠质量浓度、硫酸镍质量浓度对
Ni–W–P 镀层显微硬度的影响。由图可知,Ni–W–P 镀层的硬度明显大于基体的
硬度,基体的硬度值为 389.33 HV,镀层的硬度值都在 800 HV 以上,是基体硬度
的 2 倍以上。当施镀温度为 90 ℃时,镀层的硬度最大。当钨酸钠质量浓度为
30 g/L时,镀层的硬度最大。当硫酸镍质量浓度为 25 g/L 时,镀层的硬度最大。

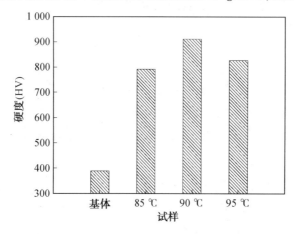

图 6.48　施镀温度对 Ni–W–P 镀层显微硬度的影响

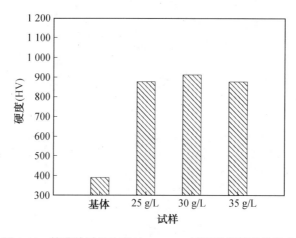

图 6.49　钨酸钠质量浓度对 Ni–W–P 镀层显微硬度的影响

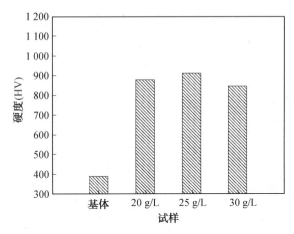

图 6.50　硫酸镍质量浓度对 Ni-W-P 镀层显微硬度的影响

对试样进行摩擦磨损试验。设定固定转速为 300 r/min,磨损时间为 300 s,载荷为 4 N,摩擦副使用 800#水磨砂纸。图 6.51 ~ 6.53 分别为不同施镀温度、不同钨酸钠质量浓度、不同硫酸镍质量浓度下所得到磨损量的柱状图。由图 6.51 可知,当施镀温度为 85 ℃ 时,磨损量最少。由图 6.52 可知,当钨酸钠质量浓度为 30 g/L 时,磨损量最少。由图 6.53 可知,当硫酸镍质量浓度为 25 g/L 时,磨损量最少。结合显微硬度,可知硬度和磨损量成反比。耐磨性能最好的分别是施镀温度 90 ℃、钨酸钠质量浓度为 30 g/L、硫酸镍质量浓度为 25 g/L 的 Ni-P-W 镀层。

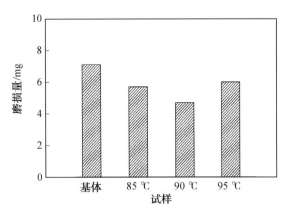

图 6.51　施镀温度对 Ni-W-P 镀层磨损量的影响

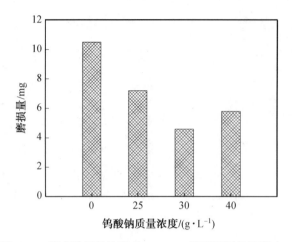

图 6.52　钨酸钠质量浓度对 Ni-W-P 镀层磨损量的影响

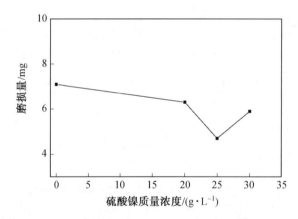

图 6.53　硫酸镍质量浓度对 Ni-W-P 镀层磨损量的影响

图 6.54 为 Ni-W-P 镀层磨损后的表面形貌,由图可知,磨损形貌有很多的犁沟,磨损后没有起皮现象,主要的磨损形式为磨粒磨损。当施镀温度为 90 ℃时,磨痕较浅,说明耐磨性较好,与上述硬度值较高对应。当镀液中钨酸钠质量浓度为 35 g/L 时,磨痕较浅,说明耐磨性较好。结合镀层表面形貌和硬度,当钨酸钠质量浓度为 35 g/L 时,镀层表面形貌最为平整均匀,且硬度与钨酸钠质量浓度为 30 g/L 时的硬度相当。所以,钨酸钠质量浓度较合适为 35 g/L。

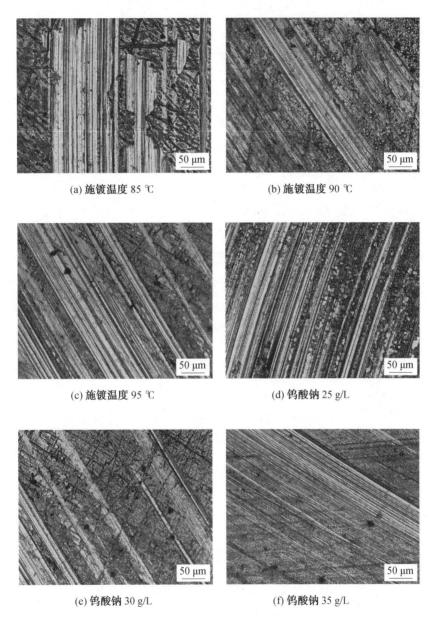

(a) 施镀温度 85 ℃　　　　　　　　(b) 施镀温度 90 ℃

(c) 施镀温度 95 ℃　　　　　　　　(d) 钨酸钠 25 g/L

(e) 钨酸钠 30 g/L　　　　　　　　(f) 钨酸钠 35 g/L

图 6.54　Ni–W–P 镀层磨损后的表面形貌

6.4　Cu–Zn–Al 合金表面化学镀

6.4.1　Ni–P 化学镀

本节研究了 Cu–Zn–Al 合金的化学镀表面改性,分别对其进行化学镀Ni–P。其中,基材选用 Cu–Zn–Al 合金($w(Zn) = 26\%$, $w(Al) = 4\%$, $w(Cu) = 70\%$),利用 NH7220 型线切割机把试样切成 10 mm×10 mm×2 mm 的薄片,然后用 800#水磨砂纸将试件表面打磨平整,进行超声清洗后进行活化、敏化和还原,化学镀液中主要由硫酸镍、柠檬酸钠、乙酸钠、次亚磷酸钠组成,镀液成分见表 6.13,镀液的 pH 控制在 4 ~ 5,施镀温度控制在 75 ~ 85 ℃之间。在下面的表述中以硫酸镍的质量浓度来代表不同的 Ni–P 化学镀。

表 6.13　Cu–Zn–Al 合金 Ni–P 化学镀镀液成分　　　　　　g/L

成分	试验 1	试验 2	试验 3
硫酸镍	25	30	35
柠檬酸钠	10	10	10
乙酸钠	20	20	20
次亚磷酸钠	20	20	20

1.Ni–P 镀层显微组织结构

图 6.55 为不同硫酸镍质量浓度时 Cu–Zn–Al 合金 Ni–P 镀层的表面形貌。如图所示,Ni–P 镀层是由直径 5 ~ 10 μm 的胞状颗粒组成,表面没有出现明显漏镀或起皮等缺陷,以原子团簇形式凸起而沉积在基体表面,胞与胞之间结合紧密,晶界清晰可见,表明在化学镀过程中 Ni 的沉积表现为均匀形核。镀层表面分布着一些发亮的小颗粒,是未能沉积牢固的 Ni–P 颗粒,同时存在小孔洞,减弱了镀层的结合强度和耐磨性能。比较不同硫酸镍质量浓度所得 Ni–P 镀层形貌可知,硫酸镍质量浓度为 35 g/L 时,镍胞更均匀细小,表面无孔洞,表面形貌最好。

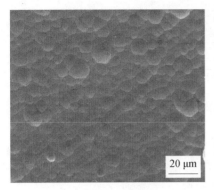

(a) 硫酸镍 25 g/L　　　　　　(b) 硫酸镍 30 g/L

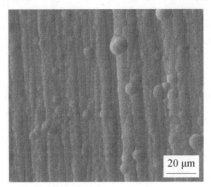

(c) 硫酸镍 35 g/L

图 6.55　不同硫酸镍质量浓度时 Cu–Zn–Al 合金 Ni–P 镀层的表面形貌

图 6.56 为不同硫酸镍质理浓度时 Cu–Zn–Al 合金镀层的截面形貌,由图可见三种镀层的截面组织都均匀致密,镀层平直,稍有孔洞,镀层均匀地镀覆在基体表面,与基体间结合良好,镀层厚度均为 10 mm 左右。

图 6.57 为不同硫酸镍质量浓度时 Cu–Zn–Al 合金 Ni–P 镀层的 X 射线衍射图。由图可知,化学镀层由结晶相 Ni–P 和非晶相组成。当硫酸镍质量浓度为 35 g/L时,NiP 相的峰更加尖锐,说明镀层中结晶相含量相对增加。

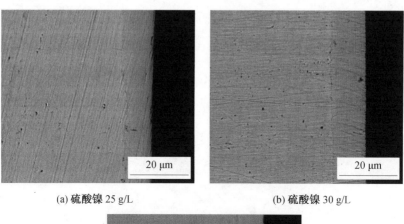

(a) 硫酸镍 25 g/L　　　　　　　　　　　(b) 硫酸镍 30 g/L

(c) 硫酸镍 35 g/L

图 6.56　不同硫酸镍质量浓度时 Cu-Zn-Al 合金 Ni-P 镀层的截面形貌

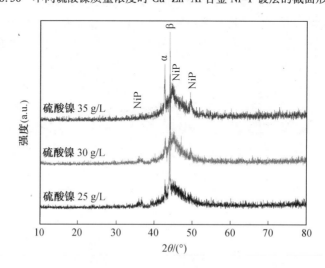

图 6.57　不同硫酸镍质量浓度时 Cu-Zn-Al 合金 Ni-P 镀层 X 射线衍射图

2. Ni-P 镀层的摩擦磨损性能

图 6.58 为 Cu-Zn-Al 合金及 Ni-P 镀层的显微硬度,由图可知,未进行化学镀的 Cu-Zn-Al 合金基体的硬度为 129.95 HV,与化学镀后的合金硬度相比,硬度值较低;在 Cu-Zn-Al 合金表面进行 Ni-P 化学镀后 Ni-P 镀层的硬度为基体的 5 ~ 6 倍,且 Ni-P 镀层硬度随着镀液中硫酸镍质量浓度的增加而减小。可见化学镀工艺显著提高了 Cu-Zn-Al 的硬度值。

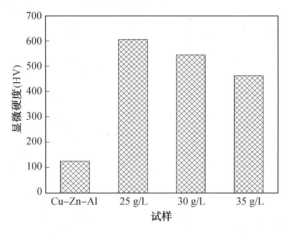

图 6.58　Cu-Zn-Al 合金及 Ni-P 镀层的显微硬度

图 6.59 为工件在固定转速为 200 r/min,磨损时间为 300 s,载荷为 4 N 情况下,不同硫酸镍质量浓度镀层的磨损量。由图可知,硫酸镍质量浓度为 25 g/L 时,镀层的耐磨性最好,其磨损量仅为基体的 1/3。而随着镀液中硫酸镍质量浓度的增加,镀层的耐磨性下降。镀层耐磨性的变化情况与镀层的硬度是一致的。这表明在 Cu-Zn-Al 合金表面进行化学镀表面改性能显著提高 Cu-Zn-Al 合金

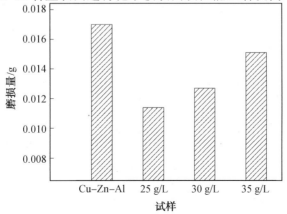

图 6.59　Cu-Zn-Al 合金及化学镀层的磨损量

的耐磨性。

6.4.2　Ni-P-WC 纳米复合镀

1. Ni-P-WC 纳米复合镀层的微观组织结构

在 Cu-Zn-Al 合金表面化学镀 Ni-P 镀层的基础上，确定硫酸镍质量浓度为 30 g/L，通过向镀液中添加不同质量浓度的纳米 WC 颗粒对 Cu-Zn-Al 合金进行 Ni-P-WC 复合镀层的制备，其中 WC 的平均粒径约 500 nm，表 6.14 为 Cu-Zn-Al 合金表面化学复合镀工艺参数，以 WC 的加入量来代表该方案得到的 Ni-P-WC 复合镀层。

表 6.14　Cu-Zn-Al 合金表面化学复合镀工艺参数

参数	方案 1	方案 2	方案 3	方案 4
硫酸镍/$(g \cdot L^{-1})$	30	30	30	30
柠檬酸钠/$(g \cdot L^{-1})$	10	10	10	10
乙酸钠/$(g \cdot L^{-1})$	20	20	20	20
次亚磷酸钠/$(g \cdot L^{-1})$	20	20	20	20
碳化钨/$(g \cdot L^{-1})$	0	20	30	40
温度/℃	75	75	75	75
pH	4	4	4	4

图 6.60(a)为没有添加 WC 颗粒的 Ni-P 镀层，镀层表面光滑，有胞状物质结构。而加入 WC 后，显著改变了 Ni-P 镀层的表面形貌，Ni-P 镀层的组织形态由较大的胞状变成较小的菜花状结构，镀层有较大的空洞，不致密。WC 颗粒质量浓度为 30 g/L 的镀层表面 WC 颗粒沉积较为紧密，整个镀层表面较为平整。但是 WC 颗粒质量浓度为 20 g/L 和 40 g/L 时，WC 微粒在镀层中沉积时大量聚集而形成的菜花状结构比 WC 颗粒质量浓度为 30 g/L 时粗大，且 WC 质量浓度为 20 g/L 时最粗大，WC 质量浓度为 40 g/L 时次之。在施镀过程中，WC 微粒与 Ni-P 一起沉积时，由于 WC 颗粒细小，弥散分布在基质中时，促进了基质 Ni-P 合金的形核，提高了 Ni-P 合金的形核率，同时也阻碍了所形成的 Ni-P 合金晶核的进一步长大，因此 Ni-P 合金镀层中胞状结构的尺寸大于 Ni-P-WC 复合镀层的菜花状结构尺寸。

不同 WC 质量浓度的 Ni-P 镀层截面形貌与能谱线扫描图如图 6.61 所示。图 6.61(a)为 Ni-P 镀层截面形貌，很明显可以看出镀层与基体间的界面平整光滑；加入 WC 颗粒的复合镀层截面，由于化学复合镀试验通过机械搅拌的方式完成，在转子的作用下带动 WC 颗粒到镀件四周，在 Ni-P 沉积反应进行的同时被

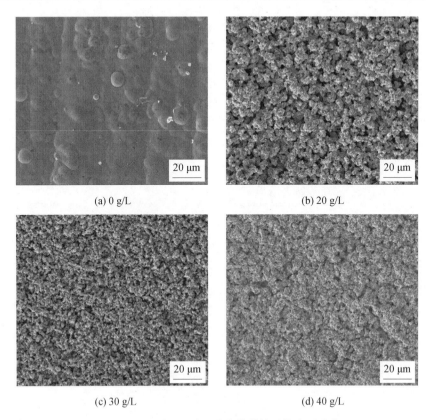

(a) 0 g/L　　　　　　　　　　　　(b) 20 g/L

(c) 30 g/L　　　　　　　　　　　　(d) 40 g/L

图 6.60　不同 WC 质量浓度化学镀层的表面形貌

吸附在镀件上,随着镍沉积的不断进行,这种吸附或包裹一直进行。其中,图 6.61(b)和(d)中 WC 颗粒发生团聚现象,且比较分散,分布不均匀。由图还可以看出,复合镀层与基体间没有明显的界面,镀层与基体结合紧密。当 WC 质量浓度为 30 g/L 时,如图 6.61(c)所示,WC 颗粒在镀层中分布均匀,呈弥散分布,没有发生团聚现象,且 WC 颗粒都分布在 Ni-P 基体表面,镀层内无空洞存在,WC 颗粒主要分布在镀层的外表面和次外层,镀层厚度最大。

　　图 6.62 为 WC 质量浓度对 Ni-P-WC 复合镀层厚度的影响。由图可见,镀层厚度随着 WC 质量浓度的增加而增加,在 WC 质量浓度为 30 g/L 时达到最大,为 11.67 μm,之后又随着 WC 质量浓度的增加而减小。但所有 Ni-P-WC 镀层厚度都比 Ni-P 镀层厚度大。

　　图 6.63 为 WC 颗粒质量浓度为 30 g/LNi-P-WC 复合镀层的 XRD 分析图。由图可以看出 X 射线衍射谱中没有非晶漫散峰存在,这说明得到的 Ni-P-WC 复合镀层都是晶态镀层。在图 6.63 中,衍射角为 31.511°、35.641°、48.296°依次出现了 3 个较强的尖锐的衍射峰,均为 WC 的特征衍射峰。Ni-P-WC 复合镀层主

要由 CuNi 相和 WC 相组成。

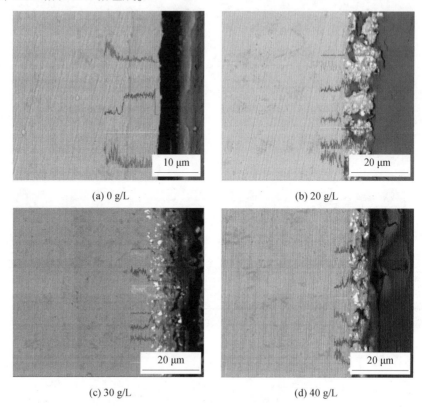

(a) 0 g/L　　　　　　　　　　　(b) 20 g/L

(c) 30 g/L　　　　　　　　　　　(d) 40 g/L

图 6.61　不同 WC 质量浓度的 Ni-P 镀层截面形貌与能谱线扫描图

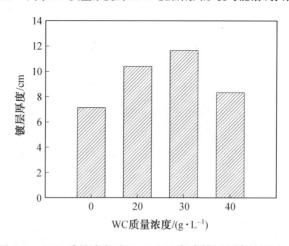

图 6.62　WC 质量浓度对 Ni-P-WC 复合镀层厚度的影响

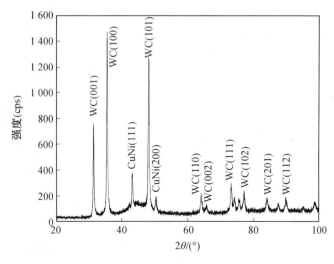

图 6.63　WC 质量浓度为 30 g/L 时 Ni-P-WC 复合镀层的 XRD 分析图

2. Ni-P-WC 纳米复合镀层的性能

（1）复合镀层的耐磨性。

对 Ni-P-WC 复合镀层的显微硬度进行测试，测试时载荷为 2.942 N，加载时间为 10 s，每个试件选取 8 个点，试件的硬度值为 8 次测量所得数值的平均值，试验材料的显微硬度如图 6.64 所示。由图 6.64 可知，镀液中不添加 WC 颗粒，Cu-Zn-Al 表面只镀 Ni-P 镀层时的硬度约为 264.10HV，加入 WC 颗粒后复合镀层显微硬度与 Ni-P 镀层相比有明显提高，且在 WC 颗粒质量浓度为 30 g/L 时硬度达到最大，随后又随 WC 颗粒质量浓度升高而降低。镀层的硬度提高是因为在镀层中弥散分布的 WC 硬颗粒对镀层起到弥散强化的作用。

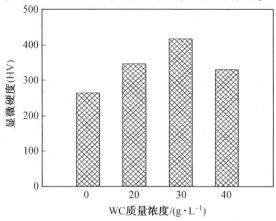

图 6.64　不同 WC 质量浓度复合镀层的显微硬度

　　将添加不同质量浓度 WC 颗粒的 Cu–Zn–Al 复合镀层在磨损载荷为 2 N、磨损时间为 10 min 条件下进行干摩擦磨损试验。图 6.65 为不同 WC 质量浓度的化学复合镀层磨损量。由图 6.65 可见,随着镀液中 WC 质量浓度的升高,镀层的磨损量先减小后增大,当 WC 质量浓度为 30 g/L 时复合镀层的磨损量最小,WC 质量浓度为 20 g/L 时磨损量比 40 g/L 小,且均低于 Ni–P 镀层的磨损量。

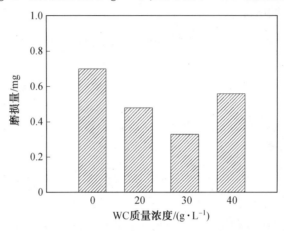

图 6.65　不同 WC 质量浓度的化学复合镀层磨损量

　　图 6.66 为 SEM 下不同 WC 质量浓度的 Ni–P–WC 复合镀层磨损形貌图。由图可见,当转速为 300 r/min、载荷为 2 N、磨损为 10 min 时,Ni–P 镀层和 Ni–P–WC 复合镀层表面均有犁沟出现,但 Ni–P 镀层表面犁沟尤其明显,而复合镀层表面犁沟较浅,且当 WC 质量浓度为 30 g/L 时,磨损面上的磨痕深度最小。因此,复合镀层的磨损机制主要是磨粒磨损。

　　(2)复合镀层的耐蚀性。

　　表 6.15 为 Ni–P–WC 复合镀层的开路电位。由表可以看出,加入纳米 WC 颗粒以后,复合镀层的开路电位均为正值,并且随着 WC 质量浓度的增加,开路电位值逐渐增大,在 WC 质量浓度为 30 g/L 时达到最大值,之后随 WC 质量浓度的增加略有减小。这说明纳米 WC 的加入改善了复合镀层的耐腐蚀性能,并且在质量浓度为 30 g/L 时效果相对最佳。

表 6.15　Ni–P–WC 复合镀层的开路电位

WC 质量浓度/$(g \cdot L^{-1})$	0	20	30	40
E_{OCP}/mV	−286.90	80.20	175.78	169.16

　　图 6.67 为化学镀 Ni–P 镀层和 Ni–P–WC 纳米复合镀层在 3.5% NaCl 溶液中的电化学极化曲线。由图可见,这四种镀层的极化曲线都有一个明显的强极

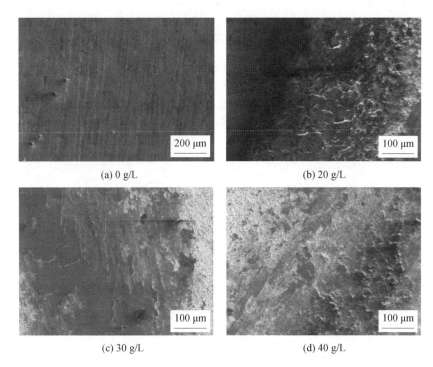

(a) 0 g/L　　　　　　　　　　　　　(b) 20 g/L

(c) 30 g/L　　　　　　　　　　　　　(d) 40 g/L

图 6.66　不同 WC 质量浓度的 Ni-P-WC 复合镀层磨损形貌图

化区,然后经过塔菲尔区有一个明显的钝化区,之后又发生钝化。加入纳米 WC 颗粒后镀层的腐蚀极化曲线比较相似,说明其腐蚀过程基本相同。加入纳米 WC 颗粒后钝化区间明显变宽。表 6.16 为经过拟合后的电化学腐蚀参数。结合图和表可以看出,WC 对复合镀层的耐蚀性有明显的影响,Ni-P-WC 纳米复合镀层的腐蚀速率随 WC 加入量的增加而增加,到达一定值后又随 WC 加入量的增加而减小。当纳米 WC 颗粒的质量浓度为 30 g/L 时,复合镀层 E_{corr} 值为正值且最大,腐蚀速率最小,说明其耐腐蚀性最好。

表 6.16　根据图 6.67 得到的 Ni-P-WC 纳米复合镀层的电化学腐蚀参数

WC 质量浓度/$(g \cdot L^{-1})$	0	20	30	40
$I_{corr}/(A \cdot cm^{-2})$	$3.121\ 6 \times 10^{-5}$	$6.591\ 9 \times 10^{-5}$	$6.397\ 3 \times 10^{-5}$	$1.939\ 8 \times 10^{-5}$
E_{corr}/V	-0.323 41	0.054 192	0.112 3	-0.134 3

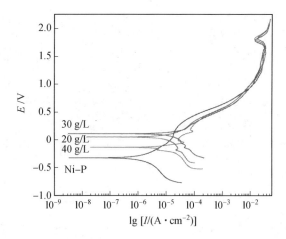

图 6.67　Ni–P–WC 纳米复合镀层的电化学极化曲线

参 考 文 献

[1] 魏春雷.复合稀土对 Zl101 合金的细化变质作用[J].南方农机,2006(3):35-36.

[2] 王斌,方西亚,易丹青,等.稀土元素钇和铈对 Mg-Zn-Zr 系合金组织和性能的影响[J].机械工程材料,2005,29(12):17-20.

[3] 李振铎,张雷,孟亮.稀土元素对 Cu-6% Ag 及 Cu-24% Ag 合金微观组织的影响[J].中国稀土学报,2005,23(3):334-338.

[4] 吴鹤,韩雅芳,陈熙琛.钇对 Ti-Ti$_5$Si$_3$ 共晶合金微观组织和力学性能的影响[J].中国航空学报(英文版),2005,18(2):171-174.

[5] LIG P, LI D, LIU Y Y. Microstructure of second phase particles in Ti-5Al-4Sn-2Zr-1Mo-0.25Si-1Nd[J]. Trans A,1997, 28:595-1605.

[6] 饶克,钟建华,张建新,等.稀土对 Al-Mg-Si 系合金组织性能影响的分析[J].铝加工,2001,24(6):38-41.

[7] 艾秀兰,李英民.稀土元素对 Al-Mg2Si 合金组织及性能的影响[J].铸造,2005,54(3):238-245.

[8] 唐定骧,鲁化一,赵敏寿,等.我国稀土在铝及其他有色金属中的应用[J].中国稀土学报,1995,13(7):394-403.

[9] 蔡惠民,陈金水,孙永芳,等.混合稀土在 Al-Si 合金中的应用[J].特种铸造及有色合金,2001(6):9-10.

[10] 王庆良,王大庆.稀土钇对 AlZnMgCu 合金组织及性能的影响[J].中国矿业大学学报,1999,28(4):382-385.

[11] 杨军军,聂祚人,金头南,等.稀土铒在 Al-Zn-Mg 合金中的存在形式与细化机理[J].中国有色金属学报,2004,14(4):620-626.

[12] 毛建伟,金头南,徐国富.含钪 Al-Cu 合金的显微组织[J].中国有色金属学报,2005,15(6):923-928.

[13] 陈永禄,傅高升,陈文哲.微量稀土对 Al-Mn-Mg 合金中杂质相的变质作用探讨[J].中国稀土学报(增刊),2005,23:99-103.

[14] 季小兰,聂祚人,邢泽炳.稀土元素 Er 对 Al-5Mg 合金铸态组织的影响[J].轻合金加工技术,2005,33(10):19-21.

[15] 尹冬松,赵继涛,张忠凯.稀土 Ce 对 Al-5Ti-0.5Mg-0.15Gd 合金微观组织和细化行为的影响[J].佳木斯大学学报,2015,33(5):680-685.

[16] 尹冬松,赵继涛,张忠凯.Mg-30% Gd 对 Al-5Ti 合金中 TiAl$_3$ 粒子尺寸分布

影响[J].铸造技术,2015,4:22-26.

[17] 尹冬松,赵继涛,南景富.稀土 Ce 和 Mg-Ce 合金对 Al-5Ti 合金微观组织的影响[J].特种铸造及有色合金,2015,35(9):987-990.

[18] 宋良,尹冬松,肖强,等.元素 Gd 对 7075 铝合金组织及性能的影响[J],黑龙江科技大学学报,2020,30(2):210-213.

[19] 尹东松.镁铝合金工程技术[M].哈尔滨:哈尔滨工业大学出版社,2017.

[20] 郭旭涛,李培杰,刘树勋,等.稀土耐热镁合金发展现状及展望[J].铸造,2002,51(2):68-71.

[21] LUY Z, WANG Q D, ZENG X Q, et al. Effects of rare earths on the microstructure, properties and fracture behavior of Mg-Al alloys[J]. Mater Sci Eng A, 2000, 278:66-76.

[22] ANTIONC, DONNADIEU P, PERRARD F, et al. Hardening precipitation in a Mg-4Y-3RE alloy[J]. Acta Mater,2003, 51:5335-5348.

[23] 张连勇.稀土元素 La、Ce 在纯铜中的作用机理及对其性能的影响[D].阜新:辽宁工程技术大学,2002.

[24] 王艳蕊,刘平,雷静果,等.稀土 Y 掺杂对 Cu-Cr-Zr 合金时效性能的影响[J].铸造技术, 2005,26(6):486-489.

[25] 叶权华,刘平,刘勇,等.高强高导 Cu-Cr-Zr 系合金的研究现状[J].河南科技大学学报(自然科学版), 2005,26(5):1-5.

[26] 谢冰,章少华,谢荷茵.稀土在铜及铜合金中的作用[J].江西有色金属, 2004, 18(3):31-33.

[27] 尹冬松. Nd 对 Mg-6Zn 微观组织影响研究[J].铸造设备与工艺,2010(5):42- 44.

[28] 尹冬松,解维生,余贤贤,等.搅拌时间及 Zr 添加量对 WE43 合金微观组织的影响[J].铸造, 2015,64(9):.879-885.

[29] 尹冬松,解维生,刘爱莲.Mg-Zn-Ce 微观组织与腐蚀产物研究[J].轻合金加工技术,2015,43(10):49-53.

[30] TIAN Q C, WU J S, CHENG Y F. Superelasticity of TiPdNi alloys with and without rare earth Ce addition[J]. J Mater Sci Tech,2003, 19:179-182.

[31] KOLOMYSTSEVV, BABANKY M, MUSIENKO R, et al. Effect of Be and Y on the martensite transformation parameters in TiNi compound[J]. J de Phys IV,2001, 11:8475-8480.

[32] WANGL M , LI C F , MA L Q ,et al. Microstructure and crystallization of melt-spun Ti-Ni-Zr-Y alloys[J]. J Alloy Compd,2002, 339:216-220.

[33] 王高潮,杨刚,鲁世强,等.TiNi 形状记忆合金的线性恢复行为及其稀土

渗入改性[J]. 金属功能材料,2004,11:12-16.

[34] HSIEHS F, WU S K , LIN H C. Transformation temperatures and second phases in Ti–Ni–Si ternary shape memory alloys with Si ≤ 2% [J]. J Alloy Compd,2002, 339:162-166.

[35] MIEDEMAA R, CHATEL P F, BOER F R. Cohension in alloy- fundamentals of a semi-empirical model[J]. J de Physica,1980, 100B:1-28.

[36] DINSDALEA T. SGTE data for pure elements [J]. Calphad, 1991, 15: 17-425.

[37] 路贵民, 乐启炽, 崔建忠. Zn-Mn 和 Zn-Ti 二元合金热力学性质[J]. 中国有色金属学报, 2001(11):95-98.

[38] 郭景杰, 刘源, 贾均, 等. Ti-6Al-4V 合金 ISM 熔炼过程中 Al 元素的挥发损失行为[J]. 铸造, 1999(12):14-18.

[39] 沈军, 马学著, 贾均. Ti-Al-RE 合金中稀土相的形成机理[J]. 中国稀土学报,2002, 5(20):433-435.

[40] ZHENGY F, ZHAO L C, YE H Q. HREM studies of twin boundary structure in deformed martensite in the cold-rolled TiNi shape memory alloy[J]. Mater Sci Eng A,2001, 297:185-186.

[41] LIUY N, LIU Y,HUMBEECK VAN J,et al. Luders-like deformation associated with martensite reorientation in NiTi [J]. Scripta Mater, 1998, 39 (8): 1047-1055.

[42] MIYAZAKIS,KIMURA M. Mechanism of two-way shape memory effect in TiNi alloy[J]. Adv Mater,1994, 18: 1101-1104.

[43] MIYAZAKI S, KIMURA M, HORIKAWA H. Effect of prestrain on two-way shape memory effect in TiNi alloy[J]. Adv Mater,1994, 18:1097-1100.

[44] LIU Y N, LIU Y, HUMBEECK VAN J. Two-way shape memory effect developed by martensite deformation in NiTi[J]. Acta Mater,1999, 47(1): 199-209.

[45] SCHERNGELLH, KNEISSL A C. Generation, development and degradation of the intrinsic two-way shape memory effect in different alloy systems[J]. Acta Mater,2002, 50:327-341.

[46] 王利明. TiNi 合金的双程形状记忆效应及其稳定性[D]. 哈尔滨:哈尔滨工业大学,2000.

[47] LIU AL, MENG X L, CAI W, et al. Effect of Ce addition on martensitic transformation behavior of TiNi shape memory alloys[J]. Materials Science Forum, 2005, 475- 479: 1973-1976 .

[48] LIU A L, CAI W, GAO Z Y, et al. The microstructure and martensitic transformation of (Ti49. 3Ni50. 7)$_{1-x}$Gd$_x$ shape memory alloys[J]. Mater Sci Eng A, 2006, 438-440: 634-638.

[49] CAI W, LIU A L, SUI J H, et al. Effects of cerium addition on martensitic transformation and microstructure of Ti49. 3Ni50. 7 alloy[J]. Mater Trans JIM, 2006, 47:716-719.

[50] LIU A L, GAO Z Y, GAO L, et al. Effect of Dy addition on the microstructure and martensitic transformation of a Ni‒rich TiNi shape memory alloy[J]. Journal of Alloys and Compounds,2007, 437:339-343.

[51] LIU A L, LEI Y C, CAI W, et al. Effect of Y addition on microstructure and martensitic transformation of a Ni‒rich Ti‒Ni shape memory alloy[J]. J Mater Sci,2007,42:5791-5794.

[52] LIU Y N, ZHANG S R. Mechanical aspects of NiTi shape memory alloys[J]. Proceedings of Materials Research,1996, 4(1):121-124.

[53] ZHUANG Y H, TIAN H, YAN J L. 773 K isothermal section of Gd‒Ni‒Ti ternary system[J]. Trans Nonferrous Met Soc China,2002, 12:762-764.

[54] LIU J Q, PAN S K, ZHUANG Y H. Isothermal section of the phase diagram of the ternary system Dy‒Ni‒Ti at 773 K[J]. J Alloy Compd,2000, 31:393-394.

[55] ZHUANG Y H, LUO Y, HE W. The 773 K isothermal section of the phase diagram of ternary Ni‒Ti‒Y system[J]. J Alloy Compd,2000, 298:135-137.

[56] NAKATA Y, TADAKI T, SHIMIZU K. Composition dependence of the atom location of the third element[J]. Mater Trans JIM,1991,32:1120-1127.

[57] XU D S, SONG Y, LI D, et al. Site occupancy of alloying elements in TiNi compounds[J]. Philos Mag A,1997, 75:1185-1189.

[58] 胡荣祖, 史启祯. 热分析动力学[M].北京:科学出版社,2001.

[59] 蔡正千. 热分析[M]. 北京: 高等教育出版社,1993.

[60] 刘爱莲, 吴冶,蔡伟. Ti‒Ni‒Gd 形状记忆合金的马氏体相变[J]. 功能材料,2006, 37(11): 1765-1767.

[61] 赵越超,马壮,付大军,等. La、Ce 在钛镍合金中的作用[J]. 中国稀土学报,2003(21): 735-739.

[62] 徐家文,刘爱莲,蔡伟. Ti‒Ni‒Ce 合金中稀土相的晶体结构及形成机理[J]. 功能材料,2008, 39(4):600-602.

[63] XU J W,LIU A L, CAI W. Effect of rare earth element addition on martensitic transformation of a Ni‒rich Ti‒Ni shape memory alloy[J]. 材料科学与工程学报,2007(25):954-960.

[64] 刘爱莲, 徐家文, 孙俭峰, 等. 稀土元素 Ce 对 Ti-Ni 形状记忆合金力学性能的影响[J]. 黑龙江科技学院学报, 2009, 19(5):335-338.

[65] 刘爱莲, 徐家文, 蔡伟. Ce 对 Ti-Ni 合金耐磨性的影响[C]. 长沙:第七届功能材料及其应用学术会议论文集,2010.

[66] LIU A L, MAO N N, XU J W, et al. Investigation on Ce addition on Microstructure and Martensitic transformation of a Ti51Ni49 shape memory alloy [J]. Materials Science Forum,2016, 852:28-32.

[67] 刘爱莲,朱志众,徐家文,等. 微量 Er 对 TiNi 合金微观组织与阻尼性能的影响[J].黑龙江科技大学学报,2019,29(6):709-71.

[68] XU J W, LIU A L, BY QIAN, et al. Investigation on microstructure and phase transformation of La added $Ti_{49.3}Ni_{50.7}$ shape memory alloy [J]. Advanced Materials Research, 2012, 557-559:1041-1044.

[69] ZHAOW, ZHAO S L, MENG X K, et al. Effect of Nd addition on the microstructure and martensitic transformation of Ni-Ti shape memory alloys[J]. Advances in Materials Science and Engineering,2014,5:101-106.

[70] 司乃潮,郭海英. 晶粒细化在铜基记忆合金中的应用[J]. 机械工程材料, 1997, 21(5):40-43.

[71] 常凤莲,王世栋,等. 稀土元素细化晶粒的 Cu 基记忆合金[J]. 机械工程材料, 1995, 19(2):35-37.

[72] 赵晶,司乃潮. 热处理对复合稀土 CuZnAl 形状记忆合金性能的影响[J]. 镇江高专学报, 2002, 15(2): 44-43.

[73] 曾秋莲,章爱生,魏秀琴,等. 微量稀土和硼在铜及其合金中的作用[J]. 特种铸造及有色合金, 2002 (3): 55-58.

[74] 司乃潮, 赵国旗, 杨道清. 复合稀土对 CuZnAl 形状记忆合金力学性能的影响[J]. 中国有色金属学报,2003, 13: 393-398.

[75] 贾志宏,司乃潮. 复合稀土细化的 CuZnAl 形状记忆合金[J]. 铸造, 1999 (4):7-8.

[76] BHUNIYA A K, CHATTTOPADHYAY P P. Study on the effect of trace zirconium addition on the microstructural evolution in Cu-Zn-Al shape memory alloy [J]. Materials Science and Engineering A,2005,391:34-42.

[77] 司乃潮,贾志洪,孙少纯. CuZnAl(RE)形状记忆合金马氏体稳定化的研究及解决措施[J]. 中国稀土学报, 2002, 20(12):141-143.

[78] 黄建中. 材料的耐蚀性和腐蚀数据[M]. 北京:化学工业出版社, 2003.

[79] 陈邦义,梁成浩,傅道军. Cu-Zn-Al 形状记忆合金在模拟宫腔液中的腐蚀行为[J]. 中国有色金属学报, 2004 (4): 596-600.

[80] 梁成浩,程斌,陈邦义. 生理盐水中表面钝化 Cu-Zn-A1 形状记忆合金的腐蚀行为[J]. 腐蚀科学与防护技术, 2005 (5): 305-306.

[81] 徐桂芳,程晓农,司乃潮,等. 不同磨损介质下铜锌铝形状记忆合金滚动磨损性能与磨损机制研究[J]. 新技术新工艺, 2004 (8): 47-49.

[82] 司乃潮. 复合稀土对 CuZnAl 合金相变温度和记忆性能的影响[J]. 农业机械学报, 1999, 30(3): 102-105.

[83] ZHANG M R, YANG D Z, et al. Effects of addition small amounts of fourth elements onstructure, crystal structure and shape recovery of Cu-Zn-Al SMA [J]. Scripta Materialia, 1997, 36(2): 247-252.

[84] 沈红节,陈九磅,刘丽华. 热处理对铜基记忆合金晶粒大小和相变点的影响 [J]. 合肥工业大学学报, 2004, 27(3): 321-324.

[85] SAKAMOTO H, SHIMIZU K, OTASUKA K. A detailed observation on successive stress-induced martensite transformation in CuAlNi alloy single crystal above Af [J]. Trans JIM, 1985, 26(9): 636-645.

[86] 李凡,赵华庭. 添加微量稀土元素对形状记忆合金性能的影响[J]. 中国稀土学报, 1995(13): 454-456.

[87] 司乃潮. 复合 RE 对 CuZnAl 相变温度和记忆合金性能的影响[J]. 农业机械学报, 1999(30): 102-107.

[88] 金培育, 张文骞, 熊玮, 等. 稀土对 CuZnAl 形状记忆合金力学性能的影响 [J]. 稀土, 1997(18): 37-40.

[89] 司乃潮, 赵国旗, 杨道清. 复合稀土对 CuZnAl 形状记忆合金力学性能的影响[J]. 中国有色金属学报, 2003(13): 393-398.

[90] 司乃潮, 贾志宏, 孙少纯. CuZnAl(RE)形状记忆合金马氏体稳定化的研究及解决措施[J]. 中国稀土学报(增刊), 2002(20): 141-144.

[91] XU J W. Effects of Gd addition on microstructure and shape memory effect of Cu-Zn-Al alloys[J]. Journal of Alloys and Compounds, 2008, 448: 331-335.

[92] 刘爱莲, 徐家文, 钱兵羽, 稀土元素 Gd 对 CuZnAl 合金耐磨性的影响[J]. 材料保护, 2013, S2: 80-82.

[93] PEGAH D, SHAHRAM R, GABRIEL A. Effect of adding Ti and rare earth elements on properties of Cu-14Al-4Ni shape memory alloy [J]. Materials Research Express, 2019, 25: 11-18.

[94] PEGAH D, SHAHRAM R, GABRIEL A. Properties of rare earth added Cu-12%Al-3%Ni-0.6%Ti high temperature shape memory alloy [J]. Materials Science and Engineering: A, 2019, 33: 370-381,

[95] GUNIPUTI B N, MURIGENDRAPPA S M. Influence of Gd on the

microstructure, mechanical and shape memory properties of Cu – Al – Be polycrystalline shape memory alloy [J]. Materials Science & Engineering A, 2018(4):5.

[96] ZHANG X, CUI T Y, LIU Q S, et al. Effect of Nd addition on the microstructure, mechanical properties, shape memory effect and corrosion behaviour of Cu–Al–Ni high-temperature shape memory alloys[J]. Journal of Alloys and Compounds,2020,4:115-119.

[97] GAO L, CAI W, LIU A L, et al. Martensitic transformation and mechanical properties of Ni – Mn – Ga-Y ferromagnetic shape memory alloys[J]. Scripta Mater,2007, 57: 659-662.

[98] GAO L, CAI W, LIU A L, et al. Martensitic transformation and mechanical properties of polycrystalline $Ni_{50} Mn_{29} Ga_{21-x} Gd_x$ ferromagnetic shape memory alloys[J]. Journal of Alloy and Compounds,2006, 425: 314-317.

[99] LIU A L, GAO T J, XU J W, et al. Investigation on mechanical properties of Y doped $Ni_{50} Mn_{37} Sn_{13}$ shape memory alloys [J]. Proceeding of the 6th international Forum on Strategic Technology, IFOST,2011,5:115-118.

[100] LIU A L, XU J W, GAO L, et al. Effect of Y addition on mechanical properties of $Ni_{50} Mn_{28} Ga_{22}$ magnetic shape memory alloys [J]. Advanced Materials Research,2011, 299-300:645-648.

[101] CHUNGC Y, XIE C Y, HSU T Y. Shape memory effect of a Nd-doped polycrystalline NiAl alloy[J]. Scripta Meter,1998,38:969-974.

[102] TSUCHIYAK, TSUTSUMI A, OHTSUKA H, et al. Modification of Ni–Mn–Ga ferromagnetic shape memory alloy by addition of rare earth elements [J]. Mater Sci Eng A, 2004,378:370-376.

[103] 刘光华. 稀土材料学[M]. 北京: 化学工业出版社, 2007.

[104] ZHAOZ Q, WU S K, WANG F S, et al. Large magnetic-field-induced strain in rare earth polycrystalline Ni – Mn – Ga[J]. Rare Metals,2004, 23(3): 241-245.

[105] ZHAOZ Q, XIONG W, WU S K, et al. Bending strength and fracture behavior of $Ni_{50} Mn_{29} Ga_{21}$ alloy with terbium [J]. J Iron & Steel Res Int, 2004,111(15):55-58.

[106] ZHAOZ Q, XIONG W, WU S K, et al. Phase transformation behaviors and effect of terbium in polycrystalline Ni_2MnGa magnetic shape memory alloys [J]. Journal of Rare Earths,2004,22(4):567-570.

[107] 王海学, 赵增祺, 李雪梅, 等. Dy 对多晶 $Ni_{52} Mn_{24.7} Ga_{23.3}$ 合金马氏体相变

和磁感生应变的影响[J]. 稀土,2004, 25(2): 46-49.

[108] 郭世海, 张羊换, 赵增祺, 等. Ni$_{52}$Mn$_{23}$Ga$_{24.5}$Sm$_{0.5}$合金的马氏体相变和磁致伸缩性能[J]. 功能材料,2004,35(3):302-303.

[109] 赵增祺, 熊玮, 吴双霞, 等. 多晶 Ni-Mn-Ga 磁性记忆合金的相变行为及稀土元素铽的作用[J]. 中国稀土学报,2004,22(3):417-420.

[110] SUTOU Y, IMANO Y, KOEDA N, et al. Magnetic and martensitic transformations of NiMnX(X=In, Sn, Sb) ferromagnetic shape memory alloys [J]. Appl Phys Lett,2004,85(19):4358-4360.

[111] SHARMA VK, CHATTOPADHYAY M K, ROY S B. Kinetic arrest of the first order austenite to martensite phase transition in Ni$_{50}$ Mn$_{34}$ In$_{16}$: dc Magnetization Studies [J]. Phys Rev B,2007,76(14):140401.

[112] DUBOWIK A J, GOCIASKAB I, KUDRYAVTSEVC Y V , et al. Magnetic properties and structure of thin Ni-Mn-Sn films and alloys [J]. J Magn Magn Mater,2007,310 (2):2773-2775.

[113] GALANAKI S I. Electronic and magnetic properties of the (111) surfaces of NiMnSb [J]. J Magn Magn Mater,2005, 288:411-417.

[114] KRENKET, ACET M, WASSERMANN E F, et al. Ferromagnetism in the Austenitic and martensitic states of Ni-Mn-In alloys [J]. Phys Rev B,2006, 73(17):174413 .

[115] KRENKE T, ACET M, WASSERMANN E F, et al. Martensitic transitions and the nature of ferromagnetism in the austenitic and martensitic states of Ni-Mn-Sn alloys [J]. Phys Rev B,2005, 72(1):014412.

[116] MARCIN L, RAFAL W, WALDEMAR K, et al. Modification of the properties of Ni-Mn-Ga magnetic shape memory alloys by minor addition of terbium [J]. Proc SPIE Smart Structures and Materials, 2006, 617:2-7.

[117] LIU A L, XU J W, GAO L, et al. Effect of Y addition on wear property of Ni-Mn-Ga shape memory alloys[J]. Applied Mechanics and Materials, 2014, 513-517: 125-128.

[118] 白丽娜. 稀土元素 Gd 对 Ni-Mn-In 磁驱动形状记忆合金相变和磁性能的影响[D].天津:河北工业大学,2010.

[119] 李剀蒙,陈枫,佟运祥, 等.钇对 Ni-Mn-Sn 高温记忆合金相变和力学性能的影响[J].稀有金属材料与工程,2013,42(S2):370-374.

[120] 张琨. Ni-Mn-Sn-Gd 磁性记忆合金的马氏体相变与力学性能及磁性质研究[D].哈尔滨:哈尔滨理工大学,2016.

[121] 徐杰. Ni-Mn-In-Gd 铁磁形状记忆合金薄膜的制备与组织结构和磁性能

研究[D]. 上海：上海海洋大学,2016.

[122] LIK F , GAO L, LIANG Y C. Martensitic transformation and magnetic properties of Ni－Co－Mn－In－Gd ferromagnetic shape memory alloys[J]. Materials Transactions,2018,59(2):59-62.

[123] TANC L, ZHANG K, TIAN X H, et al. Effect of Gd addition on microstructure, martensitic transformation and mechanical properties of Ni_{50} Mn_{36} Sn_{14} ferromagnetic shape memory alloy [J]. Journal of Alloys and Compounds,2017,692(5):113-116.

[124] GAO L, SHEN X Y, XU J, et al. mechanical and magnetic properties of Ni－Mn－Ga－Gd ferromagnetic shape memory alloys[J]. Materials Transactions, 2015,56(8):185-191.

[125] ZHANG X, SUI J H, ZHENG X H, et al. Effects of Gd doping on Ni_{54} Mn_{25} Ga_{21} high-temperature shape memory alloy [J]. Materials Science & Engineering A,2014,597(5):88-92.

[126] MIYAZAKI S, OTSUKA K, SUZUKI Y. Transformation pseudoelasticity and deformation behavior in a Ti－50.6% Ni alloy [J]. Scr Metall, 1981,15: 287-292.

[127] CHU C L, WU S K, YEN Y C. Oxidation behavior of equiatomic Ti－Ni alloy in high temperature air environment [J]. Mater Sci Eng A, 1996,216: 193-200.

[128] XU C H, MA X Q, SHI S Q, et al, Oxidation behavior of Ti－Ni shape memory alloy at 450~750℃[J]. Mater Sci Eng A, 2004,371:45-50.

[129] MICHIO O, MAKOTO S, TOSHIO K, et al, Oxidation of Ti－Ni surface with hyperthermal oxygen molecular beams [J]. Appl Surf Sci, 2011, 257: 4257-4263.

[130] FIRSTOV G S, VITCHRV R G, KUMAR H, et al. Surface oxidation of NiTi shape memory alloy[J]. Biomaterial, 2002,23:4863-4871.

[131] XU G H, WANG G F, ZHANG K F. Effect of rare earth Y on oxidation behavior of NiAl－Al_2O_3 [J]. Tran Nonferrous Met Soc China, 2011, 21: 362-368.

[132] PAUL A, ELMRABET S, ODRIOZOLA J A. Low cost rare earth elements deposition method for enhancing the oxidation resistance at high temperature of Cr_2O_3 and Al_2O_3 forming alloys [J] . J Alloys Compd, 2001,323-324:70-73.

[133] CUEFFR, BUSCAIL H, CAUDRON E, et al. Oxidation of alumina formers at 1173 K: effect of yttrium ion implantation and yttrium alloying addition [J].

Corros Sci, 2003,45: 1815-1831.

[134] PENG X, YAN J, XU C, et al. Oxidation at 900 ℃ of the chromized coatings on A3 carbon steel with the electrodeposition pretreatment of Ni or Ni-CeO$_2$ film [J]. Metall Mater Trans A, 2008,39:119-129.

[135] THADDEUS B . Binary alloy phase diagrams[J]. ASM International, 1992,3: 27-53.

[136] LEE H G. Chemical thermodynamics for metals and materials[J]. Imperial College Press, 1999,6 :275-294.

[137] LI J G, YE Y P, SHEN L Y, et al. Densification and grain growth during pressureless sintering of TiO$_2$ nanoceramics [J]. Mater Sci Eng A, 2005,390: 265-270.

[138] LI D, CHEN S O, SHAO W Q, et al. Densification evolution of TiO$_2$ ceramics during sintering based on the master sintering curve theory [J]. Mater Lett, 2008,62: 849-851.

[139] MOON D P. Role of reactive elements in alloy protection[J]. Mater Sci Tech, 1989,5 : 754-763.

[140] PIERAGGI B, RAPP R A. Chromia scale growth in alloy oxidation and the reactive element effect[J]. J Electrochem Soc, 1993,140:2844-2850.

[141] PINT B A. Experimental observations in support of the dynamic segregation theory to explain the reactive-element effect[J]. Oxid Met, 1996,45: 1-37.

[142] ATKONSON H V, TAYLOR R I, GOODE P D. Transport processes in the oxidation of Ni studied using tracers in growing NiO scales[J]. Oxid Met, 1979,13:519-543.

[143] ATKONSON H V. Evolution of grain structure in nickel oxide scales[J]. Oxid Met, 1987,28: 353-389.

[144] YAN J B, GAO Y M, LIANG L, et al. Effect of Y on the cyclic oxidation behaviour of HP40 heat-resistant steel at 1 373 K[J]. Corros Sci, 2011,53: 329-337.

[145] ZHANG P, GUO X P. Effect of Al content on the structure and oxidation resistance of Y and Al modified silicide coatings prepared on Nb-Ti-Si based alloy[J]. Corros Sci, 2013, 71:10-19.

[146] ZHOU Y B, SUN J F, WANG S C, et al. Oxidation of an electrodeposited Ni-Y$_2$O$_3$ composite film[J]. Corros Sci, 2012,63:351-357.

[147] ZHU L J, ZHU S L, WANG F H, et al. Comparison of the cyclic oxidation behavior of a low expansion Ni CrAlYSiN nanocomposite and a NiCrAlYSi

coating[J]. Corros Sci, 2014,80 :393-401.

[148] ZHANG H, PENG X, WANG F. Fabrication of an oxidation-resistant β–NiAl coating on γ–TiAl[J]. Surf Coat Technol, 2012,206:2354-2358.

[149] PENG X, PING D H, LI T F, et al. Oxidation Behavior of a Ni–La$_2$O$_3$ codeposited film on nickel[J]. J Electrochem Soc,1995,145:389-398.

[150] PENG X, Li T, WU W. Effect of La$_2$O$_3$ particles on the oxidation of electro-deposited nickel films[J]. Oxid Met, 1999,51:291-315.

[151] PENG X, LI T, WU W, et al. Effect of La$_2$O$_3$ particles on microstructure and cracking-resistance of NiO scale on electrodeposited nickel films[J]. Mater Sci Eng A, 2001,298:100-109.

[152] QU N S,ZHU D,CHAN K C. Fabrication of Ni–CeO$_2$ nanocomposite by electrodeposition[J]. Scripta Mater, 2006,54:1421-1425.

[153] XUEY J, LIU H B, LAN M M, et al. Effect of different electrodeposition methods on oxidation resistance of Ni–CeO$_2$ nanocomposite coating[J]. Surf Coat Technol, 2010,204: 3539-3545.

[154] HINDAM H M , WHIIILE D P. Peg formation by short-circuit diffusion in Al$_2$O$_3$ scales containing oxide dispersions[J]. J Electrochem Soc, 1982,129: 1147-1149.

[155] WANGW, YU P, WANG F H , et al. The effect of Y addition on the isothermal oxidation behavior of sputtered K38 nanocrystalline coating at 1 273 K in air[J]. Surf Coat Technol, 2007,201:7425-7431.

[156] XU J W,LIU A L, WANG Y D, et al. Effect of reactive element yttrium on the isothermal oxidation behavior of aluminide coatings on Ti–Ni shape memory alloys[J]. 稀有金属材料与工程, 2016,45(6):1413-1418.

[157] XU J W,LIU A L, WANG S H,et al. Effect of Y addition on the isothermal oxidation behavior of a Ti$_{50}$Ni$_{50}$ shape memory alloy at 700 ℃[J]. 稀有金属材料与工程, 2016,45(9):2246-2252.

[158] 闻雅,马超,李远, 等. 注入剂量对 W 离子注入改性 TiNi 合金耐蚀性的影响[J]. 热处理技术与装备,2015,36(5):23-26.

[159] 毛楠楠；徐家文,刘爱莲. WC 含量对 CuZnAl 表面 Ni–P–WC 复合镀层耐磨性的影响[J]. 黑龙江科技大学学报,2015(5): 516-552.

[160] 刘爱莲,赵霞,徐家文, 等. 钨酸钠对 Ti–Ni 合金 Ni–W–P 化学镀层组织性能的影响[J].黑龙江科技大学学报,2020,30(6):659-663.

[161] 姜晓霞, 沈伟. 化学镀理论及实践[M]. 北京：国防工业出版社, 2000.

[162] 李宁, 袁国伟, 黎德育. 化学镀镍基合金理论与技术[M]. 哈尔滨：哈尔

滨工业大学出版社, 2000.

[163] 周荣延. 化学镀镍的原理与工艺[M]. 北京：国防工业出版社, 1975.

[164]《稀土》编写组. 稀土[M]. 北京：冶金工业出版社, 1978.